KB214057

Programs of the

Wellness Industry

자신과 타인을
치유할 수 있도록
체험 실천형
치유모델을 제시

웰니스 치유산업 실무론

정구점 · 김갑수 · 송홍준 · 박미정 공저

Labyrinth (라비린스: 치유) 문양

(주)백산출판사

머리말

생활습관 개선에는 심리치유가 바탕이 되어야 한다

교육개혁자 페스탈로치(Johann H. Pestalozzi) 개혁론에서 영감을 받은 교육철학자 헤르바르트(Johann F. Herbart)는 "인간의 행위를 치유적으로 이해하고 과학적으로 설명하려면 심리학을 응용과학으로 해야 한다"라고 하였다.

본서에서는 인간의 행위를 치유적으로 이해하고 과학적 설명을 의도로 심리학을 응용과학으로 활용하여 치유 프로그램화하였다. 사실, 생활습관 개선 · 혁신의 실패 원인은 자신의 행동만을 고치려고 하는 생각이다. 따라서 일회성 상담에서 탈피하여 내담자들에게 심리교육이론을 근거로 한 체험형 치유 프로그램을 담당자가 체계적으로 운영할 수 있도록 구체적인 사례를 제시하였다.

지금, 국내 치유산업(wellness industry)은 근년에 폭발적으로 성장하여 150조(GWI: Global Wellness Institute, 2023) 규모의 신성장 산업으로 자리매김하고 있다. 또한 치유산업의 범주에는 제도권에서 정책으로 추진하고 있는 치유농업, 산림치유, 해양치유 산업영역이 우선한다. 그리고 산학 부문에서 재활, 보건, 헬스케어, 피트니스, 음식, 운동, 건강상담, 라이프코치 등 다양한 영역을 아우른다. 이는 삶의 질을 향상하려는 현대인들이 적극적으로 추구하는 라이프스타일 산업이다. 향후 바이오헬스 부문까지 확장된다면 산업규모는 예측 불가하게 성장할 것으로 전문가들은 예측한다.

치유부문이 신성장 산업으로 대두함에 따라서 학계에서 매년 새로운 치유관련 교육과정이 학부와 대학원과정에서 개발되고, 업계에서 수많은 라이프스타일 관련 프로그램과 플랫폼이 개발, 상품화되고 있다. 더욱이 중앙정부, 지방정부 공히 시민들의 삶의 질을 제고하는 계획을 경제정책에 우선하여 경쟁적으로 제시하고 있는 게 현실이다.

특히 한국의 국민 개인소득이 4만불에 근접하면서 물질이 우선시되던 시절이 저물고 건강 · 행복(wellness)이 우선인 뉴노멀(new normal)사회가 도래하였다. 하지만 현실은 과거 우리사회가 늘 숙원하던 행복 · 건강 사회가 되지 못하고 피로사회(독일 철학자 한 병철 주창)가 되어 가고 있음에 많은 이들이 우려하며 일상에서 할 수 있는 생활습관 치유가 절실해졌다.

일상의 생활습관은 오랫동안 지속 · 반복된 자신의 행동양식이다. 생활습관 개선의 실패 원인은 행동만을 고치려고 하는 생각이다. 결국 한두 번은 실행할 수 있으나 지속하여 습관화하기에는 무리가 있다.

그러므로 오래된 습관의 기저에는 심리적 기능이 자리하고 있다. 따라서 생활습관을 개선 · 혁신하기 위해서 심리적 접근이 우선되어야 악습을 개선하고 치유관광, 치유농업, 산림치유 그리고 해양치유 활동을 통하여 새로운 건강습관을 자연스럽게 생활화할 시점이다.

본서 웰니스 치유산업 실무론의 특징은;

우선, 심리치유, 생활습관 치유, 치유관광, 치유농업, 산림치유 그리고 해양치유산업의 객관성 · 증거중심 이미지를 제고하기 위하여 심리치유의 이론적 모형 연구와 생활치유의 실천적 프로그램 사례를 병행하여 서술하였다.

생활습관(life style), 소통습관, 치유관광, 치유농업, 산림치유, 해양치유 산업현장에서 문제 중심으로 해결방법을 탐구하고 치유목적 달성도를 평가할 수 있는 프로그램을 제시하였다.

둘째, 본서에서는 행동심리 교육학 이론을 차용하여 고질적인 생활습관을 자연공간에서 이루어지는 치유 프로그램을 통하여 근본적 · 실천적 · 과학적으로 고칠 수 있는 체험형 실무모델을 제시하였다.

셋째, 본서에서는 치유의 원리는 심리교육학을 응용한 심리치유 모형을 적용하고 치유의 방법은 치유산업의 핵심 영역인 생활습관, 치유관광, 치유농업, 산림치유, 해양치유를 프로그램으로 구현하였다. 또한 치유에서 심리학적 현상을 습관치유 과학으로 이해하고 치유내담자(환자, 방문자, 참여자)와 치유전문가(치유농업사, 산림치유, 치유상담, 치유코치, 헬스케어기버, 사회복지)를 유기적으로 돕는 처방적 프로그램을 국내외 사례 위주로 증거중심(evidence based)으로 제시 서술하였다.

따라서 본서의 1장에서는 행동심리교육학 이론을 차용하여 생활습관을 근본적으로 고칠 수 있는 연구모델을 근간으로 생활습관 치유 메커니즘을 구축하고,

2장에서 음식 · 운동 · 수면 · 마음 · 관계 · 학습 · 정신습관 개선을 위한 생활습관 심리치유 프로그램을 도출하고,

3장은 심리치유모델을 관광활동에 적용하여 실행가능한 다양한 치유관광 프로그램을 구성하고,

4장에서 본서의 심리치유모델을 정부에서 복지농업으로 활성화하고 있는 치유농업에 적용하여 생활공간에서의 적용도 제고하고,

5장의 경우, 산림청에서 국가사업으로 추진 중인 산림치유 프로그램을 제시하고,

6장에서 해양수산부에서 진행 중인 해양치유 프로그램을 국내외 사례를 중심으로 구성하였다.

실제로 치유전문가 즉, 치유농업사, 산림치유사, 웰니스코치, 해양치유사, 생활습관코치, 라이프상담사들이 응용하여 일회성 상담에서 탈피하여 내담자들에게 지속적으로 응용가능한 심리교육이론을 근거로 한 치유 프로그램을 구체적으로 제시하였다. 다만, 일부 프로그램의 경우 중복된 것으로 오해할 수 있으나 치유 콘텐츠 명칭은 동일하여도 농촌, 해양, 산림, 관광 등 각기 다른 환경에서 적용된 차별화된 프로그램으로 이해하여야 할 것이다.

더불어, 일반대중과 피로한 환경에 만성적 · 일상적으로 노출된 감정노동자인 일선

교육자, 소방공무원, 경찰공무자, 대민 공무원과 같은 직장인들의 일상 스트레스를 관광활동, 녹지활동, 생활습관 치유를 통하여 자가치유에 적용할 수 있는 생활치유 지침서이다.

본서는 자신과 타인을 치유할 수 있도록 체험 실천형 치유모델을 제시하기 위하여 심리교육전문가, 생활습관, 치유관광, 치유농업, 산림치유, 해양치유 전문가 그룹이 공동필진으로 저술하였다.

대표저자 Y'sU Wellness Tourism Institute 원장 정구점 교수

공동저자 교수진 김갑수, 송홍준, 박미정 일동 배상

목차

1장 심리교육 치유

2장 생활습관 치유

3장 치유관광

4장 치유농업

5장 산림치유

6장 해양치유

현대인들은 끊임없는 경쟁 속에서 승자만이 살아남는다는 강박감에 시달리고 있다. 이러한 현실적 괴로움에 직면하지 않으려고 특정 활동에 지나치게 몰두하거나 스스로 외부 세상과 단절해버림으로써 사회에 적응하지 못하고 심리적 어려움을 겪는 사람들이 많다. 가장 큰 원인은 스트레스이다. 스트레스는 우리에게 부담을 주는 육체적, 정신적 자극이나 이러한 자극에 생체가 나타내는 반응이다. 계속적으로 방치하면 각종 불안장애, 우울증, 조울증, 조현병, 알코올, 약물, 도박, 게임, 인터넷 중독, 성격장애 등으로 이어진다. 이를 예방하기 위해서는 조기에 적절한 예방과 처방이 중요하다. 건강은 건강할 때 지키라는 말 같이 마음의 질병도 악화되기 전에 적당한 처치가 이루어져야 건강한 마음을 꾸준히 유지할 수 있다.

1장

심리교육 치유

PROLOGUE

현대인들은 끊임없는 경쟁 속에서 승자만이 살아남는다는 강박감에 시달리고 있다. 이러한 현실의 괴로움에 직면하지 않으려고 특정 활동에 지나치게 몰두하거나 스스로 외부 세상과 단절해 버림으로써 사회에 적응하지 못하고 심리적 어려움을 겪는 사람들이 많다. 가장 큰 원인은 스트레스다. 스트레스는 우리에게 부담을 주는 육체적, 정신적 자극이나 이러한 자극에 생체가 나타내는 반응이다. 계속적으로 방치하면 각종 불안장애, 우울증, 조울증, 조현병, 알코올·약물·도박·게임·인터넷 중독, 성격장애 등으로 이어진다. 이를 예방하기 위해서는 조기에 적절한 예방과 처방이 중요하다. 건강은 건강할 때 지키라는 말처럼 마음의 질병도 악화되기 전에 적당한 처치가 이루어져야 건강한 마음을 꾸준히 유지할 수 있다.

이 책은 일반인이 일상에서 받는 다양한 마음의 상처와 억압이 자칫 마음의 병으로 이어질 수 있는 것을 사전에 예방하기 위해 DPE 운영모형 체계에 CS-ASSURE 심리 치유모형을 체험교육 프로그램으로 제시하여 심리적 문제를 사전에 막기 위한 처방적 접근을 하고 있다. 초기에는 마음의 병이 예상되는 내담자들을 대상으로 정서지능검사를 하고, 긍정심리학을 바탕으로 한 각종 테마별 체험학습 프로그램을 제공하여 정서안정을 가져올 수 있는 심리치유를 실시한다. 이를 통해 다양한 스트레스로 인한 심리적 문제를 조기에 발견하여 예방할 수 있을 것이다.

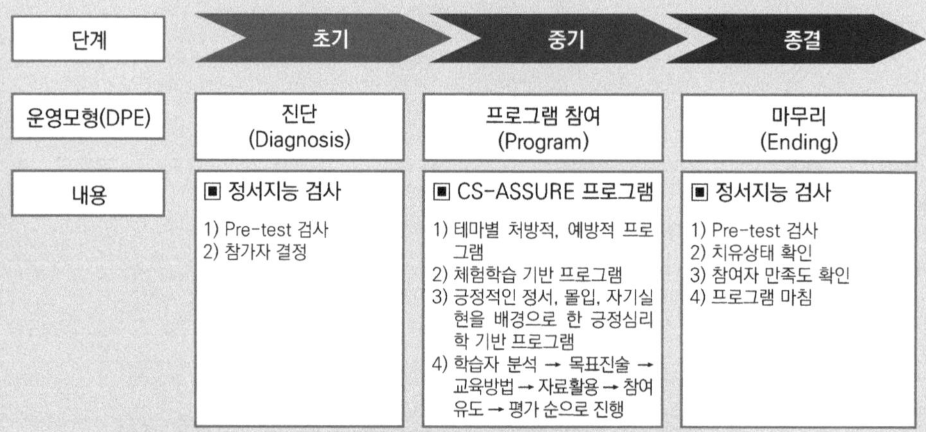

1장 심리교육 치유

1 심리교육의 이해

1) 심리학의 이해

심리학이란 용어는 그리스어인 '정신(psycho)'에 관한 '학문(logos)'에서 기원한 것으로 인간의 마음을 과학적으로 알고자 하는 학문이다. 이러한 시도는 고대 그리스 시대의 플라톤이나 아리스토텔레스까지 기원하며 대체로 철학의 주제로 인식되었다.

심리학은 많은 사람들이 관심을 가지고 있는 분야이기는 하지만 그 내용이 제대로 알려져 있지 않아 많은 오해를 받고 있는 분야이기도 하다. 흔히 심리학을 공부하면 사람의 마음을 훤히 들여다볼 수 있다고 생각하는 사람들이 있는데 이것은 과학으로서 심리학이 갖는 특성을 이해하지 못했기 때문이다.

인간이란 누구나 자신이나 타인의 마음을 알고자 한다. 마음만 알면 상대방의 사랑하는 사람의 마음도 쟁취할 수 있고 나쁜 맘을 먹고 자신을 속이려는 사람도 쉽게 찾아낼 수 있기 때문이다. 심리학을 배우니 주변에서 자신의 마음을 알아맞혀 보라고 협박 아닌 협박을 하는 경우가 종종 있다. 심리학을 배우면 남의 마음을 알아차릴 수 있는 것일까? 어느 정도는 가능하다. 인간의 마음은 행동으로 표현되기 때문이다. 심리학자들은 행동을 일으키는 원인을 생리학적, 심리학적, 사회학적 연구에서 얻어진 결과를 과학적으로 분석하여 일반적 원리를 찾아내기 때문에 일반인보다는 훨씬 정확하게 알아낼 수 있다. 심리학자는 인간의 마음을 과학적으로 연구하기 위해 사회집단, 동물, 정상인 혹은 정신 장애자를 연구하기 때문에 이러한 연구 결과를 바탕으로 인간의 마음과 행동을 좀 더 명확하게 설명할 수 있는 것이다.

마음의 문제를 과학적으로 다루려고 끊임없이 노력해 온 심리학은 인간의 생활에서 중요한 문제들을 다루며 실생활에 직접 적용할 수 있는 다양한 시도를 한다. 발달심리학에서는 태아에서 어린이, 성인, 노인에 이르기까지 다양한 인지적, 신체적, 생리적 현상의 차이점에 관한 과학적 결과를 제공하여 미성숙에서 성숙단계로 원활하게 진행될 수 있는 방법을 제시한다. 이렇게 심리학은 실생활에 적용할 수 있는 다양한 자료를 제공할 뿐 아니라 세상을 편견 없이 객관적으로 바라볼 수 있게 해 준다. 예를 들면 남자와 여자는 신체적으로 심리적으로 많은 차이가 있기 때문에 서로에 대해 잘 이해하지 못한다. 그 결과 갈등과 오해가 생기고 다툼으로 이어진다. 심리학은 남자와 여자의 심리적, 정서적, 신체적 및 사회적 특성을 과학적으로 밝혀서 서로를 이해할 수 있도록 도와줌으로써 좀 더 성숙한 사회인이 되도록 도와준다. 또한 '창의성이 높을수록 4차 산업에 사회인으로 적응하는 데 많은 도움을 준다.'는 일반적 견해를 다양한 과학적 근거를 통해 입증함으로써 어린이, 청소년들이 창의성을 기르기 위한 활동에 적극적으로 참여할 수 있도록 도와준다.

2) 심리학의 역사

심리학의 태동과 근대와 현대로 이어지는 계보를 통해 심리학을 깊게 이해할 수 있다.

2-1) 중세까지의 심리학

심리학의 기원은 고대 그리스 철학에 기인한다. 그 당시 철학자들이 주도 다루었던 주제는 사람의 정신과정(마음)과 신체(몸)였다. 플라톤(B.C. 427~B.C. 347)은 인간의 마음은 신체와 별개로 존재하는 영혼으로 보았으며, 영혼의 본질은 공기와 물로 되었으며, 신체와 영혼의 영원한 분리는 죽음이라 생각했고, 일시적 분리는 잠으로 표현했다. 마음의 세계는 이데아(Idea)로 표현했으며, 마음과 몸의 분리 즉 심신 이원론을 주장했다. 반면 그의 제자 아리스토텔레스는 마음과 몸은 하나의 실체로 서로 영향을 주고받는 관계이며, 신체에 생명이 있게 하는 것은 마음인 영혼이며 우리의 심장에 있다고 했다. 모든 물체는 질료(material cause)와 형상(formal cause)로 이루어졌다고 했고, 마음은 질료에 해당되고, 몸은 형상이라고 했다. 노여움, 기쁨, 행복 등과 같은 다양한 감정은 마음의 기능이며, 몸을 통해 작동한다고 했다. 인간의 마음을 행동을 통해 관찰하려고 했던 것은 현대 심리학의 접근과 동일하다는 것에 큰 의미를 준다.

2-2) 근대 심리학

17세기에 들어 마음과 몸의 관계를 설명하는 심신의 관계가 다시 대두되었다. 데카르트(1596~1650)는 심신 이원론의 입장을 지지했다. 몸과 육체는 유기체이며 마음(영혼)과는 관계없이 기능과 작용만을 담당한다는 유기체론을 주창했다. 로크(1632~1704)는 마음을 백지(tabula rasa)로 간주했고, 신생아의 마음은 백지상태로 태어난다고 했으며 이 마음에 살아가면서 다양한 경험을 통해 인간의 정신이 형성된다고 했다. 이러한 근거를 통해 심리적 경험론을 주창했다.

2-3) 현대 심리학

현대 심리학은 심신 일원론과 심신 이원론의 철학적 관점에서 탈피하여 자연 과학적인 연구 방법을 응용하면서 인간을 연구하기 시작했다. 독일의 생리학자 윌리엄 분트(1809~1882)가 '생리심리학의 원리'를 1874년에 발간하고, 1979년에 세계 최초의 심리학 실험실을 창설하면서 현대 심리학이 탄생했다. 그 후 다양한 심리학적 접근이 시행되었다.

(1) 행동주의적 접근

심리학은 인간의 마음뿐만 아니라 행동도 연구하는 학문이다. 행동은 겉으로 드러나기 때문에 일단 객관적으로 관찰된다. 행동을 통하여 인간을 이해하려는 노력은 현대 심리학의 발전에 큰 공을 세웠다. 학습의 예를 들면, 다섯 살 된 아동이 유치원에서 집에 오는 길을 정확히 학습하고 기억하는지를 어떻게 알 수 있을까? 그것은 그 아동이 다른 사람의 도움을 받지 않고 혼자서 귀가할 수 있는지를 관찰하면 알 수 있다. 그리고 그것이 우연히 일어난 일이 아니라 학습된 결과임을 알기 위해서는 그다음 날 반복해서 행동을 관찰하면 될 것이다. 이것이 바로 행동 관찰을 통해 학습과 기억을 확인하는 방법이다. 학습과 기억은 뇌에서 일어나는 일이지만 직접적으로 관찰할 수는 없기 때문에 행동을 통해 학습과 기억을 관찰하는 것이 효과적인 연구방법이라 할 수 있다. 행동을 통해 인간의 마음을 연구하는 행동주의적 접근으로 유명한 심리학자는 미국의 스키너(1904~1990)이다. 그는 인간이 어떤 행동을 한 다음에 그 결과에 대하여 어떤 보상이나 벌을 받느냐에 따라 그 행동이 강화될 수도 있고, 약화될 수도 있다고 했다. 예를 들면, 숙제를 성실하게 해 온 학생에게 칭찬을 해 주면 다음에 더 열심히 한다. 이것은 숙제하는 행동을 칭찬으로 강화하는 것이다. 심리학의 행동주의적 접근은 학습의 강화와 소멸 등에 관심을 두었다. 그래서 행동주의적 심리학은 학교 교육, 교정, 치료, 경영, 광고 등에서 주로 사용되었다. 유치원에서 보상으로 활용하는 스티커, 회사에서 사용하는 보너스, 업적에 따른 보상 등은 행동주의 심리학의 강화원리를 응용한 것이다.

(2) 인지주의적 접근

인간이 무엇을 학습했다는 것은 그것을 기억하고 있다는 것이다. 그렇다면 학습은 겉으로 행동을 연구하는 것만으로는 부족하다. 인간의 내면에 있는 것들을 연구할 필요가 있다. 인간은 생각하는 존재이며, 생각과 사고로 다양한 문제를 해결한다. 문제가 발생했을 때, 아무생각 없이 이것저것 해 보다가 해결책을 찾는 경우보다는 깊은 사고와 통찰을 통해 문제해결을 하는 경우가 더 많다. 인간의 인지과정은 능동적이고 적극적이다. 행동주의적 접근방식은 학습 결과는 학습 과정에서 제시되는 보상과 처벌에 좌우된다는 가설로 학습이 수동적임을 주장한다. 그러나 인지주의적 접근은 인간이 환경을 지각하고, 생활하며, 문제를 해결하는 능동적인 측면이 다분히 있음을 가정한다. 인지주의적 접근은 인간이 어떻게 사물을 지각하고, 기억하며 사고하는가에 관한 것이다. 이러한 현상을 심리학에서는 인지 과정이라고 하는데, 심리학은 종종 인지 과정을 일종의 컴퓨터와 같은 정보 처리 체계로 본다. 즉, 인간의 인지 과정을 정보가 입력되는 과정, 입력된 정보를 처리하는 과정, 그리고 정보를 산출하는 과정 등으로 나누어 분석하는 방식이다. 인지주의 심리학의 능동성은 인간이 정보를 처리하는 과정은 물론이고, 입력하는 과정조차도 개인에 의해서 선택되고 조정된다는 점을 의미한다.

(3) 정신 분석적 접근

정신 분석학은 행동주의, 인지주의 심리학 등과 같이 실험을 기반으로 하는 심리학자들과는 별도로 발생한 심리학이다. 정신 분석학 심리학은 오스트리아의 프로이트(1856~1939)가 창시한 이래 지금까지도 교육, 인문학, 심리치료 등에 활용되고 있다. 정신 분석학은 의식이 아닌 무의식, 정서 및 행동의 병리적 측면, 그리고 성격의 발달 등에 집중한다. 기존의 심리학의 접근은 의식영역에 국한되어 있었다. 무의식은 망각이나 억압에 의해서 현재 우리가 의식하지 못하는 부분으로 인간의 행동과 경험은 우리가 인식하는 부분보다는 인식하지 못하는 무의식적 영역에 더 많은 영향을 받고 있다고 가정한다. 또한 정신 분석학은 인간의 감정에 관심을 두는데, 그 이유는 인간의 감정이 무의식적 불안과 갈등에 억압되어 심리적 문제를 야기한다고 믿기 때문이다. 인지 과정과 감정의 관계 중에서 감정이 인지 과정에 영향을 끼치는 측면을 더 강조하는 것이다. 즉 불안이나 긴장은 우리의 지각이나 기억을 방해하거나 왜곡하는데, 정신 분석학자는 이런 현상에 관심을 두고 있다. 정신 분석학의 무의식적 영역은 심리학의 범위를 확장했음에도 불구하고 무의식을 직접 관찰하여 과학적 증거를 제시하는 데 한계가 있다고 많은 비판을 받아왔다. 그럼에도 불구하고 정신 분석학은 여전히 심리학의 중요한 분야인 동시에 하나의 접근방식이라는 인정을 꾸준히 받고 있다.

(4) 인본주의적 접근

심리학에서의 인본주의적인 접근은 기존의 접근 방법에 대한 비판에서 비롯되었다. 행동주의 심리학의 기계론적 접근과 정신 분석학의 결정론적 접근이 비판을 받았다. 행동주의 심리학이 인간의 행동을 자극과 반응 간의 기계적 관계로 설명한 점과 정신 분석학이 인간의 행동을 무의식에 잠재된 억압된 감정의 영향을 받는다고 설명한 점이 비판의 대상이었다. 인본주의 심리학은 인간의 자유의지와 자율성을 강조하며, 개인의 주관적 경험에 관심을 둔다. 개인은 저마다 다른 유전적 조건과 경험, 학습의 차이로 인해서 세상일이나 자신에 대해서 각자 다르게 지각하고 생각하며 반응한다는 것이다. 그래서 심리학은 인간의 의식과 행동에 대한 보편적 법칙성을 발견하는 일보다는 각 개인의 특수성을 인정하고, 내면세계를 정확하게 이해하는 일이 더 중요하다는 데에 관심을 두고 있다. 인본주의 접근에서는 개인의 자유 의지와 자율성, 미래에 대한 계획성을 강조한다. 반면에 정신 분석학적 접근은 개인의 과거를 강조하고 있다. 개인의 특수성과 관련하여, 행동주의 심리학에서는 살아오면서 학습이 누적된 결과라고 말하며, 정신 분석학에서는 억압된 무의식의 총체라고 한다. 그러나 인본주의 심리학에서는 개인의 특수성이 과거의 경험과 무관하지는 않지만, 그가 자신을 어떻게 보고 있는지, 자신의 미래를 어떻게 설계하고 계획하고 있는지에 따라서 영향을 받는다고 주장한다. 미국의 인본주의 심리학자 매슬로우(1908~1970)는 개인은 자신의 잠재 가능성을 최대한 성취하려는 자아실현(self-actualization)의 욕구를 가지고 있으며, 심리학에서는 이 자아실현을 향한 미래 지향적 속성을 간과해서는 안 된다고 주장했다.

(5) 긍정심리학

지난 1998년 미국심리학회(The American Psychological Association)의 회장직에 취임한 펜실베이니아 대학의 마틴 셀리그먼(Martin Seligman)은 그의 취임연설, "인간의 강점을 세우기: 심리학의 잊힌 사명"에서 주로 우울증을 연구한 자신을 포함하여 기존의 심리학이 지난 반세기 동안 정신질환 혹은 정신장애에 초점을 맞춘 병리학적 관점에서 접근하여 연구해 왔다고 크게 반성하였다(Seligman, 1998). 그는 이제부터라도 심리학은 마땅히 인간이 가지는 희망, 지혜, 창의성, 용기, 인내, 도덕성, 협동, 이타심, 선량함과 같은 '긍정적인' 면에 초점을 맞추어 연구해야 할 것이라고 주장하였다. 이렇듯 기존의 심리학적 접근과는 반대로 인간이 가지는 긍정적인 면, 곧 행복한 삶에 초점을 맞추는 이른바 '긍정심리학(positive psychology)'은 셀리그먼에 의해 최근에 창시되어, 비록 약 10여 년밖에 지나지 않았지만 현재 심리학계, 특히 행복심리학과 건강심리학 및 종교심리학을 비롯하여 종교사회학 같은 인접 사회과학에도 커다란 영향을 미치고 있다.

셀리그먼 박사는 행복의 실체를 찾는 새로운 심리학을 '긍정심리학'이라고 명명하고 그의 베스트셀러인 『진정한 행복(Seligman, 2002)』을 통해 행복한 삶을 '즐거운(pleasant)' 삶, '좋은(good)' 삶, 그리고 '의미있는(meaningful)' 삶으로 분석하여 설명하였다. 그리고 행복한 삶을 위해서는 무엇보다도 '긍정적인 감정(positive emotions)'을 가져야 한다고 보았는데, 이 감정은 현재의 감정뿐만 아니라 과거의 경험에서 발생한 만족감, 자부심, 풍요로움과 같은 감정과 희망, 자신감과 낙관, 믿음과 신앙 같은 미래에 대한 긍정적 감정까지 포함하는 개념이다. 긍정심리학에서 웰빙(well-being)을 연구하는 심리학자들은 우리가 날마다 '감사'하는 것이야말로 우리들의 건강과, 행복 그리고 사회적 관계를 증진한다고 본다.

(6) 신경 생리학적 접근

인간의 행동과 마음을 신경 생리학적으로 이해하고 설명하는 접근 방법이다. 여기에서는 주로 뇌와 같은 중추 계통과 호르몬 같은 내분비선의 활동이 인간의 심리 및 행동과 관련이 있다는 가정하에 연구하고 있다. 인간의 행동 중에는 뇌의 어떤 부분을 자극함으로써 발생하는 것이 있다. 음식을 먹게 하는 부위를 자극하면 위에 음식물이 가득 차 있어도 계속 음식을 먹을 정도로 먹는 행동과 뇌의 명령에는 직접적인 관계가 있다. 신경 생리학적 심리학의 접근은 인간의 학습, 기억, 정서, 동기 등과 같은 기본적인 심리 현상과 관련된다. 우리가 무엇을 학습하거나 기억한다는 것은 뇌에서 실제로 어떤 일이 벌어진 걸까? 기쁨, 우울, 스트레스 등을 일으키는 신경학적, 생화학적 현상은 무엇일까? 과격한 공격성의 이면에는 어떤 신경 생리학적 원인이 작용하는 것일까? 이런 질문에 대한 답을 얻으려면 신경 생리학적 방법으로 접근해야 할 것이다. 인간의 뇌는 뇌세포만 해도 1000억 개이고, 뇌세포 간의 연결 부위인 시냅스는 무려 수백 조에 이르기 때문에, 뇌의 작용과 심리적 현상의 관계를 심도 있게 밝히는 일은 어려운 작업이 될 것이다. 신경 생리학적 연구는 인간을 직접 실험 대상으로 삼기 어렵기 때문에, 동물을 대상으로 연구하는 경우가 많다. 인간과 동물은 같은 점도 있지만 다른 점도 많으므로, 동물을 대상으로 한 연구 결과를 인간에게 바로 적용하기에는 한계가 있다. 그럼에도 불구하고 인간의 마음과 행동을 이해하기 위한 신경 생리학적 접근은 인간 심리를 이해하는 데 많은 공헌을 하고 있다.

3) 교육과 치유

3-1) 교육의 접근

교육은 인간의 삶과 함께 시작한다. 인간은 현재보다는 더 나은 내일을 위해, 지금보다는 더 좋은 미래를 희망하는 욕구를 충족시키기 위해 교육을 활용한다. 인간은 인지적 심리적 영역의 도야(陶冶)와 연마(練磨)를 통한 가능성, 잠재력을 개발하고 발전하기를 원한다. 교육(教育)을 어원적으로 해석하면 '가르치다'와 '기르다'의 뜻을 내포한다. 교(教)는 '방향을 제시하고 그곳으로 이끌다'는 의미이며, 육(育)은 '사람과 관심을 통해 올바르게 자라다'의 뜻을 포함하고 있다. 따라서 교육(教育)은 '피교육자의 잠재 가능성, 심리적 문제를 바르고 순조롭게 자라도록 길러 주는 것'으로 해석할 수 있다.

한편, 서양권에서 교육(education)의 어원은 '밖으로'를 뜻하는 'e'와 'ducare'가 합성된 것으로, '밖으로 꺼내다'는 뜻으로 교육을 통해 인간의 잠재력, 가능성을 밖으로 끄집어내는 것을 의미한다.

결국에는 동서양 모두 개인이 가지고 있는 무한한 가능성과 경향성을 찾아내고 개발하여 인간으로서 행복한 삶을 추구하도록 하는 것이다. 교육은 밖에서 안으로 주입하는 것이 아니고, 자신 속에 숨어있는 내적 가능성을 안에서 밖으로 발전시켜 꺼내어 현실화, 구체화하는 일이다. 교육은 채워주는 과정으로서 습관의 형성, 가치관의 형성,

개념의 형성, 신념의 형성, 역기능적 신념을 합리적인 신념으로의 변화, 이념의 형성을 꾀하는 것이며, 이끌어 내는 과정으로서 피교육자의 선천적 재질, 흥미, 인지적, 심리적 문제를 발견하여 수정, 보완하도록 도와준다.

홈볼트(1769~1859)는 "인간이 살아가는 궁극적 목적은 완전하고 일관된 전체를 향하여 자신의 역량을 최고조로 개발하여 사회 구성원으로써의 균형을 잡는 것이다."라고 했다. 이러한 관점에서 교육을 본다면 교육은 인간 삶에 있어서 객관적으로 필요한 지식, 기술, 태도를 맹목적으로 주입시키는 것이 아니라 인간이 태어나면서부터 잠재적으로 지니고 있는 역량, 가능성, 경향성을 끄집어내는 것이다. 교육에 대한 이러한 관점은 18세기 서양의 자연주의 철학에서 기인한다. 자연주의 교육관은 인간의 본성을 선한 것으로 보았다. 그들은 인간이 가지고 있는 소양, 가능성, 잠재력 등을 외부로 표출하는 과정에서 강제적 억압이나, 압력을 가하는 것을 교육의 바람직하지 못한 방향으로 보았다. 이러한 입장은 대개 루소(1712~1778)와 코메니우스(1592~1670)의 교육적 사상에서 찾을 수 있다. 그들의 주장에 의하면 교육적 가치의 원천은 외부에 있는 것이 아니고, 내부의 가능성, 잠재력, 경향성을 찾아내어 현실화하는 것에 있다. 인간은 자기의 경향성을 찾아 개발하고 발전시키면서 성장한다. 성장은 무언가의 변화를 의미하지만 모든 변화가 교육적이진 않다. 교육적 변화는 자기 내면의 잠재력을 활용하여 새로운 지식과 연관시키거나 역기능 신념을 바로잡거나 비정상을 정상으로 바꾼다. 이런 가능성을 변화시키는 것이 교육이라는 관점은 아리스토텔레스(B.C. 384~B.C. 322)가 잠재성(potentiality)과 실제성(actuality) 관계를 통해 설명했다. 유아는 실제성 관점에서는 매우 유약하고 연약한 존재이지만 잠재성 측면에서는 무궁한 희망을 가지고 있다. 이러한 잠재된 가능성이 실현되면 개인의 자아실현으로 이어진다. 인간의 자아실현은 잠재된 가능성을 발현하고, 개성을 신장시켜 계속적인 성장의 삶을 영위하게 한다. 교육에서 말하는 자아실현을 통한 개성을 키우는 것이 잠재력을 계발하는 것이다. 개성은 다른 누군가와 구별하는 나의 특성이므로 인위적으로 계발하는 것보다는 잠재되어 있는 요소들을 계발하고 끄집어내어 실현시킨 결과물이다. 인간이 잠재력을 발견하고 계발하는 가장 좋은 방법은 자연적 상태에서이다.

3-2) 교육의 치유적 특성

인간이 살아간다는 것은 단지 단순한 생리적 욕구만 추구하는 것을 의미하지는 않는다. 인간은 일차원적 생리적 문제보다 높은 수준의 만족을 추구하며, 이에 욕구불만이 생기면 마음의 상처, 억압 및 역기능적 신념으로 이어진다. 이런 역기능적 신념은 우리의 마음을 아프게 하고, 우울증, 조울증, 조현증 등 마음의 상처에 원인이 된다. 마음의 상처는 인간관계에 기인하는 경우가 많다. 인간관계의 경험은 삶의 만족도를 좌우하는 매우 중요한 부분이다. 인간관계는 교육을 통해 적응성을 키워줌으로써 향상시킬 수 있다(박미옥, 고진호, 2013). 교육은 행복하게 사는 것에 대한 성, 연령, 건강, 경제수준, 교육수준, 사회적 성취도와 같은 객관적인 요인과 개인특성, 주관적 안녕감과 같은 주관적인 요인들과 다양한 유형의 관계를 내포한 사회 · 문화적 문제를 해결할 수 있는 경험과 연습이다(박미리, 2004). 이를 통해 인간은 심리적 치유를 받게 된다.

인간에게 교육의 치유적 접근은 개인적 측면과 사회적 측면으로 설명할 수 있다. 개인적 측면의 접근은 개인의 생명과 관련되어 있다. 생존을 위해서 필요할 뿐 아니라 생명을 유지하고 삶의 의미를 찾는 데서 교육이 치유적 영향을 제공한다. 사회적 측면에서는 인간의 사회적 존재임을 깨닫고 사회활동에서 인간존엄을 느끼고 영유할 수 있도록 교육이 역할을 함으로 치유의 특성을 갖는다. 이를 구체적으로 기술하면 다음과 같다.

첫째, 인간은 교육을 통해 발달해 가는 존재이다. 태어날 때부터 완벽한 인간은 없다. 자라면서 성장과 성숙을 통해 모르는 것을 알고, 문제점을 파악하며, 교육을 통해 해결해 나간다. 욕구, 감정, 사고에 대한 다양한 정보와 경험을 통해 미완성에서 점점 완성의 단계로, 불안정에서 안정의 과정으로 접근하게 된다. 출생 이후 누군가에게 의존적인 존재가 스스로 독립하는 독립된 기능하는 인간이 되어 가는 과정이 교육의 역할이다. 성장과정에서 잘못된 믿음에서 오는 다양한 정신적 문제가 인지적 깨달음과 학습경험을 통해 합리적이고 기능적 신념의 변화를 가져와 치유가 되는 것이다. 이런 과정에서 성숙의 단계에 이르게 된다.

둘째, 인간은 무의식적 무한한 가능성과 치유의 경향성이 있다. 인간은 동물과 다르게 새로운 것을 깨닫고, 적용해 가며 새로운 것을 창조할 수 있는 무궁한 가능성이 잠재되어 있다. 그런 가능성을 깨닫게 해 주는 것이 교육의 힘이다. 그런 가능성을 깨닫기 위해서는 시간과 공간과 경험이 필요하다. 교육은 심리적 문제점을 치유하는 방법, 치유의 힘을 제공하는 무의식적 가능성, 잠재력을 깨우쳐 줌으로써 변화 가능성을 제시해 준다.

셋째, 인간은 가치 지향적인 존재이다. 인간은 교육을 통해 가치를 추구한다. 교육은 행복의 가치를 통해 불행한 삶이 아닌 건강하고 행동한 삶을 영위할 수 있는 길을 제공해 준다. 심리적 문제점이 정신적 육체적 파괴와 죽음 공포를 제공한다는 사실은 심리적 안녕의 가치를 알게 해 준다. 교육은 모르는 사실을 알게 하고, 인간이 추구하려는 가치를 찾아서 지키고 보존할 수 있도록 한다. 심리적 불안정은 인간에게 몰가치적이며, 삶의 만족도를 저하하는 매우 심각한 대상이므로 행복의 가치 중 심리적 안녕과 행복 추구를 강조하여 삶의 질을 높여 줄 수 있다.

마지막으로 인간은 지속적 생존을 위해서 문제를 찾아 변화를 추구하려는 능력을 소유하고 있다. 이런 변화 추구능력을 강화시켜 주는 것이 교육의 역할이다. 인간은 생존에 위협을 주는 신체적 정신적인 문제점을 찾아 해결하려는 앎의 욕구를 지니고 있고, 이를 해결해 주기 위해 교육을 활용한다. 인간이 삶의 해를 끼치는 요소들을 찾아내고, 관련된 환경 변화를 추구하기 위해 교육이 필요하다. 사회적 문화적 환경의 변화에 필요한 지식, 기술, 태도가 바로 교육내용이다.

3-3) 심리 치유의 의미적 접근

심리 치유의 기본적 접근은 심리학, 의학, 교육학 등 다양한 분야에서 이루어지며, 상처나 문제를 일으키는 원인 파악에서 문제해결을 위한 처치과정을 종합해서 의미적, 결과적 과정으로 이루어진다. 인간의 마음은 정신과정이 몸에 영향을 주는 전반적 단계이므로 마음에 생긴 문제는 육체적 질병으로 가시화된다. 마음의 치유는 단순히 정신 과정의 문제와 이를 야기하는 스트레스의 제거만이 아닌 인간 내면의 성장과 삶의 만족도를 증가시킬 수 있는 행복한 삶의 질 관리를 종합한다.

치유의 사전적 의미는 '치료하여 병을 낫게 함(표준국어대사전)'인데, 매우 포괄적인 개념을 아우르고 있다. 최근 자연치유, 내적치유, 사진치유와 같이 접근 방식, 설정 대상 등에 따라 '치유'라는 단어가 다양하게 활용되고 있는 현상은 치유의 이러한 속성을 대변한다고 볼 수 있다. 종종 치유는 완화(palliation), 즉 '병의 증상이 줄어들거나 누그러짐(표준국어대사전)'을 의미하는 단어와 혼동되기도 하는데, 치유는 물리적으로 정신적으로 영적으로 문제를 일으키는 근본적인 원인에 대해 접근하고, 그 문제를 해결한다는 개념이지만, 후자는 일시적인 가벼운 대처를 의미해, 일종의 심리적 회피 현상과 연관된다고 할 수 있다.

이러한 개념적 배경을 가지고 있는 치유에 관한 지리적 고찰의 첫 시도는 Gesler가 1992년에 발표한 'Therapeutic landscapes: Medical issues in light of the new cultural geography'에서 찾아볼 수 있다. 여기에서 Gesler(1992)는 치유의 경관을 치유 혹은 치료와 관련된 물리적이며, 심리적인 요소를 아우르는 장소(places), 배경(settings), 상황(situations), 현장(locales), 환경(milieus) 등으로 정의하고 있다(Williams, 1998; Gesler, 1992). 그리고 이곳에서 일어나는 심리적인 애착과 그에 따른 연관성에 대해 고찰하고 이러한 애착이 전통, 사회, 심지어 국가 혹은 공동이익에 어떻게 영향을 주는지 파악하며, 더 나아가 지속적이고, 건강한 신체, 정신 등을 유지하기 위해 어떻게 구성되어야 하는지 심층적으로 관광, 경관과 생활, 운동요법 등의 다양한 방식으로 알아보는 것에 바로 치유와 관련된 지리학적 탐구의 의의가 있다고 밝혔다(Marcus, 2018). 앞서 밝힌 바와 같이, 치유에 관한 접근은 치유와 관련된 지리적 범위의 설계, 개발, 평가하는 부분에서도 중요성을 드러내지만, 이는 결국 개인의 정체성의 형성 및 표현에 영향을 줄 뿐만 아니라, 더 나아가 사회적인 지위나 가치를 나타내주는 하나의 표시로 활용될 수 있고, 또한 보이지 않는 상징성까지 포함하고 있어, 치유의 지리적 접근의 이면에는 상당한 깊이감이 존재한다고 할 수 있다. 따라서 이러한 배경을 바탕으로 전문적이고, 체계적이고 광범위한 지리학적 접근이 치유와 관련해 이루어져 왔고, 그 맥이 오늘날에까지 이어지고 있다고 할 수 있다.

3-4) 치유의 체험 교육적 접근

교육은 사람이 사람답게 살기 위해 행해지는 모든 활동이다. 인간의 마음과 행동을 변화시켜 미성숙한 상태에서 성숙한 변화를 추구한다. 교육은 마음의 상처나 불안한 행동을 교정하여 안정된 삶을 살 수 있도록 도와준다. 대표적인 영역이 체험교육학이다. 체험교육학이란 특정한 학문 이론적 방향에 토대를 둔 교육이론이 아니라, 스스로 결정하는 행위에 토대를 둔 자연에서의 체험을 중요한 교육수단으로 인식하는 사상과 실천들을 하나로 묶는 대표개념이라고 할 수 있다. 체험교육학은 교실에서 이루어지는 언어적, 간접적 교육의 대안으로 교실 밖에서의 활동적, 직접적 교육을 지향한다. 체험교육학에서 체험(Expriential education)은 "자연에서의 체험으로 제한"되며(정기섭, 2017), 체험 장소인 자연은 숲, 들판, 초원, 바다, 호수, 강, 산, 모래언덕 등이 된다. 체험은 일상적이고 친숙한 것이 아니라, 특별한 것, 새로운 것, 알려지지 않은 것, 익숙하지 않은 것이다. 체험은 일상적인 삶과 구별되는 것이기에 오랫동안 기억된다. 일상세계에서 아이들의 경험은 많은 불확실하고 위험적인 요소들이 어른들에 의해서 제거된 인위적 환경에서 일어난다. 이러한 환경으로부터 벗어나 자연에서 낯선 경험을 한다는 것은 모험이 동반된다.

이때의 경험은 구체적인 상황에서의 내적 경험을 의미한다. 그러므로 체험교육학에서 체험은 '자연에서의 새로운 경험'으로, 육체적인 활동만이 아니라 지(智), 정(情), 의(意)가 동반되는 전인적인 차원에서 이해되어야 한다. 체험이 '~을 해봤다', '~에 가봤다'와 같은 단순한 감각적인 경험과 구별되는 것은 개인의 삶 전반에 영향을 미치는 '내면의 작용'과 결합되어 있기 때문이다. 철학사 사전에 체험이란 용어는 다음과 같이 서술되어 있다. "삶 속에서 일어나는 것으로 낯선 증명을 필요로 하지 않고 모든 중재하는 의미에 선행하는 직접성을 갖고 있다. 이 직접성에 의해 실제적인 것들이 파악된다. 체험된 것은 언제나 자기가 체험한 것이며 '체험된 것'은 직접적인 체험의 과정에서 탐구된 성과로서 삶의 연관 전체를 위하여 지속성과 의미를 획득한 것이다. 체험교육은 단지 단순하게 체험된 것이 아니라, 지속적인 의미를 보증하는 특별한 강렬함을 갖는 것이다. 체험교육에서 체험하는 사람은 자신의 다른 체험의 일상적인 연관으로부터 빠져 나와서 자신의 현존재 전체와 관계하고 있는 것이다(Bourgault, 2020).

이러한 이해로부터 체험교육은 주관적인 것으로 체험이 일어나는 장소와 그 상황의 분위기와 밀접한 관련이 있고, 그로 인해 임의적으로 반복될 수 있는 것이 아니라는 것을 알 수 있다. 그러므로 체험교육은 개인에 의해 다른 사람에게 전달되기가 어려운 것이다. 체험교육이 직접적인 특성을 갖는다는 것은 단순히 무엇을 직접 해보았고, 어떤 대상을 명확하게 확인하였다는 것을 의미하는 것이 아니다. 오히려 체험교육이 삶의 동인들을 제공한다는 의미로 해석되어야 한다. 체험교육에서 획득된 삶의 동인들은 체험상황에서의 느낌, 기분, 의지, 직관, 사고, 본능 등이 결합되어 의미 있는 것으로 각인된 것이라고 할 수 있다.

이러한 관점에서 체험교육의 목적은 특별한 체험이 깊게 각인되어 오랫동안 기억에 머물면서 개인의 삶에 의미 있는 영향을 미치도록 하는 것이라고 할 수 있다. 이런 과정에서 욕구, 감정, 감성의 불만들이 해소되고 승화되며 치유가 일어나게 된다.

4) 심리교육 치유의 이해

4-1) 심리교육 치유의 개념

심리학은 인간의 정신과정과 행동을 과학적으로 다루는 학문이고, 심리는 욕구, 감정, 사고, 행동 등의 일반적 마음의 원리이다. 대상에 대한 감정의 변화가 행동으로 표출되는 것이 정서이며 심리에서 매우 중요한 영역을 차지하고 있다. 정서가 안정되면 대인관계 및 사회생활에 긍정적 영향을 미치고, 그렇지 않으면 다양한 정신적 문제를 일으킬 수 있다. 이런 정서의 수준을 정서지능으로 파악할 수 있다.

정서지능은 정서를 확인하고 표현하는 능력, 정서를 이해하는 능력, 사고에 정서를 동화시키는 능력, 그리고 자신과 타인의 부정적 · 긍정적 정서 모두를 조절하는 능력을 의미한다. 최근에 심리학자들은 개인과 타인의 정서를 이해하는 것이 만족스러운 삶의 열쇠가 된다고 주장하고 있다(곽윤정, 2005: 권정윤, 2010). 자신을 잘 알고 타인에게 민감한 사람들은 때로 자신에게 불리한 상황에서도 당면한 문제를 지혜와 미덕으로 대처

한다. 반면 정서적으로 문맹인 사람들은 불화, 좌절, 실패한 대인관계로 인해 자신의 길을 그르치기도 한다.

정서지능은 타고나는 것이 아니라, 교육적 개입을 통해 발달하는 것이며, 심리교육 치유는 미래사회에 희망을 줄 수 있다는 점이 중요하다고 하겠다. 심리교육 치유는 정서지능이 낮거나 심리적 상처, 억압, 역기능적 신념으로 인한 스트레스가 마음의 상처로 이어질 것이 예상되거나 이어진 사람들을 대상으로 긍정심리학을 토대로 한 다양한 체험교육을 통해 마음의 안정을 주어 정서지능을 높이는 종합적 심리 처치과정이다.

스트레스 상황에 성공적으로 대처하는 것은 정서지능의 핵심이라고 할 수 있다. 물론 스트레스에 관한 연구는 정서지능이라는 용어가 나오기 훨씬 전부터 이루어졌으며, 그 연구 영역은 정서지능의 존재만으로 설명하기에는 너무나 복합적이다. 그러나 스트레스 환경에서 사람은 불안, 우울, 분노 등 부정적인 정서를 경험하게 되고, 감정에 대한 자기통제 능력이 저조한 사람에게 스트레스는 보다 심각한 결과를 낳게 되리라는 것은 명백한 일이다. 스트레스와 관련하여 발표된 최근의 연구들을 보면 정서표현 불능 증세가 주로 스트레스를 유발하며, 이는 정서지능과 긴밀하게 연결된 개념이라는 것을 시사하고 있다. 스트레스 해소를 목적으로 하는 프로그램들이 주로 자기정서의 인식과 감정의 표현에 강조점을 두고 있는 것을 보면 알 수 있다. 이를테면 감정을 확인하고 이름 붙이기, 감정을 표현하기, 감정의 강도를 평가하기, 충동 통제하기, 타인의 시각 이해하기, 의사소통하기, 문제해결을 위해 적합한 활동하기, 삶에 대한 긍정적 태도 갖기 등의 과정이 그 예이다. 정서능력을 증진하고, 정서인식의 발달을 촉진하며, 대인관계 문제 해결의 향상 및 폭력성과 공격성을 예방하고 행동문제의 감소를 목표로 하는, 현재 활용도가 가장 높은 정서지능 프로그램에는 대안적 사고 촉진 전략(Promoting Alternative Thinking Strategies: PATH), 창의적 갈등해결 프로그램(Resolving Conflict Creatively Program:RCCP), 사회적 인식증진 및 사회적 문제해결 프로젝트(Improving Social Awareness/ Social Problem Solving Project: ISA/ SPSP), 시애틀 사회성 발달 프로젝트(Seattle Social Development Project), 예일-뉴헤븐 사회적 역량 증진 프로그램(Yale-New Haven Social Competence Promotion Program), 그리고 오클랜드 아동발달 프로젝트(Oakland's Child Development Project) 등이 있다. 이 중 창의적 갈등해결 프로그램(RCCP)은 역할놀이와 집단 활동을 통해 개인의 감정표현을 장려하며, 또래와의 협동에 대한 가치를 배우면서 갈등해결을 위한 평화로운 방법을 모색하는 프로그램으로 체험활동에 응용하기에 가장 적합하다고 생각된다. 이런 체험활동 교육 프로그램은 마음의 건강을 유지하는 데 정적 상관관계를 보여준다(곽윤정, 2005; 홍정아, 2014; 이인재 외, 2010)

우리는 막연히 마음의 건강을 마음의 병이 없는 상태로 생각하지만, 세계보건기구(WHO)는 마음의 건강상태는 단순한 정신건강의 안녕감을 넘어서 육체적, 정신적, 사회적, 그리고 영적으로 안녕한 상태라고 정의하고 있다. 말하자면 우리의 필요가 충족된 상태를 건강이라고 말할 수 있다. 인간이 지닌 생리적 필요, 정신적 필요, 사회적 필요, 나아가 영적인 필요까지도 만족시키는 것이 온전한 치유라 말할 수 있다. 왜냐하면 인간은 단지 육체적인 존재일 뿐 아니라, 정신적이고도 영적인 존재이며, 이러한 각 부분이 분리되지 않고 긴밀히 연결되어 상호 작용하는 사회적인 개체이기 때문이다. 가령, 과거에는 위궤양이나 위염을 단순히 위장점막의 질환으로 생각해 왔으나, 최근 의학의 발달로 정신적인 스트레스가 얼마든지 위궤양을 일으킬 수 있음이 입증되었고, 또한 영적인 상태가 정신과 육체에 지대한 영향을 끼친다는 사실이 속속 밝혀지고 있다. 생각은 행동을 낳고, 행동은 습관을 만들며, 습관은 성격을 만들고, 성격은 인격을 만든다고 한다. 삶의 방식이 변화되지 않고서는 온전한 치유는 결코 일어나지 않는다. 그러므로 심리교육 치유는 감기 환자가 이비인후과 병원을 찾고, 관절이 아픈 사람이 정형외과를 찾듯이 마음의 상처를 처치하는 과정이며 나아가 내성을 강화하여 마음에 병이 오지 못하도록 하는 마음의 면역력을 강화하는 전반적 행위이다.

4-2) 심리교육 치유의 다양한 접근

심리교육 치유는 정신 건강 상태에 대한 지식과 이해를 발전시켜 대처 능력을 향상하는 것을 목표로 하는 체험 기반 심리치료 접근이다. 심리교육 치유는 단순한 형태의 과정이다. 이는 치료사가 고도로 발달된 이론적 배경을 가질 것을 요구하지 않으며 치유 프로그램 운영에 익숙하면 된다. 심리교육 치유를 제공하는 치료사는 특히 치유 목표 간의 공통분모, 내담자의 정신 상태에 대한 교과서적 지식, 치유 과정에 대한 내담자 의견에 중점을 둔다. 이러한 개입은 내담자의 프로그램 몰입을 통한 적극적인 돌봄을 유도하고, 내담자의 죄책감, 무력감, 거부감을 줄이기 위해 활용된다. 심리교육 치유는 다양한 마음의 상처에 대처하는 데 필요한 정보와 기술을 갖추도록 해준다.

Anderson는 1980년대에 심리교육 치유 분야에서 심리교육을 대중화하고 운영 프로그램을 개발했다. Anderson은 정신분열증 환자의 재발률을 줄이는 방법으로 심리교육을 제안했다. 자신의 연구에서 정신분열증의 증상 및 치료와 관련된 환자 가족을 교육하는 데 중점을 두었으며, 이러한 심리교육 치유가 재발률을 감소시키는 것으로 나타났다(Anderson, 1986).

지난 수십 년 동안 심리교육 치유의 다른 많은 모델이 확립되었으며 우울증, 불안 장애, 섭식 장애 및 기타 정신 질환에 미치는 영향이 연구되었다(Bond, Anderson, 2015). 심리교육 치유의 주요 초점은 지식 전달이기 때문에 프로그램 수행 방법을 결정하는 공식적이거나 규정적인 표준은 없다. 심리교육 치유는 다양한 방식과 다양한 환경에서 제공될 수 있다. 또한 프로그램 길이, 횟수, 전체 기간(개월 또는 연 단위)이 다를 수 있다. 그러나 심리교육 치유에서는 교육을 강조하고, 교육 활동을 지원하기 위해 휴식이나 호흡과 같은 다른 치료 기술만 사용한다(Anderson, Guthery, 2015). 심리교육 치유의 목표는 다음과 같다.

징후와 증상, 과정, 다양한 결과 및 예후를 포함하여 상태의 다양한 측면에 대해 내담자에게 알린다. 상태에 대한 오해를 전달하여 내담자의 인식을 높인다. 다양한 치료 및 약물 옵션과 그 위험에 관한 정보를 제공하며 피해야 할 위험요소를 가르친다. 재발의 초기 징후에 주목하여 특히 사회적, 직업적 기능 측면에서 마음의 상처가 있는 개인이 가정, 사회, 회사 공동체에 통합될 가능성을 높인다.

심리교육을 실시하는 치료사는 해당 프로그램에 대해 해박해야 하며 정신과 의사, 심리학자, 교육학자, 심리치료사, 관련 전문가 또는 간호사일 가능성이 높다. 심리교육 치유는 개인 또는 그룹 프로그램으로 이루어질 수 있지만 그룹 프로그램이 더 일반적이다. 그룹 프로그램에는 여러 내담자, 한 명의 내담자와 그 가족, 또는 여러 내담자와 그 가족(다세대 그룹)이 포함될 수 있다. 또한 온라인 심리교육 치유는 토론, 포럼, 정기 모듈, 화상 회의 또는 대화형 프로그램으로 구성한다. 프로그램 중 개입 외에도 심리교육 프로그램 치료사는 고객에게 학습을 더욱 발전시키기 위해 프로그램 후에 연장 활동을 할 수 있도록 가정에서 할 수 있는 과제를 제공할 수 있다. 심리교육 치유적 틀 내에서 내담자는 자신이 배운 것을 실행하는 데 궁극적인 책임이 있는 것을 알린다. 많은 연구자들은 심리교육 치유가 정신 질환을 신체 질환처럼 접근하여 치료할 수 있다는 점을 강조하는 질병 의학적 모델을 제시해야 한다고 생각한다(Fende et al, 2007).

심리교육 치유 개입은 다양한 형태로 이루어지지만, 연구에 따르면 연령, 배경, 관심 분야가 다양한 사람들이 혜택을 받을 수 있다는 것이 광범위하게 나타났다(Kurdal et al, 2014).

많은 심리교육 치유 모델이 존재하지만 이러한 중재는 특정 환자의 특성과 가족 역학을 고려하여 각 내담자 또는 가족 단위에 맞게 개별화되어야 한다. 개인의 필요에 특별히 맞춘 심리교육 치유적 개입을 개발함으로써 심리교육의 효능이 높아질 수 있다.

2 심리교육 치유의 접근 방법

1) 심리교육 치유의 원리

최근 부산 서면 한복판에서 귀가하던 여성에게 무차별 폭행과 성범죄를 시도했던 이른바 '부산 돌려차기' 사건의 가해 남성이 피해 여성에게 '출소하면 복수하겠다'는 협박 발언을 한 것으로 알려졌다. 그는 부산구치소에 수감 중에도 반성 없이 출소 후 피해자에게 보복하겠다며 구치소에서 피해자의 이름과 주소, 주민등록번호 등을 되뇌었다고 한다. 가해자가 사이코패스라는 결론은 없지만, 어두운 성격을 지닌 사람들 중에 자신에게 피해를 줬다고 생각하여, 보복 심리에 가득 찬 경우를 흔히 볼 수 있다. 심리학에는 사람의 어두운 성격을 대표하는 '어둠의 3요소'라는 게 있다. 나르시시즘, 마키아벨리즘(Machiavellianism), 사이코패스적 성향이다.

나르시시즘은 과도하게 자기중심적인 사람으로 이기적이고, 오만하며, 공감능력이 부족하고, 비판에 매우 민감하다. 마키아벨리즘은 자신의 목적을 위해서라면 수단을 가리지 않으며 남을 조종하려는 성향을 보인다. 사이코패스적 성향이 강한 사람은 공감능력이 부족하고, 반사회적 행동을 보이며, 충동성이 강하다. 최근 이 어두운 성격을 가진 사람들이 왜 남을 잘 용서하지 못하고 복수를 꿈꾸는지에 대한 이유를 밝힌 연구 결과가 나왔다. 연구에서는 그들의 "분노반추(anger rumination)"에 관한 성향과 관련이 있다고 분석했다. 연구저자인 세르비아 베오그라드대학교 심리학과 보반 네델코비치(Boban Nedeljković) 연구원은 반추를 이해하는 데 있어 분노반추와 우울반추(depressive rumination)를 구분하는 것이 중요하다고 강조했다(안승권, 최민정, 2018). 반추란 어떤 일을 되풀이하여 음미하거나 생각하는 행위를 말한다. 우울증에서 나타나는 흔한 심리 현상으로, 우울반추는 부정적인 상황을 반복적으로 떠올리며 점점 더 우울해지는 것을 가리킨다. 대개 자기 자신을 비난한다는 특징이 있다. 반면, 분노반추는 분노의 감정을 경험한 후 자신이 겪은 (실제 혹은 자신이 생각한) 부당함에 대해 타인을 비난하는 것이 특징이다. 이런 분노반추가 장기화되면 역기능적 신념을 만들어 복수, 보복 및 한풀이를 해야겠다는 믿음이 형성된다. 그런 믿음은 행동으로 이어지고 그 행동은 끔찍한 사회문제를 야기한다. 분노반추는 분노 기억, 분노의 원인 이해, 분노 후의 생각, 복수에 대한 생각 등 4가지 차원을 포함한다. 분노 기억과 분노 후의 생각은 자신을 분노하게 만든 사건에 대한 생각에 몰두하는 것이다. 분노 원인에 대한 이해는 자신이 왜 부당한 대우를 받았는지에 대해 의미 있거나 만족스러운 설명을 찾는 데 집착하는 것을 말하며, 복수에 대한 생각은 갈등을 "해결"하고 부당함을 "바로잡으며" 감정적으로 안정을 얻을 수 있는 복수 행동을 하려는 경향으로 볼 수 있다.

어두운 성격을 가진 사람들은 타인을 용서하는 데 어려움을 겪는다는 점이 밝혀진 바 있다. 한 연구에 따르면 18~73세 성인(남성 49.7%) 629명의 대상으로 설문을 실시해 어둠의 3요소, 분노반추, 용서 사이의 관계를 분석했다. 그 결과 마키아벨리즘과 사이코패스적 성향이 강한 사람들은 부정적인 생각과 감정, 행동을 더 많이 보였으며 자신에게 해를 끼친 사람들에 대해 덜 너그러운 모습을 보였다. 이들은 상대방에 대해 원한을 품거나 복수를 하려는 경향이 더 강했다.

이들이 용서를 하는 데 어려움을 겪는 것은 분노반추를 함으로써 악화됐다. 특히, 복수에 대한 생각은 부정적인 생각과 감정, 행동을 지속시키는 데 도움을 주는 것으로 보였다. 마키아벨리즘과 사이코패스적 성향에서 높은 점수를 받은 사람들은 잘못을 한 사람에 대해 긍정적인 생각을 하기가 어려우며, 이것이 상대방을 용서하는 과정을 방해한다(곽원준, 2016).

마키아벨리즘 성향이 높은 사람은 학교나 회사에서 자신이 원하던 포상이나 승진을 다른 사람이 받았을 때 분노반추를 경험할 가능성이 있다. 스스로 부당하다고 생각한 그 일에 대한 보복으로 그 사람의 성공을 깎아내리는 조작적인 행동을 할 수 있다. 사이코패스적 성향이 높은 사람은 자신의 기대가 충족되지 않은 다양한 사회적 환경에서 자극을 받을 수 있다. 누군가 자신에게 맞서 지배력이나 통제권을 잃은 것처럼 느껴진다면, 이로 인해 깊은 분노반추의 소용돌이에 빠져 용서는 불가능한 일이 된다. 어둠의 3요소 특성을 가진 사람들은 우호성(agreeableness)이 낮아 상황을 더욱 적대적으로 해석하고, 이 때문에 자연스럽게 분노가 촉발된다. 2023년 발표된 한 연구는 어두운 성격 특성이 강한 사람들은 자신의 행동을 조절하는 능력이 부족하며 이로 인해 분노, 공격성, 원한을 품는 경향이 더 강해진다고 밝혔다(권혁준 외, 2023).

분노반추를 어두운 성격 특성과 용서의 부재를 잇는 "다리"로 볼 수 있다. 이러한 연관성을 고려할 때, 임상적 노력은 분노반추에 초점을 맞추어야 한다. 마음챙김이나 인지 행동 훈련, 체험교육 등을 통해 분노에 대한 역기능적 신념에 의한 사고방식을 용서와 감사로 바꾸면 분노를 더 잘 관리할 수 있고 결과적으로 모든 형태의 인간관계에서 용서하는 태도를 기를 수 있다. 그러므로 심리교육 치유의 핵심은 감사와 용서의 마음을 기저로 한다.

2) 심리교육 치유의 과정

심리치유는 시간과 인내가 필요한 복잡한 과정이다. 이는 개인과 그들이 치유하고 있는 정서적 트라우마의 유형에 따라 길이와 강도가 달라질 수 있다. 심리 치유의 과정을 이해하고 단계별 경험을 해야 한다. 연구에 따르면 정서적 트라우마는 실제로 신체에 저장되어 다양한 신체적 증상을 유발할 수 있는 것으로 나타났다. 예를 들어, 한 연구에 따르면 만성 통증이 있는 환자는 외상의 병력이 있는 경우가 많으며 통증은 외상에 대한 신체의 반응과 관련이 있을 수 있다(김이경 외, 2020). 또 다른 연구에 따르면 외상 후 스트레스 장애(PTSD)가 있는 사람은 PTSD가 없는 사람에 비해 통증과 피로를 비롯한 신체 건강에 대한 불만이 더 큰 것으로 나타났다(최남희, 2011). 심리교육 치유의 과정은 정서적 트라우마나 정서 불안의 대상자가 정서안정을 위해 참여하는 일련의 과정이다.

심리교육 치유과정은 신체에 저장된 외상을 방출하고 신체적 증상을 줄이는 데 도움이 될 수 있다. 요가는 PTSD 환자에게 효과적인 보완 요법으로 불안, 우울증, 각성과 같은 증상을 줄이는 것으로 나타났다(왕인순 외, 2007). 명상은 또한 PTSD 및 기타 외상 관련 장애의 증상을 줄이는 데 도움이 되는 것으로 밝혀졌다(전여정, 2013). 신체의 감각과 경험에 초점을 맞춘 신체 요법(Somatic Therapy)도 외상 관련 증상을 치료하는 데 효과적인 것으로 나타났다.

심리치유의 5단계는 부정, 분노, 타협, 우울, 수용이다. 이 단계는 엘리자베스 퀴블러 로스(Elisabeth Kubler–Ross)가 1969년 저서『죽음과 죽어감(On Death and Dying)』에서 처음 소개한 이후 정서적 치유 과정에도 적용됐다(Corr, 2020). 첫째, 부정 단계에서 개인은 자신이 정서적 트라우마를 경험했다는 사실을 받아들이기를 거부할 수 있다. 그들은 자신의 감정을 밀어내거나 상황의 심각성을 경시하려고 할 수도 있다. 둘째, 분노 단계에서 개인은 자신이 경험한 트라우마에 대해 자신이나 다른 사람에 대해 분노를 느끼기 시작할 수 있다. 그들은 좌절감을 느끼고, 무력감을 느끼고, 분개할 수도 있다. 셋째, 타협 단계에서 개인은 자신이 경험한 트라우마를 되돌리기 위해 자신이나 더 높은 권력자와 협상을 시도할 수 있다. 그들은 상황을 고치거나 되돌릴 방법을 찾을 수 있다.

넷째, 우울 단계에서 개인은 자신이 경험한 트라우마를 되돌릴 수 없다는 것을 깨닫게 되면서 깊은 슬픔과 절망감을 경험할 수 있다. 마지막 수용 단계에서 개인은 트라우마가 발생했다는 사실을 받아들이고 치유와 앞으로 나아가는 데 집중하기 시작한다.

정서적 치유 과정은 7단계(인식, 인정, 수용, 고통, 슬픔, 용서, 전진)로 나눌 수 있다. 이는 저명한 치료사이자 작가인 존 브래드쇼(John Bradshaw)가 그의 저서 『당신을 묶는 수치심을 치유하기(Healing the Shame that Binds You)』에서 처음 소개했다(Bradshaw, 2005). 인식은 정서적 치유의 첫 번째 단계로 치유가 필요한 정서적 고통과 트라우마를 인식하는 것이다. 여기에는 고통을 유발하는 감정과 행동을 인식하고 트라우마의 원인을 식별하는 것이 포함된다. 두 번째 인정 단계는 고통과 트라우마를 인정하고 그것이 삶의 일부임을 받아들이는 것이다. 여기에는 문제가 있음을 스스로 인정하고 자신의 치유에 대한 책임을 지는 것이 포함한다. 세 번째 수용 단계는 치유가 가능하다는 사실을 받아들이고 그 여정에 전념하는 것이다. 여기에는 치유 과정에 대한 의심이나 두려움을 버리고 앞으로 나아갈 수 있다는 믿음이 포함된다. 네 번째 고통 체험단계는 판단이나 회피 없이 고통과 트라우마를 느낄 수 있도록 허용하는 것이다. 여기에는 불편하거나 고통스럽더라도 트라우마와 함께 오는 감정과 감각을 경험하는 것이 포함된다. 다섯 번째 슬픔 단계는 트라우마로 인한 상실을 인정하고 이를 슬퍼하는 것이다. 여기에는 트라우마의 결과로 잃어버린 신뢰, 안전, 자아감 등을 인식하고 이러한 상실을 애도하는 것이 포함된다. 여섯 번째 용서 단계는 트라우마로 인한 피해에 대해 자신과 다른 사람을 용서하는 것이다. 여기에는 분노, 비난을 버리고 자신과 타인에 대한 연민과 이해를 찾는 것이 포함된다. 마지막 전진 단계는 새로운 목적과 방향을 가지고 전진하겠다는 다짐을 하는 것이다. 여기에는 미래에 대한 비전을 수립하고 목표 설정, 지원 요청, 치유와 성장을 촉진하는 활동 참여 등 그 비전을 현실로 만들기 위한 조치를 취하는 것이 포함된다.

개인이 심리교육 치유 과정을 거치면서 자기 인식이 향상되어 자신의 감정, 사고 패턴 및 행동을 더 잘 이해할 수 있다. 이러한 자기 인식의 증가는 개인이 부정적인 패턴을 식별하고 변경하며 더 큰 자기 수용과 자기 연민을 개발하는 데 도움이 될 수 있다.

심리교육 치유 과정은 개인이 자신의 필요와 감정을 더 잘 전달할 수 있게 되고 다른 사람에 대한 더 큰 공감과 이해를 발전시킬 수 있으므로 관계에 긍정적인 영향을 미칠 수 있다. 개인은 과거의 마음 상처를 치유하면서 타인과의 관계가 더욱 만족스러워지고 긍정적으로 변화하는 것을 경험할 수 있다.

심리교육 치유 과정을 통해 회복력이 증진하거나 도전과 역경에서 회복할 수 있는 능력을 계발하는 데 도움이 될 수 있다. 개인은 과거의 정서적 트라우마를 극복하면서 더 나은 대처 기술과 더 강한 내면의 힘과 탄력성을 계발할 수 있다. 심리교육 치유 과정은 스트레스를 줄이고 전반적인 웰니스를 향상시킬 수 있으므로 신체 건강에도 긍정적인 영향을 미칠 수 있다. 연구에 따르면 만성 스트레스와 정서적 트라우마는 고혈압, 심장병, 자가 면역 질환을 비롯한 다양한 신체 건강 문제를 일으킬 수 있는 것으로 나타났다(이보구, 이형환, 2013). 스트레스를 줄이고 휴식을 촉진함으로써 정서적 치유는 이러한 부정적인 건강 결과를 예방하는 데 도움이 될 수 있다. 정서적 막힘을 해소하는 것은 심리 치유 교육 과정의 중요한 부분이다. 이는 개인이 자신을 방해할 수 있는 부정적인 감정과 경험을 극복하는 데 도움이 될 수 있기 때문이다. 정서적 막힘을 해소하는 데 도움이 되는 몇 가지 기술은 다음과 같다.

우선 마음챙김을 실천하면 개인이 자신의 감정과 사고 패턴을 더 잘 인식하고 더 큰 자기 수용과 자기 연민을 계발하는 데 도움이 될 수 있다. 명상, 심호흡, 신체 스캔과 같은 마음챙김 기술은 개인이 정서적 막힘을 풀고 휴식과 스트레스 감소를 촉진하는 데 도움이 될 수 있다. 두 번째는 일기 쓰기이다. 자신의 감정과 경험에 대해 글을 쓰는 것은 감정의 막힘을 풀고 명확성과 이해를 얻는 강력한 방법이 될 수 있다. 일기 쓰기는 개인의 패턴과 유발 요인을 식별하고 더 큰 자기 인식과 자기 성찰을 계발하는 데 도움이 될 수 있다. 세 번째는 치료단계이다. 치료사와 협력하면 인지 행동 치료, 신체 치료, 정서 치료 등의 기술을 통해 개인이 정서적 막힘을 식별하고 해소하는 데 도움이 될 수 있다. 이러한 치료 프로그램은 개인이 과거의 트라우마를 처리하고 부정적인 사고 패턴과 행동을 식별하며 감정 관리를 위한 더 건강한 대처 기술과 전략을 터득하는 데 도움이 될 수 있다.

전반적으로, 심리교육 치유 과정을 이해하는 것은 충격적인 사건에 대처하기 위해 애쓰는 개인에게 유용한 도구가 될 수 있다. 이러한 단계를 인식하고 진행함으로써 개인은 치유를 시작하고 자신의 삶을 앞으로 나아갈 수 있다. 심리교육 치유는 정서적 트라우마를 이해하고 해결하는 다단계 과정이다. 정서적 트라우마는 몸에 축적되어 신체적 증상을 유발할 수 있지만, 생활습관, 명상, 소통, 관광 등 다양한 심리교육 치유 프로그램을 통해 치료할 수 있다.

3 심리교육 치유 모형

1) 심리교육 치유의 다양한 모형

1-1) EFP(Equine Facilitated Psychotherpy) 모형

EFP(Equine Facilitated Psychotherpy) 모형은 말(馬)을 활용한 심리교육 치료 프로그램 모형으로 Leigh Shambo가 개발했다. 우리 자신과 타인의 감정을 이해하고 관리하기 위해 '관계의 6가지 열쇠'라고 부르는 일련의 상호 연관된 원칙을 사용한다. EFP 활동은 살아있는 말과의 교감을 통해 감정관리, 교감능력, 스트레스 해소 능력을 향상시킨다. 본 프로그램에서 말은 작업 파트너십(승마 또는 지상 훈련 작업)을 포함한 관계에서 반려 동물로 취급된다. 엄밀히 말하면 우리는 말의 감정 상태를 통제할 수 없다. 그러나 자신의 각성, 사고 과정 및 반응을 양심적으로 관리함으로써 말의 감정과 행동에 긍정적인 방향으로 영향을 미치며 내 자신의 마음 치유가 이루어진다.

말이 심리교육 치유 프로그램 과정에서 치료의 강력한 파트너인 이유는 말이 변연계(감정) 뇌 영역과 사회 구조 및 관계 패턴에서 인간과 놀랄 만큼 유사함을 보여주기 때문이다. 정서적, 사회적 측면에서 말은 항상 기꺼이 파트너가 되며 사람의 자율성과 정서적 상태에 대해 정직하고 즉각적인 피드백을 제공한다. 말에게 배우는 것은 인간의 가족과 사회 환경으로 쉽게 전환된다. EFP 프로그램에서 인간관계에 긍정적인 변화가 나타나는 것을 '홈런'이라고 부른다. 이 모델을 사용하면 다양한 임상 장애가 있는 어린이와 성인에게서 긍정적인 이점을 볼 수 있으며, 이는 EFP의 정량적 및 질적 결과 연구에서 입증되었다.

EFP 심리교육 치유 프로그램의 6가지 핵심은 신체 중심 인식, 관계, 분열된 자아, 리더십, 긍정적인 결과를 창출하는 상상력의 기술, 성공적인 사회적 두뇌인 진정성과 수용이다. 참가자들은 EFP의 '6가지 핵심'을 경험적으로 파악할 수 있는 치료 또는 학습 과정을 계획한다. 많은 성인이 8~12회 세션을 통해 상당한 개선을 느낀다. 초점을 어디에 두는지에 따라 일부 참가자는 더 오래 지속하는 것이 유용하다. 아이들의 변화는 인지적 통찰력보다는 긍정적 경험의 반복을 통해 일어나기 때문에 일반적으로 치료 기간이 더 길다.

전반적으로, 임상 및 연구 증거에 따르면 EFP 심리교육 치유 프로그램은 긍정적인 정서적, 정신적 기능을 촉진하며 다양한 참가자에게 긍정적인 이점이 분명하게 나타난다(Lentini, Knox, 2009). 자존감 증가, 인지 및 감정 기능의 향상된 통합, 상황에 대한 현실적인 평가 및 타인과의 향상된 의사소통은 진단 레벨에 관계없이 향상된 기능을 제공했다(Karo, 2007). EFP은 다양한 연령층, 가족 또는 관계 치료, 신체 능력 수준에 맞게 조정된다. 일부 개입은 치료적이며 일부는 교육적이다. EFL 모형은 '관계의 6가지 핵심'에 중점을 두고 '감정적 운영 체제를 위한 사용자 매뉴얼'이라고 불린다. 정서적 자기 조절과 대인 관계적 조절의 핵심 기술을 연습할 수 있는 것은 실제로 성공적인 소속감과 삶의 만족을 위한 열쇠이다. 이러한 열쇠는 특정 정신 장애와 극심한 스트레스 및 삶의 전환기의 회복 또는 관리에 필수적이다.

1-2) HEART 모형

유대 전통에서 마음은 자아의 전체성, 즉 존재하는 모든 것을 통합한다. 마음은 감정, 사랑, 초월의 자리인 것이다. HEART 모형은 변화를 경험하기 위한 내면의 치유 과정, 마음의 깊이, 전체성의 깊이로의 여행이다. 어떤 종류의 트라우마로 인해 자신의 전체성이 훼손될 때, 불완전한 조각과 부분이 있다는 것을 발견하게 된다. 표현되지 않은 상처와 약점은 기능을 왜곡하는 경향이 있다. 결과적으로, 이러한 약점은 사람이 삶의 잠재력을 발휘하지 못하게 만든다. 이 모델의 틀에서 내적 치유는 온전함과 적절한 기능을 회복하는 재연결 고리이다. HEART 모형은 표준 3단계 치료 모형을 바탕으로 창의적인 시각화를 활용하고 과정을 통합하여 참가자가 다른 마음 치유 참가자의 경험을 명확하게 보고 본인의 문제를 재조명할 수 있도록 하는 단계별 프로세스에 참여한다. 트라우마와 상처를 경험한 사람들, 과거에 힘들거나 고통스러운 기억을 가지고 있는 사람들과 함께 일할 수 있도록 유대-기독교 세계관에서 비롯된 체계적인 방법론을 제공한다. HEART 심리 치유 교육 프로그램 참가 방식에는 성적 착취를 목적으로 인신매매를 당한 사람들의 배경과 경험도 포함될 수 있다. 이 모형은 트라우마 작업에 대한 현재의 치료 표준과 일치하며 영적 문제를 치료 과정에 통합하는 새로운 접근 방식을 제공한다. 이 모델이 따르는 표준은 성적으로 외상을 입었고 해리적인 내담자의 치료를 위해 국제 외상 및 해리 연구 협회(ISSTD)가 정한 표준이다. 모든 상처는 시간이 해결해 준다고 한다. 그러나 감정과 기억이 충분히 다루어지지 않은 경우, 남은 감정은 종종 그 사람이 문제 상황에 대처하거나 관리할 수 있는 방식으로 억압되거나 보상된다. 예를 들어, 아동 성적 학대의 경우, 아동은 충격적인 상황에 대처하기 위해 성적 위반과 관련된 실제 감정을 분리하거나 연결을 끊는 방법을 배울 수 있다. 이는 시간이 지남에 따라 아이의 관계 인식에 심각한 인지 왜곡을 일으킬 수 있으며 앞으로도 그럴 것이다. 마음은 사소한 트라우마 상황뿐만 아니라 상처받고 수치스럽고 굴욕감을 느끼는 순간에도 보호 방어 메커니즘으로 작용한다. 방어 메커니즘과 대처 전략은 어려운 감정으로부터 자신을 보호하는 방법을 제공한다. HEART 모형은 마음의 깊이에 도달하는 단계별 프로세스이다. 정서적 경험, 인지 왜곡 해결 및 재구성, 정서적 반응 재구성. 이는 또한 하나님과의 개인적인 관계나 세속적 틀, 즉 사람이 이해하는 하나님과 관련된 감정적 과정을 재구성하는 방법이기도 하다. HEART 모형은 많은 충격적인 상황에서 사용될 수 있다. 이는 회복을 위한 개입 접근법이다. 임상의가 내담자와 함께 인지 왜곡과 하나님 이미지의 왜곡을 교정하고 트라우마를 완전히 치유하기 위해 사용된다.

2) CS-ASSURE 모형의 제안

2-1) ASSURE 모형

교육목표의 효과적인 달성을 위해 교수-학습과정에서 다양한 매체(media)를 활용하여 학습에 필요한 정보전달을 도와주는 매개수단을 '교수매체'라고 한다(Heinich et al. 2002). 교수매체는 OHP, 슬라이드, 빔 프로젝트 등 시청각 기자재로서의 수단일 뿐 아니라 교수와 학습자 간의 의사소통 증대를 위한 학습 환경, 교육시설, 교육인력, 재정 등을 포괄하는 개념으로 우리의 다양한 감각을 자극하여 정보를 더욱 빨리 받아들이게 하고, 추상적 개념을 구체적으로 이해시키는 등 교육의 효율성 향상에 기여하고 있다(고재희 2008). 또한 어떤 교수매체를 활용하느냐에 따라 학습자의 흥미와 관심이 좌우되고 이는 곧 교육의 만족도로 이어진다(문수진 2015). 따라서 이러한 교수매체의 체계적인 활용을 위해 ASSURE 모형이 고안되었는데(Heinich et al. 2002), 이는 교사가 현장에서 수업을 계획하고 진행하는 데 각종 매체를 활용할 수 있도록 실제 수업상황을 전제로 개발된 실용적인 모형으로 1) 학습자 분석(Analyze learners), 2) 목표 진술(State objectives), 3) 교수방법, 매체, 자료의 선정(Select methods, media and materials), 4) 매체와 자료의 활용(Utilize media and materials), 5) 학습자 참여유도(Require learner participation), 6) 평가와 수정(Evaluate and revise) 등 6단계 각각의 머리글자를 나타낼 뿐 아니라, 또한 효과적인 수업을 '보증(assure)'한다는 뜻도 포함한다(이화여자대학교 교육공학과 2004; 임해미 · 최인선 2012). 교육현장에서는 ASSURE 모형을 적용한 교육연구가 활발히 진행되고 있으며, 그 효과가 입증된 연구가 발표되고 있다. 뿐만 아니라 ASSURE 모형에 따라 수업을 설계한 경험이 교사의 효능감에 긍정적인 영향을 준다는 연구결과도 보고되었다(임해미 · 최인선 2012). 이는 ASSURE 모형이 학습자뿐만 아니라 교사에게도 긍정적인 영향을 끼친다는 사실을 우리에게 알려준다.

| ASSURE 모형 (Heinich et al 2002)

A	Analyze Learners (학습자 분석)	• 학습자의 특성을 파악하는 단계 - 일반적 특성: 연령, 학력, 지위, 경제적 요인 등 - 출발점 능력: 사전지식, 학습능력 등 - 학습양식: 선호도, 적성, 동기, 불안, 습관 등
S	State objectives (목표 진술)	• 구체적 학습목표를 제시하는 단계 - A(Audience): 누가 학습하는가 - B(Behavior): 목표를 관찰 가능한 행동으로 진술 - C(Condition): 목표 달성을 위한 자원, 시간 - D(Degree): 목표 달성 여부를 나타내는 기준
S	Select methods, media and materials 교육방법, 매체, 자료의 선정	• 학습자의 분석을 토대로 학습목표 달성을 위해 적절한 수업방식과 매체의 선택을 결정하는 단계 - 고려사항: 학습자의 특성, 수업상황, 학습목표, 매체의 속성과 기능, 수업장소 및 시설, 비용 등
U	Utilize media and materials 매체와 자료의 활용	• 매체의 효과적 활용을 위한 준비부터 실행까지를 포함하는 과정 - 매체와 자료의 사전검토 - 매체·자료 준비 및 리허설 - 교육목적에 맞는 교육장소 준비 - 교수자의 숙달 - 학습자에 대한 학습경험 제공
R	Require learner participation 학습자 참여유도	• 목표달성을 위해 학습자의 능동적 참여 요구 - 질문 제시하여 답변을 유도 - 선택, 판단, 결정 요구 - 필기, 발표, 토의, 합창 등 신체활동 요구
E	Evaluate and revise 평가와 수정	• 학습목표의 달성여부와 학습매체 및 수업방식이 수업에 적절하였는지를 평가하고 수정하여 차후 수업에 반영한다.

2-2) CS-ASSURE 모형

Heinich의 ASSURE 모형의 기본 형식에 심리교육 치유 방법으로 긍정주의 심리치료(Positive Psychotherapy)의 요소를 일부 활용하여 CS-ASSURE 모형의 기반을 마련했다.

기존의 인지 행동적 접근이 우울증 치료를 위해 그동안 치료들이 왜곡된 부정적인 인지에만 초점을 맞추어 왔다고 지적하면서 긍정적인 자기인식과 긍정적 사고(positive thinking)를 강화하는 것이 우울개입에 유용할 수 있음을 지적하였다. 이러한 흐름에 따라, Seligman은 부정적 증상에 초점을 둔 기존 심리치료에 대한 지적에서 벗어나고자 1998년 인간의 긍정적인 정서함양과 성격강점에 초점을 둔 긍정심리학을 제창하였다(Seligman, Steen, Park, & Peterson, 2005). 그리고 이를 바탕으로 최근에는 질병의 치료보다는 예방에 중점을 둔 긍정심리치료가 새로운 심리치료의 대안으로 제시되고 있다(권석만, 2008; Peterson & Seligman, 2004; Seligman, 2004). 즉 기존의 심리치료 접근이 '잘못된 부정적인 증상들을 고치고 치료하는 데 초점을 둔' 방법이라면 긍정심리치료는 '내담자의 심리적 강점 활용을 통한 자기실현에 초점'을 두고 기존의 심리치료적 개입을 보완하는 방식을 취한다(Duckworth, Steen, & Seligman, 2005). 또한 긍정심리치료는 우울한 대학생들과 중등도 이상의 우울진단을 받은 외래환자들을 대상으로 한 개인 · 집단 심리치료 결과 우울증을 경감하고 삶의 만족도를 증진하는데도 효과적임으로 밝혀지면서 주목을 받고 있다(Seligman, Rashid & Parks, 2006). Seligman 등(2006)은 긍정심리치유의 세 가지 핵심요소로 크게 긍정적인 정서의 경험, 삶의 참여와 몰입을 통한 즐거움과 삶의 의미 발견을 통한 자기실현을 강조하고 이 세 가지 변인이 우울 감소와 예방에 효과적으로 작용하는 것으로 본다.

| CS-ASSURE 긍정심리교육 치유 프로그램 구성원리

구성	핵심요소	프로그램 회기	세부내용(5개 영역)
1	긍정적인 정서의 경험	강점 찾기와 긍정 감정 활용하기	-
2	삶의 참여와 몰입을 통한 즐거움	용서(수용)하는 마음 갖기	-
		감사하는 마음 갖기	-
3	삶의 의미 발견을 통한 자기실현	내 안의 낙관성 증진하기	-
		인생을 음미하기	-
		사회적 기여와 봉사하기	-
		행복한 인생을 위한 서약서 작성 및 다짐	-

| CS- ASSURE 모형 (제안, 2023)

A	Analyze Learners (학습자 분석)	• 학습자의 특성을 파악하는 단계 - 일반적 특성: 연령, 학력, 지위, 경제적 요인 등 - 출발점 능력: 사전지식, 학습능력 등 - 학습양식: 선호도, 적성, 동기, 불안, 습관 등
S	State objectives (목표 진술)	• 구체적 학습목표를 제시하는 단계 - A(Audience): 누가 학습하는가 - B(Behavior): 목표를 관찰 가능한 행동으로 진술 - C(Condition): 목표 달성을 위한 자원, 시간 - D(Degree): 목표 달성 여부를 나타내는 기준
S	Select methods, media and materials 교육방법, 매체, 자료의 선정	• 학습자의 분석을 토대로 학습목표 달성을 위해 적절한 수업방식과 매체의 선택을 결정하는 단계 • 긍정 심리교육 치유 프로그램을 활용한 회기운영 • 회기구성 - 1회기: 프로그램 소개와 만남 - 2회기: 강점 찾기와 긍정 감정 활용하기 - 3회기: 용서(수용)하는 마음 갖기 1 - 4회기: 용서(수용)하는 마음 갖기 2 - 5회기: 감사하는 마음 갖기 1 - 6회기: 감사하는 마음 갖기 2 - 7회기: 내 안의 낙관성 증진하기 - 8회기 인생을 음미하기 - 9회기: 사회적 기여와 봉사하기 - 10회기: 행복한 인생을 위한 서약서 작성 및 다짐
U	Utilize media and materials 매체와 자료의 활용	• 매체의 효과적 활용을 위한 준비부터 실행까지를 포함하는 과정 - 매체와 자료의 사전검토 - 매체·자료 준비 및 리허설 - 교육목적에 맞는 교육장소 준비 - 교수자의 숙달 - 학습자에 대한 학습경험 제공
R	Require learner participation 학습자 참여유도	• 목표달성을 위해 학습자의 능동적 참여 요구 - 질문 제시하여 답변을 유도 - 선택, 판단, 결정 요구 - 필기, 발표, 토의, 합창 등 신체활동 요구
E	Evaluate and revise 평가와 수정	• 학습목표의 달성여부와 학습매체 및 수업방식이 수업에 적절하였는지를 평가하고 수정하여 차후 수업에 반영한다.

2-3) CS-ASSURE 심리교육 치유 프로그램 차시별 계획안 구성하기

운영 강사는 회기별 교육치유 계획안을 작성해서 교육설계를 하고, 계획안에 따라 일정을 진행한다.

강사	센터장

교육 치유 계획안

회기	1	대상	60대 성인
활동주제	관광을 통한 나의 장점 찾기와 긍정 감정 활용하기	소주제	관광과 나의 장점
목표	관광을 통해 나의 장점을 찾아 발표할 수 있다.	활동형태	관광기반 심리교육치유
활동명	관광으로 나의 장점 찾아내기		

시간	활 동 내 용	준비물 및 유의점	실행 / 평가
〈도입〉 00분 학습목표 탐색하기	• 학생들을 반갑게 맞이하며 건강과 기분상태를 확인한다. • 전체 활동 순서를 소개한다. (PPT 자료)	• PPT 자료 • A4 용지 • 화이트보드	팀 나누기
〈전개〉 00분 팀활동	• 팀별 명산 정상오르기 • 팀별 정상에서 기념사진 활용하기 • 등산 중 나의 강점 발견하기 • 등산 중 나의 강점 활용하기 	• 등산복장 및 점심 도시락 〈활동사진 찍어두기〉	미션 완성 여부 확인
〈마무리〉 00분 동기부여 시간	• 나의 강점 찾기와 활용한 강점 발표하기	• 팀별 완성된 부분 까지만 발표	팀별 성과물 발표

강사	센터장

학습 계획안

회기	2	대상	60대 성인
활동주제		소주제	
목표		활동형태	
활동명			

시간	활 동 내 용	준비물 및 유의점	실행 / 평가
〈도입〉 10분 학습목표 탐색하기			
〈전개〉 40분 팀활동			
〈마무리〉 10분 동기부여 시간			

참고 문헌

김이경, 윤숙영, 최병진, & 박도한. (2020). 치유농업이 COVID-19 취약계층의 트라우마 극복에 미치는 정서적 효과. 인간식물환경학회 학술대회, 2020(3), 215-215.

김인수. (2018). 초등학생의 성장마인드와 자기조절, 그릿 (Grit), 운동참여의도 간의 구조적 관계. 한국체육교육학회지, 23(3), 191-203.

곽윤정. (2005). 정서지능 교육프로그램 모형 개발 연구. 열린유아교육연구, 10(2), 333-363.

곽원준. (2016). 부정적인 성격과 보상제도가 기업사회공헌 관련 인식에 미치는 영향. 동중앙아시아연구 (구 한몽경상연구), 27(2), 37-54.

권정윤. (2010). 유아교사의 정서지능과 정서노동 및 직무스트레스와의 관계. 유아교육연구, 30(6), 269-289.

권혁준, 이유경, & 서종한. (2023). 한국판 SD4 (Short Dark Tetrad) 요인구조 탐색 및 타당화 연구: ESEM 과 Rasch 평정척도모형을 활용하여. 경찰학연구, 23(1), 191-230.

박미리. (2004). 연극 교육의 치료 효과에 관한 연구. 국어교육학연구, 18, 224-254.

박미옥, & 고진호. (2013). 마음챙김의 치유적 기능이 가지는 교육적 함의-위빠사나 (vipassanā) 수행을 중심으로. 종교교육학연구, 42, 97-120.

안승권, & 최민정. (2018). 부정적 성격변인 어둠의 3 요소가 초기창업에 미치는 영향: 대학생 예비창업가를 중심으로. 벤처창업연구, 13(4), 139-154.

왕인순, 조옥경, & 안경숙. (2007). 신체 자각을 통한 심리치유 경험에 대한 질적 연구: 여성 요가수련자를 중심으로. 한국심리학회지: 건강, 12(1), 219-239.

윤기영, & 박상님. (2000). 유아교사와 학부모의 인간관계. 한국교원교육연구, 17(1), 379-404.

이경민. (2009). 유아행복교육의 가능성 탐색 연구. 어린이미디어연구, 8(1), 165-181.

이보구, & 이형환. (2013). 숲 체험이 직무스트레스와 사회심리적 스트레스에 미치는 영향. 한국자연치유학회지, 2(2), 108-114.

이인재, 손경원, 지준호, & 한성구. (2010). 초등학생들의 사회· 정서적 능력 함양을 위한 인성교육 통합 프로그램의 효과 분석. 도덕윤리과교육, (31), 49-82.

정기섭. (2017). '체험치유'의 관점에서 본 숲 체험교육의 의미. 열린교육연구, 25(3), 117-140.

정미예, & 조남근. (2015). 대학생의 진로적응성과 긍정적 정서, 사회적 지지 및 삶의 만족의 구조적 분석. 상담학연구, 16(2), 179-193.

전여정. (2013). 마음챙김 명상의 심리치유 효율성을 위한 접근법 제언-심리치료 기제를 중심으로. 禪文化研究, (15), 221-254.

홍정아, & 박승희. (2014). 협동학습을 통한 사회정서학습 프로그램이 통합학급 학생들의 정서지능과 또래지원에 미친 영향. 특수교육학연구, 49(2), 213-239.

Anderson, C. M., Reiss, D. J., & Hogarty, G. E. (1986). Schizophrenia and the family: A practitioner's guide to psychoeducation and management. Guilford Press.

Bradshaw, J. (2005). Healing the shame that binds you: Recovery classics edition. Health Communications, Inc..

Corr, C. A. (2020). Elisabeth Kübler-Ross and the "five stages" model in a sampling of recent American textbooks. OMEGA-Journal of Death and Dying, 82(2), 294-322.

Fende Guajardo, J. M., & Anderson, T. (2007). An investigation of psychoeducational interventions about therapy. Psychotherapy Research, 17(1), 120-127.

Gesler, W. M. (1992). Therapeutic landscapes: medical issues in light of the new cultural geography. Social science & medicine, 34(7), 735-746.

Kurdal, E., Tanr ı verdi, D., & Savaş, H. A. (2014). The effect of psychoeducation on the functioning level of patients with bipolar disorder. Western journal of nursing research, 36(3), 312-328.

Lentini, J. A., & Knox, M. (2009). A qualitative and quantitative review of equine facilitated psychotherapy (EFP) with children and adolescents. The open complementary medicine journal, 1(1).

Marcus, C. C. (2018). Therapeutic landscapes. In Environmental psychology and human well-being (pp. 387-413). Academic Press.

Seligman, M. E. (2002). Authentic happiness: Using the new positive psychology to realize your potential for lasting fulfillment. Simon and Schuster.

Williams, A. (1998). Therapeutic landscapes in holistic medicine. Social science & medicine, 46(9), 1193-1203.

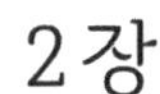

2장

생활습관 치유

PROLOGUE

✦ 생활습관 심리교육치유 이론적 배경(platform)

습관이란 무엇인가

습관은 주의집중을 요구하기보다는 하루 중 어떠한 시간이나 장소 같은 생활환경의 반사작용에 의하여 거의 자동적으로 이루어지는 행동이다. 특히 사람의 뇌는 특정 상황에 동반되는 특정 행동의 관계를 자동적·유기적으로 반응하도록 모듈화되어 있다. 따라서 뇌는 특정 상황이나 환경에서 자동화된 시스템을 통하여 어떠한 행동을 반복적으로 지시하는 것이다.

어떤 행동의 결과로 즐거움, 재미, 짜릿함, 편안함 등 보상이 있을 경우 마치 "파블로프의 개"처럼 그 행위가 자신이 인지적으로 생각하는 신체적 정신적 건강에 초래하는 결과와는 무관하게 자동적으로 이루어져 습관이 된다. 사실, 이런 경우 자신도 모르게 태만함, 늦잠, 게으름 심지어는 알코올, 마약 중독처럼 점진적으로 자신을 망치는 새로운 습관이 되고, 이를 인지하지 못한 채 저절로 반복하여 행하게 된다.

어떤 행위 후에 즐거움을 느끼면 뇌에서는 도파민(dopamine)이라는 신경전달물질을 분비하게 되고 이 호르몬 분비의 즐거움을 맛본 사람은 또다시 도파민을 느끼고 싶어서 자신에게 좋은 혹은 나쁜 행동에 대한 별다른 판단없이 무의식적으로 반복하게 되어 결국 이와 같은 행위는 습관으로 자리하게 된다. 또한 특정상황, 행위 그리고 보상의 시스템이 뇌에 학습회로로 저장된다.

가령, 잠자기 전에 휴대폰으로 뉴스를 보는 것에 흥미가 생길 경우, 상황(밤 침대), 행위(뉴스보기), 보상(도파민 즐거움)의 습관회로가 형성되어 고치기 어려운 습관이 된다. 시간이 경과하면서 습관은 뿌리 깊게 자신에게 파고들어 결국에는 보상이 없어져도 자동적으로 하게 되는 것이 습관이다.

우선, 1장에서 서술한 심리교육 치유 이론을 적용하여 일상에서 지배적인 습관인 음식, 운동, 수면, 정서, 사회, 학습, 경제, 환경, 정신 그리고 피로습관을 근거중심(evidence based)의 심리교육 치유모형을 통하여 습관치유 프로그램 10개를 구성하였다.

사실, 의과학 분야에서 연구한 결론은 현대인 질병에 지배적으로 차지하는 원인을 생활습관으로 단정하고 생활습관의학(lifestyle medicine)이라는 새로운 학문 분야를 대학의 교육과정으로 개설한 상태이다.

다만, 생활습관을 치유·개선하는 근본적인 책임은 자기 자신에게 있으므로 대단한 결심과 반복적인 훈련 없이는 효과를 얻기 어려운 것 또한 사실이다. 따라서 본 장에서 소개하는 이 프로그램을 운용하는 상담사, 치유농업사, 산림치유사, 헬스케어전문가, 사회복지사 등 치유전문가는 당해 프로그램 전체를 한 번에 전달할 수도 있으나 치유목적이 유사한 프로그램 구성요소를 2, 3개로 묶어서 1회기로 구분하고 1개 프로그램을 3회기로 완성된 구조를 이해하고 회기별 내용을 차례대로 진행하는 것이 생활습관 치유에 더욱 효과가 있다고 본다.

그러므로 치유 교육과정으로 선택한 프로그램의 단계별 전문가의 연구결과를 완전히 숙지하는 수준으로 자습할 수 있도록 안내하는 것이 바람직하다.

또한, 스스로 학습하여 생활습관의 개선을 꾀할 경우, 인내심을 갖고 차근차근히 한 회기씩 서두르지 말고 수차례 반복 연습하여 습관으로 지속할 수 있게 하는 것이 관건이다. 사실, 새로운 습관에 대한 각별한 반복적인 노력 없이는 과거 습관으로 다시 돌아가게 되므로 꾸준히 정진하는 것이 최선의 길이다.

치유 프로그램을 단계적으로 수립하여 심리교육치유모형(CS·ASSURE)을 3회기로 구분하고 각각의 회기에서 하위 실행 치유 프로그램 2~3개를 8단계로 조절하여 배치하였다.

2장 / 생활습관 치유

1 음식습관 치유 프로그램

프로그램 배경

사실, 뇌와 몸은 지금까지 해오던 생각과 행위에 익숙해진 상태이기 때문에 수많은 사람들이 오래된 습관을 버리는 것을 참으로 힘들어 한다. 실례로 구강 고착된 과거 습관 때문에 많은 금연자가 식후에 이쑤시개를 담배처럼 물고 있는 것을 어렵지 않게 볼 수 있다.

또한 새로운 좋은 습관을 기르는 것은 우선 과거 습관을 버리면서 그것과 철저하게 거리를 두고, 새것으로 대치하는 2단계 과정으로 이루어진다. 실제로 버린 습관과 새것이 혼재하면 뇌는 익숙한 과거 습관으로 자동적으로 회귀하여 결국 어렵게 시도하던 새로운 습관이 자리할 수 없게 된다. 나쁜 습관을 고치는 전략적인 조치는 철저하게 과거 습관이 되풀이 되는 상황, 환경, 사람 등과 같은 유발동기가 일어나지 않게 분명하게 거리를 두는 것이다.

음식습관 치유 프로그램의 경우 단계적으로 구분하여 심리교육 치유모형(CS · AS-SURE)을 3회기로 구분하지 않고 각각의 프로그램을 동일하게 진행하여 음식명상(mindful eating) 습관 치유 프로그램 실행을 생활 습관화하는 데 중점을 두어 구성하였다. 총 3회를 수행한 후 각각의 치유모델을 실행한 결과를 수집하고 평가하여 치유전문가 혹은 일반 대중들이 자가 치유할 수 있도록 상세하게 실행 계획을 서술하였다.

생활습관병(고혈압, 고지혈, 당뇨, 비만 등)의 상당수가 식품, 음식량, 식사태도, 총 취식시간 등 음식습관에서 기인한다는 연구결과를 바탕으로 음식습관의 다면적인 문제를 효율적으로 개선할 수 있는 치유 프로그램으로 연구를 통해 검증된 음식명상(mindful eating) 프로그램을 1회기에 진행한 후에 적용할 수 있도록 상술하였다.

따라서 여러 차례 실행하여 자신의 음식습관으로 자리할 수 있도록 반복 학습하는 것이 유용하다.

● 개요

인간의 욕구 중 강력한 욕구가 식욕, 식탐이므로 음식습관 개선이 생활습관 치유 중 가장 개선하기 어려운 항목이다.

음식습관의 범위는 일일 총 식사시간, 소비식품, 매끼 식사시간 그리고 식사를 대하는 태도까지 아우르는 광범위한 개념이다.

식사 습관을 개선하기 위해서는 위의 네 가지 요소를 생체리듬(Circadian Rhythm)에 맞추어 식사해야 한다. 문제는 식욕과 식탐을 스스로 조절하는 것이 거의 불가능한 사람도 적지 않다는 것이다.

그러므로 본 장에서는 심리치유 이론을 적용하여 식욕과 식탐의 장벽을 넘어 건강한 식사습관을 들이는 프로그램을 수월하게 진행하고 강의할 수 있도록 서술하였다.

| CS·ASSURE 긍정심리교육 음식습관 치유프로그램 구성원리
(Positive Psychotherapy 이론 적용프로그램)

회기	핵심요소	프로그램 회기	세부내용
1	긍정적인 정서의 경험	• 라포(rapport) 구축 • 강점 찾기 • 긍정 감정 활용	• 내담자와 긍정적 라포 구축 • 프로그램 소개와 만남
			• 적극적인 음식습관 개선 • 건강음식 습관 개성 적극적 참여 • 관계에 대한 불안감 조절
2	삶의 참여와 몰입을 통한 즐거움	• 용서(수용)하는 마음 갖기	• 적극적인 기존 습관 탈피, 받아들이는 수용성 함양
		• 감사하는 마음 갖기	• 음식습관 개선 모임 계획 확인하여 교류에 감사하기
3	삶의 의미 발견을 통한 자기실현	• 내 안의 낙관성 증진	• 일상에서 계획적으로 시간을 마련하여 새로운 습관 유지 염두
		• 인생을 음미	• 주말, 공휴일 시간 할애하여 여유로운 시간에 자신의 삶 음미
		• 사회 기여 • 사회 봉사	• 나의 긍정적인 음식습관 개선이 타인 관계를 유발하는 기여 봉사
		• 행복한 인생을 위한 서약서 작성, 자기다짐	• 필요시 도움을 요청하는 것을 행복으로 승화하기

프로그램 진행

1단계: 음식명상(Mindful Eating) 프로그램 실행

일반적으로 생활습관 치유 프로그램 진행은 회기 내용에 근거하여 순차적으로 1,2,3차 회기로 실행하지만 음식명상 프로그램의 경우, 동일 과정을 3회 정도 진행 평가하는 방법을 택하였다.

2단계: 준비사항

음식명상 프로그램은 교육과정일 경우 점심이 적절한 시간이나 일상의 습관으로 진행할 경우, 분주하지 않은 저녁시간을 택하는 것이 적절하다.

음식명상 메뉴는 자극적이지 않은 음식을 준비한다. 처음에는 혼자 밥상을 차려서 시도해 보고, 익숙해지면 가족이나 지인들과 함께 진행한다.

» 차림

식품 선택 시 통조림, 가시 있는 생선, 붉은색 육류, 자극적인 냄새 혹은 강한 양념이 섞인 식품, 지나치게 뜨겁거나 찬 음식을 피하고 가급적 한입에 먹을 수 있는 크기로 손질하고 평소 식사량의 70% 정도의 밥과 반찬을 준비한다.

3단계: 치유 프로그램 구성

우선, 24시간 주기의 생체리듬(circadian rhythm)에 근거하여 조식에서 석식까지 걸리는 일일 식사 총시간을 계획하고, 일일 총 식사시간을 기본으로 하여 아침, 점심, 저녁 식사 시간, 식사량, 식품 선택을 상세하게 구성한다.

4단계: 음식에 대한 인식 전환

음식을 물질로 보지 않고 생명체로 인식하며 식사를 통하여 음식 생명체와 나와의 만남 장이 열리므로 이를 인식으로 전환한다. 즉 음식 하나하나를 진지하게 대하고 정서 · 정신적으로 교감할 수 있는 수준으로 의식세계를 확장하는 마음의 준비를 한다.

5단계: 음식명상 시작을 위한 마음 다스림

먼저 식탁 앞에 허리를 세우고 다소곳이 앉아 앤드류 웨일(Andrew Weil) 박사의 4 · 7 · 8 호흡 명상을 한다. 4초 깊게 들이마시고, 7초 동안 숨을 참으며, 흡입한 공기의 에너지가 폐 깊숙이 몸에 녹아들게 한 후 8초간 크게 천천히 몸 속의 모든 노폐물과 걱정, 고민, 불안, 우울감을 내뱉는 느낌으로 8세트 진행하여 음식명상을 위한 마음의 준비를 한다.

6단계: 실행

먹고 싶은 음식을 지그시 쳐다보다 한입에 부담 없는 크기로 떠서 입으로 가져가지 않고 코 앞에서 냄새를 음미하고 잠깐 자세히 쳐다본다.

우선, 천천히 입 속에 음식을 넣고 씹기 전에 그 느낌을 음미한다.

그러고 나서 천천히 맛, 질감, 향을 깊게 느껴 보면서 예전에 느끼지 못하였던 경험을 맛본다. 충분히 씹었으면 다 삼키지 않고 2,3회 나누어 넘기면서 목 넘김의 느낌을 감미한다. 첫 넘김 이후 계속하여 씹으면서 잠시 후 나머지 음식을 끝으로 목으로 넘긴다.

7단계: 6단계의 연속 실행

상기의 사항을 연속적으로 실행하며 순차적으로 준비된 음식을 명상하는 마음으로 식사를 한다.

식사일지(log book)를 작성하고 계획대비 실행 상황을 매일 자기 분석과 식사습관을 조정하는 기록으로 활용한다.

8단계: 프로그램 결과평가

» 마무리

6단계의 진행 방식을 나머지 음식에도 적용하여 마음 챙김(mindfulness) 하면서 전체 식사를 대화, TV, 휴대폰 보지 않고 때로는 눈을 감고 음미한다.

» 평가

3회기의 프로그램 음식명상 시작 전과 후를 비교 평가를 할 수 있으나 사전 사후 평가를 동일 평가모델(심리치유평가도 모형)을 사용하여 (5,6회) 일주일 정도 진행한 후 진행 결과를 상대 비교하고 부족한 부분을 보완하면서 점차적으로 심도를 더하여 나간다.

» 기대효과

과식 비만, 편식 교정, 건강식품에 대한 인지 향상, 총식사시간(아침시작−저녁식사 종료 시간까지 걸리는 전체구간의 시간), 혼밥에서 오는 외로움, 소외감 해소, 심리교육적으

로 식탐 조절이 가능함

결과적으로 건강한 음식습관 개선 프로그램을 습득하여 예방건강 생활을 구현하게 된다.

- **프로그램 평가**: 심리교육 치유 생활습관 모형(CS · ASSURE) 활용
- 사전 사후 생활습관 치유 모델 적용 효과 → 검증 → 차이분석 → 대담자 상담
- 계획 조정 혹은 장애요소 제거 독려, 대안제시 평가 환류(Feed back)상담하는 절차 실행

음식명상(mindful eating) 심리교육 생활습관치유 계획안	강사	센터장

회기	1, 2, 3		대상	대학생
활동주제	건강한 식사방식 학습, 생활습관치유		소주제	음식명상
목표	심리치유 이론 CS·ASSURE 적용, 식탐버릇 개선, 건강한 식사습관 익힘		활동형태	식습관 개선 프로그램체험
활동명	나의 라이프스타일 맞춤형 식사습관 학습			
시간	활 동 내 용	준비물·유의점		실행·평가
▷ **도입단계** 15분 목표학습	• 인간의 욕구 중 강력한 욕구인 식욕, 식탐과 음식 습관 개선 배경 설명 • 일일총 식사시간, 소비식품, 매끼 식사소요시간, 식사태도 안내 • 음식명상 선행 프로그램 공유 (PPT, 영상자료) • 사전평가	• PPT, 영상자료 • A4 용지 • 화이트보드		사전평가

▷ **전개** 25분 체험활동	• 음식 명상 프로그램 실행 - 상차림 - 음식명상 시작을 위한 마음챙김 - 마무리 - 프로그램 진행 	• 실천계획 근거하여 아침, 점심, 저녁 식사시간,식사량, 식품 선택 관련 • 활동사진, 일지 작성	미션완성 여부 확인
▷ **과정정리** 15분 습관개선	• 음식명상 식사습관 치유모델 원칙을 적용하여 잔여 음식도 마음챙김 방식 식사진행 • 전체식사를 대화, 휴대폰 보지 않고 때로는 눈을 감거나 지금 여기(here & now) 마음으로 식사 전 과정 종료	마음챙김으로 정리 (mindfulness)	사후평가

2 감정습관 치유 프로그램

프로그램 배경

● 정서적 회복력을 강화하는 습관개선 프로그램

피로사회에 거주하고 있는 현대인에게 정서적으로 건강한 습관을 가지는 것은 예방건강에 절대적인 요소이다.

사실, 누구나 정서적으로 부정적인 경험을 피할 수 없는 상황을 빈번하게 당하게 된다. 자신에게 닥치는 일을 선택할 수는 없지만, 그러한 일에 어떻게 반응할 것인가 하는 것은 자신의 선택이다.

부정적인 감정을 조절하는 것은 그것을 일방적으로 억누르는 행동과는 분명히 구별되는 반응이다. 이런 경우 대체로 질문형식으로 자기인식을 높이며 접근하는 정서습관 개선 방식이 있다. 이들은 정서적 부정적인 일이 생길 때 이를 피하지 아니하고 적극적으로 대처하는 방식을 택하게 된다.

또한, 외부의 자극에 즉각 반응하는 대신 자극의 의미 부여를 달리하여 긍정적인 방향으로 전환하는 마음 훈련이 필요하다. 정서적으로 회복력이 강한 사람들은 자신의 정서 상태를 스스로 조절 관리할 수 있는 사람들이다.

이런 정서적 회복력이 강한 사람들은 자신에게 도전적인 질문을 한다. 스스로 자문하고 자신의 내부에서 일어나는 변화를 개선하는 법에 익숙하다.

그들은 자신의 삶에서 과거에 있었던 사실, 현재 행동 그리고 그 결과(ABC: antecedent, behavior & consequence)를 적극적인 노력으로 개조하여 나쁜 습관을 개선하며 조정하는 습관을 지니고 있다.

개요

우선, 부정적인 정서를 치유하기 위한 프로그램 진행은 1회기에 단계를 설명(강사)한 후 내담자 혹은 참여자들이 실제의 현상처럼 체험하는 시간을 갖고 뒤이어 2회기, 3회기 과정을 순차적으로 실습, 체험하여 경험을 축적하게 하는 훈련과정을 진행한다.

가령, 나의 일상에서 좋지 않은 일이 생겼다고 한다면, 예를 들어 부부 싸움, 이혼, 회사에서 진급 누락, 동료들의 험담, 그리고 학교를 빼먹은 일 등 다양한 상황이 있다. 이런 부정적인 일이 나에게 일어난 것에 대하여 몹시 화나거나, 불안할 수도 있다.

즉, 사람마다 부정적인 감정에 대하는 태도가 다를 수 있다. 예를 들면, 어떤 사람은 폭식하거나 아이스크림을 정신없이 먹기도 한다. 사실 대부분 사람은 자신에게 닥치는 부정적인 감정에 정도의 차이는 있지만, 회복력을 가지고 있다.

| CS·ASSURE 긍정심리교육 감정습관치유 프로그램 구성원리
(Positive Psychotherapy 이론 적용프로그램)

회기	핵심요소	프로그램 회기	세부내용
1	긍정적인 정서의 경험	• 라포(rapport) 구축 • 강점 찾기 • 긍정 감정 활용	• 내담자와 긍정적 라포 구축 • 프로그램 소개와 만남
			• 감정조절습관(ABC) 프로그램을 통하여 과거, 현재 상황의 긍정적면을 미러링하는 습관기르기
2	삶의 참여와 몰입을 통한 즐거움	• 용서(수용)하는 마음 갖기	• 과거 기억이나 현재 감정을 억누르지 말고 인식하며 받아들이는 수용성 함양
		• 감사하는 마음 갖기	• 과거의 실수나 실책에 대하여 교훈을 찾고 이에 대한 후회 아닌 감사하는 마음 갖기
3	삶의 의미 발견을 통한 자기실현	• 내 안의 낙관성 증진	• 불편한 감정에서도 습관적으로 좋은 점을 찾고 낙관성 갖기
		• 인생을 음미	• 삶에서 사건을 조절할 수 없으나 반응하는 나의 감정은 조절할 수 있다는 삶의 의미 자신감 갖기
		• 사회 기여 • 사회 봉사	• 나의 긍정적인 자세, 태도가 타인에 좋은 감정 유발하는 간접적 사회 기여 봉사
		• 행복한 인생을 위한 서약서 작성, 자기다짐	• 자신의 감정을 과학적인 기법(ABC회로)를 통하여 행복한 삶에 대한 자기 암시, 자기다짐

프로그램 진행

1회기 실행

1단계: 자신의 감정 존중하기

회복력이 강한 습관을 기르기 위해서는 자신의 감정에 감사하고 그것을 긍정적인 의도로 책임감 있게 수용한다. 즉, 언제 어디서든 어떠한 감정이 일어나든 시간을 갖고 제때에 감정을 처리한다. 나쁜 감정을 덮어두거나 뒤로 미루지 않고 적시에 여유 있게 대처한다. 다른 사람이 당신에게 나쁜 말을 할 경우 당연히 감정이 상한다. 그러나 어떻게 반응할 것인지는 그 사람이 누구인지, 과거의 경험, 그리고 당신의 성격에 따라서 달라질 수 있다. 이 경우 당신의 감정을 인정하는 대신 그에게 화를 내거나 소리를 지를 수도 있을 것이다. 2007년 영국 행동 연구테라피(Behaviour Research and Therapy) 저널에서 감정을 억누르는 사람은 꿈속에서 억눌린 감정에 대한 환상이 떠올라서 괴로워한다는 연구 결과를 발표하였다. 부정적인 감정에 노출되었을 때 긍정적인 면을 찾아보는 마음 훈련을 통해 건강한 감정을 갖는 습관을 들여야 한다.

감정 습관 개선의 대표적 사례는 1942년 나치 캠프 사례다. 당시 이곳에서 고통받아 수많은 사람들이 죽어갔는데 수용자였던 프랭클(Viktor Frankl, 1905~1997)은 다른 방식으로 상황에 대처하였다. 그는 현재 상황을 불가항력이라는 것을 알고 나서는 "지금의 고통이 나의 스승이고 가르침"이라는 긍정적인 감정을 꾸준하게 지니면서 절규하던 긴 수용시간을 무사히 견디어 살아남아 후일 심리상담사로 활동한 사례가 있다.

» **감정습관 프로그램 실행: 행동연구테라피(ABC: Behaviour Research and Therapy)**

기본적으로 프로그램 진행은 회기 내용에 근거하여 순차적으로 1,2,3차 회기 실행

2단계: 습관훈련(자신감 있는 태도 자세 취하기)

사람은 내면의 감정에 따라서 태도와 자세가 변한다. 예를 들어, 감정이 상할 경우, 자신의 신체에 반응이 전달되어 어깨가 축 처지고 얼굴이 일그러지게 된다. 긍정적인 감정 습관을 유지 · 관리하기 위하여 스스로 어깨를 올리고 가슴을 펴기만 해도 몸속에 자신감 호르몬인 테스토스테론 수치가 20% 상승하고 스트레스 호르몬인 코르티솔이 25% 줄어든다는 연구결과가 있다.

사실, 의도적으로 연출된 웃음이라도 즐거운 감정이 생성되고 깊은 호흡은 마음을 안정시키듯이 감정이 상하는 상황을 고치는 것은 힘든 일이나 자신의 반응을 조절하는 것은 반복 훈련으로 가능하다. 태도나 자세가 나의 감정을 지배한다는 사실을 유념하여야 할 것이다.

2회기(3, 4단계) 실행

3단계: 감정습관 개선 훈련

감정의 변화는 자신이 어떠한 것에 집중하는가에 달려 있다. 자신의 외부에서 발생하는 일을 긍정적으로 바라보는 감정습관이 있는 사람은 늘 즐거운 일이 많으며 그 반대로 부정적인 시각이 우선하는 사람들의 경우 늘 어려운 일, 힘든 일에 지치게 된다. 이 감정의 원리를 이용하여 긍정적인 습관을 의도적으로 뇌에 학습시켜 습관화하는 것이 중요하다. 핵심은 어떠한 감정의 안경을 끼고 자신의 삶을 바라보는가이다.

제4단계: 자신의 믿음을 변화시키라

자신의 믿음이 자신의 감정을 결정한다고 믿는 감정 회복력이 강한 사람들은 외부로부터 오는 민감한 감정을 스스로의 방식으로 전환하여 대처한다. 이처럼 자신의 믿음에 신념이 생기면 외부 감정을 대처하는 새로운 습관이 형성되고 나아가서는 자동적으로 작동하는 건강한 습관이 되고 또다시 과거의 습관이 되풀이되지 않도록 늘 유념하게 된다.

3회기(5,6,7단계) 실행

5단계: 자문(자기질문)의 숨은 영향력

감정 회복력이 강한 이들은 “왜 우리 과장님은 나를 존중하지 않는가?” “왜 인생은 공평하지 않은가?”라는 질문을 한다. 비록 이와 같은 상상이 사실이 아니어도 우리의 뇌는 자기 질문에 해답을 찾으려고 작동한다. 자신의 부정적인 상황에 질문을 던져 감정이 아닌 의식 있는 결정으로 변환한다.

특히 감정은 자신의 몸짓이 감정에 영향을 준다는 사실을 기억해야 할 것이다. 부정적인 질문 대신에 “내가 이 상황에서 배울 것이 무엇인가?” “지금 배운 교훈을 나의 새로운 목표달성에 어떻게 활용할 것인가?” 하는 긍정적인 질문으로 변환하는 습관을 기르는 것이 자기 질문기법 치유의 핵심이다.

제6단계: 긍정적인 자기대화(혼잣말)

유년시절을 회상하면 집에서 엄마가 만들어준 간식 혹은 친구와 즐거웠던 추억이 떠오를 것이다. 이와 반대로, 아픈 유년의 경험을 가진 사람들도 있다. 어떠한 기억들은 많은 세월이 지나도 오감으로 기억되어 참으로 생생한 것들도 있다.

감정적으로 회복력이 강한 사람들은 자신의 기억이 좋든 나쁘든 지우지 않고 간직하며, 나쁜 기억에서 교훈을 얻고 좋은 기억에서 즐거움을 찾는다.

자신의 감정을 억누르지 않고 인정함으로써 감정을 정확하게 구분하고 학습하며 결국 제어하는 법을 익히게 된다. 이와 같은 감정조절 기법을 자신의 감정 습관으로 만들기 위하여 감정 습관 개선 전략을 실험해 보면 과거의 실수에 대하여 "내가 바보였지 그런 실수를 하다니"라고 생각하는 대신에 "같은 실수를 하지 않도록 교훈을 얻을 수 있으므로 과거 실수한 것에 지금은 오히려 감사한다"라고 자기대화 기법을 활용하여 부정적인 감정에서 쉽게 벗어난다.

7단계: 컨트롤 ABC(antecedent, behavior & consequence)회로

감정회복력이 강한 사람들은 ABC(선행사실 혹은 자극, 현재행동, 그 결과)회로를 제어할 줄 안다. 예를 들어, 유명 작가 카리아(Akash Karia)는 유년 시절에 친구들이 자신의 코가 크다고 놀려대는 바람에 분노(antecedent)가 일어나서 그 친구에게 주먹(behavior)을 휘둘렀고 결국 선생님이 개입하여 경고(consequence)를 받고 말았다. 후일 미국 각료였던 벤 칼슨의 책을 읽고 분노를 극복하는 법을 배웠다고 한다.

복싱 챔피언 무하마드 알리는 뇌 훈련을 한 것이 유명하다. 그는 링에 오르기 전에 자신이 승리하는 모습을 상상(미러링)한 후 경기에 임하여 수많은 대회에서 승리하였다. 감정회복력 코치 레반(Angie LeVan)은 미군에서 역도선수들의 뇌 훈련과 신체훈련을 동시할 경우 엄청난 결과를 낳는다고 수많은 실제 경험을 공유하였다.

감정습관 치유의 마지막 단계에서 스스로 감정을 조절할 수 있는 마음관리 습관을 습득하는 것이 핵심이라는 것을 프로그램 참여자들에게 인지시켜야 한다.

8단계: 감정습관 평가

이번 단계에서는 차담을 하면서 프로그램 체험에 대한 의견을 공유하고 연이어 1단계에서 사전 평가하였던 설문을 효과 평가 설문에 활용하여 치유과정 이후에 나타나는 변동사항을 분석하여 효과를 검정하는 것이 이 단계의 핵심활동이다.

평가의 결과에 따라서 개별 상담을 하고 그 결과를 차기 프로그램을 계획할 때 기존의 과정을 확대하거나 일부 과정을 축소하면서 프로그램을 조율할 때 반영하는 것이 중요하다.

3 사회관계습관 치유 프로그램

프로그램 배경

많은 사람들이 습관 고치기는 자신이 주체이고 스스로 결정하고 자기동기가 중요하다고 하지만, 스트레스 상황이 발생하면 뇌와 몸이 과거 습관으로 퇴행하는데, 이를 혼자 힘으로 견디기는 매우 어렵다. 결국 나쁜 습관 고치는 계획이 무너지는 경우가 비일비재하다.

이러한 상황에 쉽게 대처하는 방법은 친구나 가족에게 자신의 습관 개선 계획을 알리고 도움을 청하는 것이다. 타인에게 도움을 받는 것은 단순한 지원이 아니라 자신을 지지하는 방법을 배우게 되고 나아가 어려운 습관을 고치는 여정을 통과하고 완전한 새로운 습관이 자신에게 자리하게 하는 긍정적인 면이 적지 않다.

아리스토텔레스는 “인간은 사회적 동물이다”라고 하였듯이 언어를 사용하여 자신을 표현하고 사회적 조직의 일원으로 살아가는 것이 건강한 모습이다. 현재 나홀로 사는 인구 비율이 점차 늘어나고 1인 가구가 폭발적으로 증가하는 사회인구통계적 문제는 우리 사회가 풀어야 할 일반사회 생활습관 숙제이다. 사회를 등지거나 사회관계가 원만하지 않은 사람은 우울증, 고립감, 불안증 등 수많은 생활습관병에 걸릴 위험이 크다고 연구 보고되고 있다.

개요

사회적 습관을 치유하는 최선의 길은 타인 그리고 조직과의 관계를 개선하는 것이다. 이를 위하여 사회관계 습관을 개선하는 프로그램의 진행은 전체 프로그램을 1, 2, 3회기로 구분하여 설명하고 소그룹은 개인적으로 단계별로 실행하고 느낀점을 토론한 다음, 평가모형을 활용하여 성과평가를 실시한다.

| CS·ASSURE 긍정심리교육 사회관계 습관치유 프로그램 구성원리
(Positive Psychotherapy 이론 적용프로그램)

회기	핵심요소	프로그램 회기	세부내용
1	긍정적인 정서의 경험	• 라포(rapport) 구축 • 강점 찾기 • 긍정 감정 활용	• 내담자와 긍정적 라포 구축 • 프로그램 소개와 만남
			• 적극적인 관계 개선 • 주위 지인들 모임 적극적 참여 • 관계에 대한 불안감 조절
2	삶의 참여와 몰입을 통한 즐거움	• 용서(수용)하는 마음 갖기	• 적극적인 관계 부정적인 생각 탈피, 받아들이는 수용성 함양
		• 감사하는 마음 갖기	• 상대방의 공통점 모색하고 모임 계획 확인하여 교류에 감사하는 마음 갖기
3	삶의 의미 발견을 통한 자기실현	• 내 안의 낙관성 증진	• 바쁜 일상 중에서 계획적으로 시간을 마련하여 사회관계 유지 염두
		• 인생을 음미	• 주말, 공휴일 사회관계에 시간을 할애하여 여유로운 시간에 자신의 삶 음미
		• 사회 기여 • 사회 봉사	• 나의 긍정적인 자세, 매너가 타인의 좋은 관계를 유발하는 기여 봉사
		• 행복한 인생을 위한 서약서 작성, 자기다짐	• 필요시 도움을 요청하는 것을 행복으로 승화하는 마음 갖기

프로그램 진행

1회기 프로그램 실행(1,2,3단계)

1단계: 적극적인 관계 형성

삶에서 때로는 모든 문제가 자신의 노력 강도 여하에 따라서 결정되는 경우가 적지 않다. 심리전문가 트라우비(Matt Traube)는 "당신이 너무나 오랫동안 연락을 취하지 않았기 때문에 좋은 친구들과의 관계가 모두 없어졌다."라고 사회관계 현실에 대하여 강조하였다. 사실, 이러한 일이 발생할 때 너무나 많은 세월이 흘러갔다고 더 이상 연락할 기회가 없다고 생각할 수도 있을 것이다. 그러나 명심하라. 오늘 연락해도 결코 늦은 것이 아니라는 사실을.

2단계: 주위 사람들의 모임에 적극 참석하자

심리전문가 와피쉬(Dr. Fran Walfish)는 "모임, 축하, 생일, 해변놀이, 등산, 소풍 등 모든 약속이 처음에는 엉성해도 일단 수락하고 보는 것이 중요하며 이렇게 하여 행사에 참석해보면 얼마나 즐거운지 의외로 알게 될 것이다. 또한, 이렇게 참석한 것이 발단이 되어 주위 사람들이 당신을 다음 기회에 또 초청하게 된다."라고 주장한다. 즉, 사회관계를 개선하는 방법은 크든 작든 일상의 모임에 적극적으로 참석하는 습관을 기르는 것이다.

3단계: 사회관계습관 치유를 위한 불안감 해소

집 밖을 나서기도 전에 미리 타인과의 만남을 불안해하거나 걱정을 하는 습관이 건전한 사회관계 형성을 망치는 습관이다. 이런 경우, 우선 어떠한 사회관계에 대한 애초의 생각을 종이에 적어 놓고, 약 30분쯤 지난 후 원래의 생각과 자신의 상상이 만들어 낸 생각들을 냉정하게 비교 검토해보라.

예를 들면 당신이 사람들과 사회관계를 하면 모두들 즐거워할 것이라는 원래 생각과 자신이 나타나면 다른 사람들이 부정적인 반응을 보일 수 있다는 불안한 생각을 비교한 후 어느 쪽이 더욱 현실적인지 판단하는 것이다. 이와 같은 실험은 긍정적인 아이디어와 부정적인 상상을 글로 써서 보면 어느 쪽이 현실적인 것인지 확연하게 알게 되며 불필요하게 예견하여 생긴 불안감을 해소하는 데에 큰 도움이 된다.

2회기 실행(4,5,6단계)

4단계: 거부당할 것에 대한 불안감을 갖는 관계습관 치유

새로운 친구나 낯선 사람들과 교류를 시도할 때 거부당할 것 같은 불안감을 극복하는 것이 사회관계를 형성하는 데 중요한 포인트다. 트라우비(Traube)는 “새로운 관계를 만들기 위하여 새로운 친구나 낯선 사람들과 교류를 시도하여 최악의 시나리오가 현실이 된다면, 두려워할 것 없이 제자리로 돌아오면 그만이다”라고 말했다. 이런 경우 바뀐 것이나 잃을 것이 아무것도 없을 것이다. 반대로, 교류 시도가 성공했다면 당신의 관계형성에 아주 진보적인 일이 생긴 것이다. 사회관계를 형성하기 위한 시도에 실패하여도 잃을 것이 없다는 신념이 실제로 압박감을 덜어주는 역할을 한다.

5단계: 새로운 관계를 시도할 때 상대방과 공통점을 찾는 습관

사람들은 유사한 관심사, 취미를 가진 사람끼리 친근감과 동질감을 느껴 가까워지게 되고 함께하게 된다. 트라우비(Traube)는 “댄스 클럽, 조깅 단체, 독서모임 등 집 밖으로 나가서 동질감 있는 사람들과 어울리고 관계를 형성하는 것이 사회성을 회복하는 지름길이다”라고 강조하였다.

6단계: 자신의 달력과 친근하게 지내는 관계습관

당신의 달력은 자신이 누구와 언제 약속이 있는지 염두에 두는 데 유용하다. 그러나 달력을 통하여 사람들과의 교류를 계획하는 것은 일정을 사전 계획하는 더욱 중요한 일이다. 다른 사람과의 진정한 교류를 위하여 누구와 언제, 어디서, 얼마 동안, 무엇을 하며를 구상하고 상상하는 것은 사회적 습관을 개선하는 데 큰 영향을 미친다.

» 휴일을 활용하는 관계습관 만들기

현대인은 분주한 일정에 빈틈없이 살아가면서 일과 각종 의무 사이에서 균형을 유지해야 한다. 이러한 상황에서 사회관계까지 활발하게 지속하는 것은 쉬운 일이 아니다. 그러므로 휴일, 휴가를 이용하여 친구를 만나거나 파티를 호스팅하는 것은 사회적 관계를 건강하게 유지하는 좋은 기회이다.

● 3회기 실행(7, 8단계)

7단계: 좋은 매너를 유지하는 습관치유

타인에게 친근하고 진솔한 매너는 사회관계가 오랫동안 지속되는 동력이 된다. 모임 초청에 시의적절하게 응답하고, 적시에 감사 메시지를 보내는 것이 사회관계를 건강하게 유지하는 기본적인 소양이다. 누구나 매너있는 사람과 어울리기를 선호한다는 점을 염두에 두는 것이 중요하다.

» 남들이 선호하는 호감가는 이미지를 유지하는 습관

사람들은 자신의 모임에 훌륭한 사람을 초청하기를 원한다. 당신이 친근하고, 재미있으며, 사교성이 뛰어나면 어느 모임에나 초대받고 파티나 모임의 호스트가 제일 선호하는 사람이 될 수 있다. 당신이 아파트나 주택에 초대받아 가면 반드시 감사를 진솔하게 표하고 도울 것이 없는지 적극적으로 청하는 것이 초청 1순위 손님의 매력 포인트이다.

8단계: 흥미있는 삶을 유지하는 습관치유

흥미있는 삶을 유지하는 습관은 혹여 생소하게 들릴 수도 있지만, 사람들은 재미있는 사람들을 좋아하고 모임에 초대하려는 심리가 강하다. 모임에서 활발하게 활동하면 더욱 많은 모임이 생기므로 자신의 사회성을 기르는 삶의 습관을 유지하기를 권한다.

» 도움을 자연스럽게 요청하는 습관치유

타인을 도와주어야만 인기 있고 사회적 관계가 형성되는 것은 아니다. 왈피쉬(Walfish)는 "때로는 당신의 고민이나 문제를 솔직히 털어 놓고 도움 요청하는 것도 사람들의 관심과 도움을 통하여 사회관계 형성에 긍정적으로 작용한다."라고 거듭 강조한다. 삶이라는 긴 여정에서 인간이기 때문에 때로는 헤매고 당황해하는 것은 당연한 일이다. 따라서 솔직히 도움을 요청함으로써 오히려 긴밀한 관계가 형성된다.

강사	센터장

사회관계 습관치유 프로그램

심리교육 생활습관치유 계획안

<table>
<tr><th>회기</th><td>1, 2, 3</td><th>대상</th><td colspan="2">대학생</td></tr>
<tr><th>활동주제</th><td>건강한 사회관계 학습, 생활습관치유</td><th>소주제</th><td colspan="2">사회관계 개선</td></tr>
<tr><th>목표</th><td>심리치유 이론 CS·ASSURE 적용, 관계습관 개선,
건강한 관계 습관 익힘</td><th>활동형태</th><td colspan="2">관계개선
프로그램 체험</td></tr>
<tr><th>활동명</th><td colspan="5">나의 라이프스타일 맞춤형 관계습관 학습</td></tr>
<tr><th>시간</th><th colspan="2">활 동 내 용</th><th colspan="2">준비물·유의점</th><th>실행·평가</th></tr>
<tr><td>▷ 도입단계
15분
목표학습</td><td colspan="2">• 인간의관계 습관 개선배경 설명
• 관계습관 선행 프로그램 공유 (PPT, 영상자료)
• 사전평가</td><td colspan="2">• PPT, 영상자료
• A4 용지
• 화이트보드</td><td>사전평가</td></tr>
<tr><td>▷ 전개
25분
체험활동</td><td colspan="2">• 관계습관 프로그램 실행
- 시작을 위한 마음챙김
- 마무리
- 프로그램 진행
SOCIAL WELLNESS</td><td colspan="2">• 실천계획 근거하여 관계습관 선택
• 활동사진, 일지 작성</td><td>미션완성
여부 확인</td></tr>
<tr><td>▷ 과정정리
15분
습관개선</td><td colspan="2">• 관계 습관 치유모델 원칙을 적용하여 마음챙김 방식 진행
• 과정 중 대화, 휴대폰 보지 않고 때로는 눈을 감거나 지금 여기(here & now) 마음으로 전 과정 종료</td><td colspan="2">마음챙김으로 정리
(mindfulness)</td><td>사후평가</td></tr>
</table>

4 지적인 생활습관 치유 프로그램

프로그램 배경

지적 건강(뇌건강: Intellectual Wellness)을 증진하는 수많은 주장과 학설이 있지만 전문가의 자문을 통하여 지적 건강을 증진하는 대표적인 활동, 음식, 생각 등을 추려내어 생활습관 치유를 위한 프로그램을 정리하였다.

| CS·ASSURE 긍정심리교육 지적인 생활습관 치유 프로그램 구성원리 (Positive Psychotherapy 이론 적용프로그램)

회기	핵심요소	프로그램 회기	세부내용
1	긍정적인 정서의 경험	• 라포(rapport) 구축 • 강점 찾기 • 긍정 감정 활용	• 내담자와 긍정적 라포 구축 • 프로그램 소개와 만남
			• 지적인 관계 개선 • 지적 활동 모임 적극적 참여 • 지적 부족함에 대한 불안감 조절
2	삶의 참여와 몰입을 통한 즐거움	• 용서(수용)하는 마음 갖기	• 지적인 생활습관을 받아들이는 수용성 함양
		• 감사하는 마음 갖기	• 지적 모임과 교류에 감사하는 마음 갖기
3	삶의 의미 발견을 통한 자기실현	• 내 안의 낙관성 증진	• 일상에서 계획적으로 지적 활동시간 마련하기
		• 인생을 음미	• 주말, 공휴일 지적 학습에 시간을 할애하여 자신의 삶 음미
		• 사회 기여 • 사회 봉사	• 타인의 지적 활동을 지원하는 재능 봉사
		• 행복한 인생을 위한 서약서 작성, 자기다짐	• 지속적인 지적인 습관 개선 활동과 사회봉사를 위한 자기다짐

프로그램 진행

1단계: 나이를 초월하여 늘 새로운 것에 도전하는 생활습관

뇌의 가소성(Neuroplasticity)은 우리의 뇌가 삶의 새로운 경험에 반응하여 성장과 진화하는 능력을 나타내는 것이다. 과거에는 뇌는 성인이 된 이후 성장을 멈추는 것으로 인식되었다. 그러나 최근의 연구에서 뇌는 일생을 통하여 지속적으로 성장하고 변화하는 것으로 과학적으로 밝혀졌다.

사실, 우리의 뇌는 나이에 상관없이 자극, 스트레스, 그리고 경험들을 지속적으로 수용하고 변화할 수 있다는 것이다.

그러므로 스스로 새로운 경험을 우리의 뇌에 제공하는 것이 지적 습관을 개선하는 핵심이다. 새로운 스포츠, 여행, 역사, 어학공부, 혹은 지역대학에서 수강하는 것이 뇌의 기능을 유지하는 생활습관이다.

2단계: 독서하는 생활습관

오프라 윈프리(Oprah Winfrey), 빌 게이츠(Bill Gates), 제프 베이조스(Jeff Bezos), 일론 머스크(Elon Musk), 워런 버핏(Warren Buffett), 르브론 제임스(LeBron James) 등 세계적으로 성공한 사람들의 공통된 습관은 꾸준한 독서다. 무엇이든 자신의 마음가짐, 관점, 경험을 넓힐 수 있는 것이면 무엇이든 상관없다. 독서의 대상은 신문, 잡지, 소설, 실제 이야기를 쓴 책 등 다양하다. 독서는 새로운 자극을 주고 흥미를 유발하며 새로운 것에 도전하고 몰입하고 감사하게 생각할 수 있는 모든 것을 제공해 주며 지적습관 치유에 중요한 요소이다.

3단계: 운동

운동은 몸과 심장에 좋을 뿐만 아니라 제2의 근육인 뇌에도 유용하다. 실제로 브리티시 콜롬비아대학 연구팀은 주기적인 에어로빅 운동이 심장 운동과 땀샘의 작용을 촉진하여 언어와 학습영역을 관장하는 해마의 크기를 증대하는 역할을 하는 것으로 밝혔다.

또 다른 연구에서는 운동은 궁극적으로 학습능력을 제고하고 기억을 새롭게 하며 나아가 기분을 좋게 한다고 밝혔다.

주기적으로 하는 운동은 뇌세포의 생성을 지원하는 영양요소(BDNF)를 촉진한다. 따라서 한 번에 30~60분간 주당 5회 정도의 에어로빅, 걷기, 달리기, 수영, 자전거타기를 꾸준히 하는 것을 권장한다.

4단계: 사회적 관계 유지 생활습관

인간은 상호관계 속에 살아가는 사회적 동물이다. 즉, 우리는 어떻게 인생을 즐기며 살 것인가에 대하여 타인과 교류하며 시간을 보내고 성장하는 것이다. 연구에 의하면 타인과의 사회적 관계를 형성하는 사람은 그렇지 않은 사람보다 더 행복한 인생을 사는 것으로 조사되었다. 더욱이 타인과의 교류를 통하여 다양한 관점과 이야기를 들으면서 성장할 수 있다.

타인과 관계를 맺고 교류하며 성장할 수 있도록 힘쓰기를 바란다. 친구, 가족, 친지들과의 화상 혹은 직접 만나서 교제하는 데 시간을 투자하고 등산, 요리, 춤, 스포츠 팀 모임에 적극 참여하며, 사무실의 즐거운 휴식시간에 빠지지 말고 참가하는 것이 좋다. 상대방의 말을 경청하고 깊은 관계를 유지하며 주변의 타인들과 교류에 협력하기를 권한다.

5단계: 호기심을 갖는 생활습관 유지

사람의 호기심은 뇌 활동과 신체활동을 활성화한다. 늘 무엇인가에 호기심을 갖는 생활습관은 학습효과를 높일 뿐만 아니라 기억력을 증진하는 역할도 할 수 있다. 예를 들어 자신의 자동차가 어떻게 작동하는지 호기심을 갖고, 동네 빵가게 아저씨가 어떻게 사업을 시작하였는지 물어보자. 다큐멘터리를 감사하고 무엇이든 제대로 이해하고 싶은 것을 선택하여 호기심을 갖고 집중하자. 자신의 호기심을 자극하는 무엇이든 찾아서 탐색하고 자신의 뇌를 바쁘게 만들어보자!

» 건강한 식사습관

음식을 섭취하면 몸뿐만 아니라 뇌에도 영양이 공급된다. 사실, 뇌는 몸 전체에 제공되는 영양의 20%에 달하는 칼로리를 소비한다. 염증을 유발하는 당분, 우유 계통, 그리고 정제 탄수화물은 우리 몸에 부정적인 영향을 미치지만 반면에 깨끗하고 영양이 가득한 음식은 긍정적인 영향을 미친다.

뇌에 유용한 식품군으로는 블루베리의 산화방지제, 그리고 미량영양소인 마그네슘, 아연이 풍부한 호박, 비타민 K, 폴산과 베타카로틴이 함유된 녹색잎 채소, 다크 초콜릿의 플라본, 루틴과 건강한 지방, 견과류의 복합제재 등이 있다. 특히 호두는 뇌기능에 도움이 된다. 이러한 식품을 사용하여 식단을 만들고, 평소에 자주 섭취하는 것이 중요하다.

6단계: 창의력을 높이는 생활습관

창의력은 지적 건강과 더불어 정신건강을 증진한다. 가령, 음악의 경우 평소에 즐겨 듣는 음악은 당신의 뇌를 똑똑하게 만든다. 연구 결과, 음악을 선호하는 사람의 뇌는 음악으로 인하여 문제해결, 기억작업, 과정처리 속도 그리고 인식작용의 유연성과 같은 두뇌기능을 활발하게 하는 역할을 한다고 한다.

음악을 즐기지 않을 경우, 낙서, 그림, 공작, 글쓰기, 사진, 도예, 심지어 정원 가꾸기 등 무엇이든 마음을 열고, 호기심으로 몰입하여 심취할 수 있는 것이면 효과가 있다.

» 충분한 수분을 취하라

일부 연구에서 85%까지 주장하지만 인간의 뇌 75%는 물로 구성된다. 만약 탈수현상이 발생하면 어떻게 될까? 아마 머리가 우둔해지고, 기억이 희미 해지며, 침통하거나 피로감을 느끼게 될 것이다. 뇌 연구에 따르면, 물은 생각, 기억활동 등 모든 뇌 활동을 돕는 전기 에너지를 제공하는 것으로 보고 있다.

자신이의 집중력과 총명함을 지지하고 싶으면 하루에 8온스 컵으로 8잔 정도의 물을 마시기를 권한다. 또한 물 흡수력을 높이고 싶으면 세포의 흡수력을 높여야 하는데, 전해질이나 천연 소금을 첨가해 마시는 것을 권장한다.

7단계: 지적 수준을 개선·치유하기 위한 수면습관

지적습관을 개선하기 위하여 오늘 당장 할 수 있는 일은 잠을 잘 자는 것이다. 수면이 재충전 역할을 한다는 것은 많은 연구 조사로 밝혀진 사실이다. 사람이 수면하는 동안 뇌는 다음 날에 원활하게 활동하기 위하여 불필요한 독소물질과 정신정보 쓰레기를 선별하고 버린다. 수면이 부족하면 뇌의 많은 기능이 저하되는데, 그중에서 특히 사고력, 문제해결 능력, 그리고 주위 집중력 기능을 저하시킨다. 많은 수면 관련 연구에서 숙면의 중요성과 잠이 부족할 때 나타나는 결과에 대하여 하나둘씩 과학적으로 밝혀지고 있다. 결론적으로 하루에 7, 8시간 정도 양질의 수면을 취하는 것을 습관화하는 것을 적극 권장한다.

» 자기성찰을 통한 지적 습관 치유

육체적 건강이 성장과 활력을 유지하는 것과 마찬가지로 지적 건강도 같은 역할을 한다. 나와 나의 삶에 대하여 주기적으로 성찰하는 것은 뇌와 교류하는 최선의 방법이다.

자기성찰은 명상 혹은 자신의 성격, 행동, 그리고 동기에 대하여 면밀하게 사색하는 행위이다. 자기성찰은 실제로 한 발자국 물러서서 자기를 관조하고, 자신의 삶과 행동 그리고 자신의 믿음을 살펴보는 것이다. 이를 통해 깊은 학습수준을 제고하고, 상상하는 것에 대한 도전, 사물, 상황, 사건에 대한 자기 관점을 제공하고, 학습과 성장의 기회를 찾고 나아가서 자신감도 얻을 수 있는 지적 생활습관이다.

8단계: 명상하는 생활습관을 가져라!

마음 챙김은 자신을 괴롭히는 모든 것을 초월할 수 있는 정답이며 명상은 뇌의 활동도 제고한다. 또한 명상은 자신의 사고역량을 증진하고 정신집중과 정서적 안정감을 제공하여 준다.

명상이 체질에 안 맞는다면, 치유 호흡을 시도해 보는 것도 좋을 것 같다. 평상 호흡보다 깊은 심호흡은 근육과 뇌의 중요한 순환기능에 활력을 주게 된다. 심호흡은 부교감신경을 진작하고 마음을 진정시키며 안정을 되찾아준다.

이 글을 읽으면서 어떠한 생각이 드는가? 심호흡 연습을 했다면 참으로 다행한 일이며 사실, 한결 마음이 차분하고 머리가 개운함을 느꼈을 것이다. 하루에 단 몇 분이라도 습관화한다면 지적 건강 개선에 큰 변화를 느낄 것이다.

» 루빅큐브(Rubik's Cube)를 챙겨라

게임을 부정적으로 보는 이들도 있지만, 게임은 뇌를 훈련하고 장기암기력과 활동암기력을 증진하는 데 탁월한 기능이 있다. 퍼즐을 맞추거나 패턴에 맞는 낱말 맞추기는 두뇌력이 필요한 뇌 작업이다. 이와 같은 작업 과정을 거치면서 당신의 지적 건강을 유지하고 증진하는 기능을 하게 된다.

옛날식으로, 단어 짜맞추기 퍼즐 혹은 장기게임을 수시로 하라. 아니면 현대식으로 스마트폰의 단어게임을 하거나 여러 가지 두뇌게임 혹은 브레인 HQ 앱을 활용하여 친구와 함께 해보는 것도 지적 습관을 치유하는 좋은 방법이다. 우리의 뇌는 몸과 마음 그리고 정신 건강을 총괄 관장한다는 것을 잊지 않고 지적 생활습관 치유에 큰 신경을 쓰기 바란다.

5 환경습관 치유 프로그램

프로그램 배경

지구온난화, 대기와 바다의 오염, 삼림 벌목, 에너지 자원의 급격한 감소와 같은 환경 이슈들에 대한 긴급조치의 필요성이 오래전부터 거론되고 있는 현실이다. 환경문제에 가장 비판적이던 사람들마저 우리와 차세대를 위한 안식처가 손상되고 있다는 사실을 인정하고 있다. 상황은 사실 비극적이며 이젠 무엇인가를 해야 할 때이다. 지난 몇 년 사이에 지속 가능성에 대한 인식이 변하고 이제는 널리 알려지고 있다. 이와 같은 환경문제 운동을 주도하고 있는 사람들은 놀랍게도 밀레니얼 세대가 대부분이다.

| CS·ASSURE 긍정심리교육 환경습관 치유 프로그램 구성원리 (Positive Psychotherapy 이론 적용프로그램)

회기	핵심요소	프로그램 회기	세부내용
1	긍정적인 정서의 경험	• 라포(rapport) 구축 • 강점 찾기 • 긍정 감정 활용	• 내담자와 긍정적 라포 구축 • 프로그램 소개와 만남
			• 적극적인 환경 보호와 개선에 • 주위 지인들과 교류하면 환경문제 공동 노력
2	삶의 참여와 몰입을 통한 즐거움	• 용서(수용)하는 마음 갖기	• 환경문제에 부정적인 생각 탈피, 받아들이는 수용성 함양
		• 감사하는 마음 갖기	• 사람 이전에 자연과 환경에 감사하는 마음 갖기
3	삶의 의미 발견을 통한 자기실현	• 내 안의 낙관성 증진	• 평소에 계획적으로 시간을 마련하여 환경보전, 보호 염두
		• 인생을 음미	• 평소에 시간이 부족할 겨우 주말, 공휴일에 환경보호와 자신의 삶 음미
		• 사회 기여 • 사회 봉사	• 환경보호를 위한 사회활동과 봉사
		• 행복한 인생을 위한 서약서 작성, 자기다짐	• 환경 우선 생활습관을 행복한 삶으로 승화하는 마음 갖기

프로그램 진행

1단계: 육류소비의 제한

서두에서 언급한 환경 인식이 고조되고 있음을 이해한다면, 이번 제안은 결코 낯선 것은 아닐 것이다. 육류소비를 줄이는 것은 환경뿐만 아니라 건강증진에도 좋다.

모든 사람이 엄격한 채식주의(vegan)를 하여야 한다는 주장은 아니지만, 일정 부분 채식습관을 유지하는 것은 여러모로 환경을 건강하게 하는 생활습관이다. 아니면 일주일 중 며칠 혹은 한 달에 1~2주일 정도 채식주의를 하는 선택적 채식습관을 고려해 볼 만하다. 다만 본 프로그램에 참여하는 경우 모든 사람들이 동일하게 프로그램의 원칙에 따라 진행할 것을 추천한다.

2단계: 지역 생산품을 활용하는 생활습관

환경을 보호하는 습관 중의 하나는 신토불이 농산물을 애용하는 것이다. 지역에서 생산된 과일과 채소를 지역마트 혹은 농장 직거래로 구입하는 것은 한층 더 환경에 도움을 주는 소비습관이다. 사실 이들 지역 농장에서는 대규모 농장에 비하여 소량생산으로 친환경적인 농법을 사용하여 환경에 도움을 준다.

지역 농산물을 애용한다는 것은 자동차 사용을 줄임으로써 배기가스량을 줄이는 효과도 있다. 또한 이러한 지역 농법을 대규모 농장에서도 친환경을 사용할 수 있게 하는 파급효과도 가져올 수 있다.

3단계: 기업브랜드 사명으로 지속가능성(sustainability)을 선택

지속가능성 물결에 힘입어 녹색혁명이라는 주제로 회사를 마케팅하는 다수의 기업들이 있고 일부 기업들은 창업 이념으로 지속가능성을 선택하는 예도 적지 않다.

환경 보호를 위한 지속가능성을 선호하는 기업들은 차세대의 환경의식을 고취하는 리더 역할을 하게 된다. 지속가능성에 대한 기업들의 활동은 단순한 쓰레기를 치우는 활동이 아니라 향후 환경에 아무런 해도 입히지 않는 무해한 환경 만들기의 초석이 되기도 한다.

4단계: 농산물 포장 재활용

환경을 위한 지속가능성에 대한 개념은 음식에서 잘 반영되고 있다. 사실 수많은 식품업체가 이 개념을 기업 마케팅으로 활용하고 있어 식품 재포장을 통한 환경 보호는 결코 어려운 일은 아닐 것이다. 사실, 분해 혹은 썩지 않는 자재들을 환경에 버리지 않고 재활용하는 방안이 절대적으로 필요하다.

» **플라스틱 사용 자제**

가정과 직장, 공공장소 등에서 무심코 사용하는 플라스틱 포장, 용기, 편의품의 사용이 폭발적이다. 이는 결과적으로 환경에 치명적이지만 지속적으로 플라스틱 커피컵, 물병 등의 사용이 전 세계적으로 만연하다. 사실, 재활용을 주장하는 이들도 있지만, 휴대용 개인 금속물병을 소지하면서 그것을 사용하는 것이 실생활에서 환경문제를 줄이는 최선의 방법이다.

5단계: 대체 교통수단 선택

환경보호 관점에서 또 다른 이슈는 지속가능한 이동수단이다. 끊임없는 도시의 확장은 도시 내의 교통체증, 공기 오염이 심각하므로 도시민 각자가 환경 문제를 효율적으로 해소하는 노력이 절실하다.

그리고 새로운 환경 문제가 글로벌 차원으로 부상되지만 기술의 발달로 저렴하고 저공해 간편 교통수단이 개발되고 있다. 그러나 가까운 이동은 가급적 자전거나 도보로 이동하는 것이 건강과 환경에 절대적이라는 이동습관을 상기할 필요도 있다.

6단계: 공유문화 구축

환경과 삶의 혁신에는 기술적인 부분이 중요하나 사람과의 관계 역시 중요한 요소이다. 특히 온라인 커뮤니티의 형성은 이동수단의 공유 차원에서 참으로 다행한 일이며 나 홀로 고독하게 운전하여 이동하는 것보다 자동차를 공유함으로써 연료를 절약하고 자동차 대수 자체를 줄여 환경보호를 선도할 수 있다. 6단계의 환경문화를 구축하는 것을 참여자들 중심으로 실천할 수 있다.

7단계: 유동적 근무시간 선택

현재 가장 혁신적인 회사에서 전통적인 근무형태를 탈피하고 친환경적이고 진보적인 방식을 택하고 있다. 교통이 가장 심각한 아침 출근 시간을 조정함으로써 환경오염을 줄일 수 있으며 피로감도 줄일 수 있는 근무 습관이다.

현재 직장에서 근무 시간을 조정할 수 있는 직장의 유연한 조직문화가 있다면 최고의 선택일 것이다.

» 스마트 근무(재택근무)

환경을 우려하는 많은 사람들이 스마트 근무(재택근무)를 고려하고 있으며 근무시간 조정 역시 출근길 교통체증에서 오는 스트레스를 줄여주어 근무 강도 면에서 효과적이라는 연구가 발표되고 있다.

또한 일주일에 하루 혹은 이틀 정도 모든 연결을 중단하고 자유롭게 친환경적인 생활습관을 유지하는 것도 환경습관을 유지하는 방법이다.

8단계: 지속가능한 교통, 숙박, 여행사 운용

휴가 중에 환경을 고려한다면, 물론 여행시간에 대한 부담은 있지만 비행기보다 환경오염을 비교적 적게 일으키는 기차여행을 고려하라. 또한 숙박의 경우도 경제 사정에 따라서 선택하겠지만 고급 호텔이든 아니면 중저가 호텔이든 환경을 우선적으로 고려하는 시설과 운영으로 지역에서 인증하는 지속가능성 숙박업소를 이용할 것을 추천한다.

지속가능성 숙박업소 인증 절차는 환경 관련 1단계에서 사전평가를 실시하고 마지막 8단계까지 종료한 후, 결과를 상대 비교하여 변동과 진척 상태를 재확인하고 차후의 환경관련 습관 치유 프로그램 운영에 조정을 거친다.

6 운동습관 치유 프로그램

프로그램 배경

습관변화 행위 가운데 중요한 하나는 바로 자신의 생활환경, 여건을 활용하는 것이다. 그래야 자신의 습관에 대한 생각과 계획을 실천할 수 있다. 가령, 운동하러 가는 것이 귀찮더라도 운동복과 장비는 창고에 묵히지 말고 눈에 잘 띄는 곳에 두라. 그리고 언제든지 다시 할 수 있을 때를 대비하면서 한편으로 운동을 중단하지 말고 집에서 할 수 있는 운동을 지속하는 것이다.

매일 습관적으로 운동하는 것은 정신 · 육체건강을 유지하는 데 참으로 유용하다. 사실 모든 시민들이 건강을 염원하며 운동하면 건강을 유지할 수 있다는 것을 다들 알고 있지만 문제는 습관화하여 실천하기 어렵다는 것이다. 일부 실천하는 사람들도 있지만 습관화가 되지 않고 몇 번 하다가 포기하는 것이 대부분이다.

일부 전문가들은 운동을 습관화하는 '21일 기법' 혹은 운동목표 관리 등 비법을 공개하기도 한다. 스스로 운동하기로 결심하였으면 실행가능한 시간, 공간, 방법을 정하고 같은 시간에 동일한 공간에서 꾸준하게 실천하는 것이 습관화하는 최선의 방법이다.

| CS·ASSURE 긍정심리교육 운동습관 치유프로그램 구성원리 (Positive Psychotherapy 이론 적용프로그램)

회기	핵심요소	프로그램 회기	세부내용
1	긍정적인 정서의 경험	• 라포(rapport) 구축 • 강점 찾기 • 긍정 감정 활용	• 운동습관 고치기 내담자와 긍정적 래포 구축 • 프로그램 소개와 만남
			• 운동 관련 지인들 모임 적극적 참여 • 공동관심사 동아리 형성

2	삶의 참여와 몰입을 통한 즐거움	• 용서(수용)하는 마음 갖기	• 운동에 대한 부정적인 생각 탈피, 받아들이는 수용성 함양
		• 감사하는 마음 갖기	• 운동할 수 있는 자신의 환경에 감사하는 마음 갖기
3	삶의 의미 발견을 통한 자기실현	• 내 안의 낙관성 증진	• 일상 중에서 계획적으로 시간을 마련, 운동을 지속하는 낙관성 유지
		• 인생을 음미	• 운동 후에 느끼는 만족감을 통한 자신의 삶 음미
		• 사회 기여 • 사회 봉사	• 주위의 지인들에게 운동을 권유하고 지원 봉사
		• 행복한 인생을 위한 서약서 작성, 자기다짐	• 운동습관 유지상 필요시 도움을 요청하는 것을 부담 갖지 않는 마음 갖기

프로그램 진행

1단계

각자 정신, 신체 상황이 다르므로 운동 전에 반드시 전문가와 상의하여 자신에게 최적의 운동량과 빈도, 시간에 대하여 조언을 구하는 것이 중요하다.

다만 이 장에서는 보편적인 운동에 대하여 논하고자 한다.

주당 150분 정도 심장에 활력을 주는 심폐운동을 하면서, 주 2회 정도는 근력운동을 하자. 모든 운동은 정도의 차이는 있으나 하지 않는 것보다는 건강에 유용하다. 새로운 운동을 시작할 경우, 쉽고 간단하여야 지속할 수 있으므로 운동을 1세트에 10분씩 여러 차례 하는 것을 권한다.

2단계: 운동결심 실천

생활에서 자신의 체력에 맞게 운동하기로 결심하고 실천한다.

• 점심 후 산책하는 습관

• 집안일 돕기
• 음악 들을 때 춤 추기 등

운동을 결심하고 시작하는 것이 중요하다. 일단 쉬운 것부터 시작하고 나서 유지하는 즉, 습관화하는 것을 연구하여야 할 것이다.

내가 운동하는 동기는 무엇인지, 자신의 성향에 대하여 진솔하게 더 많이 알면 알수록 어떠한 운동이 나의 건강습관이 될지 쉽게 파악된다.

3단계: 운동을 지속하는 법

어떻게 해야 운동을 습관화할 수 있을까? 우선, 자신이 가장 좋아하는 운동을 선택하는 것이 중요하다. 가령 무릎 관절이 불편한 경우, 수영이 최적의 운동이다. 운동 파트너를 구하여 함께 하는 것이 더욱 재미를 느낄 수 있으며, 끈기있게 습관화할 수 있다.

운동 파트너가 있는 것만으로도 지지를 얻을 수 있고 귀찮을 때 독려가 되고 운동을 중단하고 싶은 유혹을 물리칠 수도 있다.

또한 한 가지 운동만 하지 말고 자전거 타기, 수영, 걷기 등 다양한 운동을 병행하는 것이 부상을 줄이고 지루해지는 것을 막을 수 있다. 춤이나 라켓으로 하는 운동, 심지어 청소 심부름 등 다양한 신체활동을 함께 하는 것이 운동을 습관화하는 데 유용하다.

4단계: 편한 운동시간 선택

운동은 편한 시간을 선택하되 이른 아침, 늦은 밤, 몹시 춥거나 뜨거운 날씨는 피하는 것이 지치지 않고 운동습관을 오래 유지할 수 있는 비결이다. 건강이 나빠지는 데도 시간이 걸리고 반대로 건강이 증진되는 데도 일정 기간이 필요하다.

따라서 성급하게 운동의 효과인 활력, 체중 줄이기, 에너지 강화 등에 대하여 큰 기대를 하지 말고 몇 개월 꾸준하게 지속하라. 그리고 사정에 의하여 며칠, 일주일 운동을 쉬었다고 포기하지 말고 다음 달, 다음 주, 아니면 오늘부터 초심으로 돌아가 다시 시작하라.

» 고통없이는 얻는 것도 없다

사실 운동을 시작한 처음 며칠이나 몇 주간은 몸이 아프고 결리는 곳도 있을 수 있다. 이때 명심할 말은 "고통 없이는 얻는 것도 없다"라는 명언이다. 너무 힘들면, 며칠 쉬거나 부상당한 곳을 치료하고 다시 시작한다.

5단계: 운동을 즐겨라

실내 자전거를 타는 운동을 할 때 음악을 듣거나 TV를 보면서 재미있게 운동하라. 동물원에서나 쇼핑몰에서 걷기를 하고 춤을 배우고 새로운 스포츠를 배우면서 재미있게 운동하는 법을 깨우쳐라.

자신이 운동하는 것을 기록으로 남기고 달력에 표시하여 자신의 운동 경과를 보면서 즐기고 운동일지를 쓰면서 운동상태, 운동실력 등을 관찰하며 즐거운 습관으로 유지하도록 한다.

6단계: 운동관리

주치의에게 자신의 운동량과 빈도에 대하여 상의하고 늘 같은 시간과 환경에서 할 수 있도록 하여 습관으로 만들고 혹시 몇 번 뛰어넘었을 때 후회하지 말고 오늘 당장 다시 시작한다.

또한 자신의 운동빈도, 거리, 시간을 기록하고 현재 운동의 상황을 긴밀하게 관리하여 완전한 자기 습관이 되게 하여 과거의 습관으로 돌아가지 않도록 지속적으로 유지한다.

7단계: 운동습관화

운동습관화를 위하여 센터나 전문 운동클럽에 등록하여 운동 스케줄을 코치와 약속하고 그것을 지킬 수 있도록 최선을 다한다. 운동 시간을 지키고 함께 운동하는 사람들과 교류하고 일주일 혹은 하루의 일과로 만들어 규칙적으로 운동하여 자신의 생체리듬에 녹아들게 한다.

8단계: 과학적으로 검증된 운동의 장점 숙지

- 심장질환 혹은 관련 합병증의 유발 위험 예방
- 고혈압, 암, 비만, 골다공증, 당뇨병 발생률을 현저하게 줄임
- 신체 움직임을 편하게 하는 관절, 근막, 힘줄, 인대의 유연성 유지
- 노화를 늦추며 골관절염으로 인한 불편함을 경감하는 효과
- 정신적 정서적 건강 증진
- 우울증, 스트레스, 불안증을 없애 줌
- 인내력과 에너지를 충전
- 숙면에 도움
- 신진대사를 활발하게 하여 체중관리
- 타인에 의존하지 않고 독립적 생활 가능
- 각종 암 발생을 예방
- 수명을 절대적으로 연장

장점들을 숙지하면서 예비운동과 본 운동 후 마감 운동을 하여 근육, 인대 등 신체의 부상을 예방하는 동작을 습관화한다.

7 수면습관 치유 프로그램

프로그램 배경

자기 전 침대에서 핸드폰을 보는 나쁜 습관이 있을 경우 그 시간에 침대에서 손이 닿지 않는 곳에 충전기를 두고 대신에 손에서 뗄 수 없는 흥미진진한 책을 보는 습관을 들여라.

미국 시카고에서 수면실험을 실행한 결과 놀라운 사실을 확인했다. 먼저 표본그룹에게 6일 연속, 하루에 4시간만을 자게 했다. 실험이 진행될수록 피험자들은 피로가 쌓였고, 스트레스 호르몬인 코르티솔(cortisol: 콩팥 부신피질에서 분비) 분비 증가, 고혈압 증가 그리고 백신(독감)의 항체생성량이 절반으로 줄어들고, 초기 대사증후군 증상이 나타나는 것을 확인하였다고 발표하였다.

특히 수면장애는 신체가 필요로 하는 완전한 각성상태 유지에 영향을 끼치게 된다. 운전능력, 결정능력, 인지능력, 집중력, 기억력 등이 현저히 감소하고 피로감이 급증하는 현상이 나타난다. 따라서 수면장애는 버릇이 아니라 질병이라는 인식이 필요하다.

수면장애는 수면 중에 얻을 수 있는 수면의 질, 양, 그리고 수면시간에 부정적인 영향을 주는 증상이다.

대표적인 수면장애 증상은 불면증, 기면(嗜眠) 발작, 그리고 수면무호흡증이다. 수면장애는 정신적 육체적 건강에 치명적이다. 수면장애 습관을 치유하기 위해서는 먼저 증상과 원인을 진단하고 수면시험법을 실행한다. 이 외에도 예방법이 있다.

스탠포드대학교 수면의학 전문의 드미트리우(Alex Dimitriu, MD)의 연구와 세계수면학회의 수면 권고사항을 바탕으로 수면생활습관 프로그램을 구성하였다.

| CS·ASSURE 긍정심리교육 수면습관 치유프로그램 구성원리
(Positive Psychotherapy 이론 적용프로그램)

회기	핵심요소	프로그램 회기	세부내용
1	긍정적인 정서의 경험	• 라포(rapport) 구축 • 강점 찾기 • 긍정 감정 활용	• 내담자와 긍정적 라포 구축 • 프로그램 소개와 만남
			• 수면문제 전문가 진찰 상담 • 약물에 의존하지 않고 스스로 해결하는 긍정적인 감정 이용
2	삶의 참여와 몰입을 통한 즐거움	• 용서(수용)하는 마음 갖기	• 불면에 대한 부정적인 생각 탈피, 받아들이는 수용성 함양
		• 감사하는 마음 갖기	• 수면장애를 가진 사람들의 정보교류 • 감사하는 마음 갖기

3	삶의 의미 발견을 통한 자기실현	• 내 안의 낙관성 증진	• 스스로 해결할 수 있다는 낙관성 유지
		• 인생을 음미	• 불면문제도 삶의 과정으로 자신의 삶 음미
		• 사회 기여 • 사회 봉사	• 나의 불면 해결 경험을 타인들과 공유하며 사회기여 봉사
		• 행복한 인생을 위한 서약서 작성, 자기다짐	• 수면 관련 필요시 도움을 주고 청하는 마음 갖기

프로그램 진행

1단계: 수면에 대한 인식 전환

우선, 수면의 장애는 질병이라는 인식을 하고 수면 전문의의 진찰과 조사를 거쳐서 과학적인 접근을 근간으로 자신의 수면 문제를 해결하는 것이 중요하다.

수면 중에 발생하는 자신의 증상, 버릇, 잘못된 습관을 수면 테스트를 통하여 정확하게 진단하고 전문가의 조언과 처방을 근거로 수면습관을 개선하는 것이 가장 빠르며 효율적으로 수면 문제를 해결하는 방법이다 .

우선 충분한 시간을 갖고 주말, 휴가를 택하여 충분한 수면을 취하여 수면 빚을 갚는다. 그후 평소보다 일찍 자고 기상 시간을 정확하게 습관을 들이는 것이 중요하며 일단 일정 시간에 일어나는 습관이 생기면 자명종 없이 스스로 일어날 수 있는 생체리듬(circadian rhythm)이 만들어진 것이다.

다만 이 경우에도 지속적으로 낮 시간에 졸리고 피곤하다면 수면 전문의를 방문하는 것을 반드시 고려하여야 한다.

2단계: 나에게 충분한 수면

알람을 설정하지 않고 휴일을 택하여 충분한 수면을 취하는 것으로 새로운 수면습관 치유과정을 시작한다. 이런 많은 실험자가 열몇 시간을 자는 경우도 적지 않다. 충분히 자고 자연스럽게 잠이 깨면 시간을 확인하고 몇 번 정도 같은 실험 수면을 취한다.

그러면 밀린 수면 빚이 해결되고 스스로가 필요한 수면 시간에 대한 생체리듬 수면 필요시간을 확인할 수 있다. 이 부분에서 중요한 것은 낮 시간대에 졸리지 않아야 최적의 수면 시간이 어느 정도인지 확인된다.

3단계: 수면시간 영향요소 관찰

특정 상황 즉, 여성이 임신 3개월일 때, 육체적으로 피로할 때, 근심걱정이 많을 때, 병이 있을 때, 부상을 입었을 때, 시험이나 중대한 보고를 앞두고 있을 때, 정신적, 감정적 스트레스를 받을 때 등 어떠한 환경이 나의 수면에 영향을 주는지 관찰 분석하여야 한다. 그리고 그러한 상황을 사전에 피하거나 대비책을 마련한다.

결과적으로 수면량이 부족하다고 판단될 때는 우선적으로 수면 빚이 생기지 않도록 낮잠을 자거나 일찍 취침하는 등 즉각적인 수면시간 조정이 필요하다.

4단계: 나이와 수면 시간 조정

인간의 수면 시간은 영유아의 경우, 하루에 15시간 이상을 자는 경우도 있으며, 노인의 경우, 6~9시간 정도의 수면이 정상일 수도 있다. 수면 연구소, 학회, 미국 국립수면재단(National Sleep Foundation) 등에서 연령별 최적의 수면시간을 권고하고 있다.

다만, 개인별 정신과 신체적 조건이 상이하므로 자신의 수면시간이 주위 사람들보다 길거나 짧다고 생각하거나 기관에서 제공하는 평균 수면시간과 단편적으로 비교하여 주관적으로 문제가 있는 것으로 속단하는 것은 무리가 있다.

5단계: 수면환경 조성

수면환경 조성 이전에 우선 해야 할 일은 취침 시간과 기상 시간을 일정하게 유지하는 것이 가장 중요하다. 다음으로 양질의 수면을 위하여 조명, 침대, 베개, 이불, 보온, 커튼, 외부 소음, 야간조명 등 수면에 방해되는 요소를 일체 점검하고 최대한으로 제거한다.

또한 같은 침대를 쓰는 동침자가 있을 경우, 그 사람의 수면패턴과 나의 수면습관을 충분히 고려하고 필요시 조정하여야 한다. 침대는 수면용으로만 사용하고 독서, 영상 시청, 놀이공간, 애완동물과 동침 등은 특히 유념해야 할 일이다.

6단계: 수면과 일상습관

수면과 음식은 상당한 깊은 관계가 있다. 저녁 시간대에 카페인 섭취를 줄이고 술이나 과식 혹은 허기진 경우도 역시 수면에 방해가 된다. 특히 술은 잠들 때 도움이 된다고 느껴지지만 시간이 경과하면 술이 자극제 역할을 하여 결국 수면에 방해가 된다.

수많은 학위논문, 연구논문에서 수면과 운동의 상관관계를 증명하였다. 정상적인 수면주기를 유지하는 데는 운동습관이 필수적이다. 낮 시간대에 옥외 운동은 숙면을 위한 최적의 습관이다. 낮잠은 이른 오후 시간대에 20분 정도로 절제하는 것이 좋다.

숙면을 원한다면 수면과 햇빛 관계를 이해하여야 한다. 낮 시간 햇빛은 비타민을 합성하여 수면습관 주기를 유지하는 데 좋은 역할을 하므로 낮 시간에 산책을 하면 운동과 햇빛효과를 동시에 얻을 수 있다.

역으로 밤 시간, 특히 취침 2시간 전부터는 청색 광선(휴대폰, 모니터, TV)에 노출을 최대한 줄이고 형광등보다 백열등 간접조명 아래에서 책을 보는 것이 효과적이다.

7단계: 취침 직전, 밤중 습관

취침 전에는 교감신경을 자극하는 운동, 무리하고 자극적인 활동을 자제하고 부교감신경을 깨우는 독서, 뜨개질과 같은 한가한 동작이 도움이 된다. 그리고 밤중에 깨어서 15분 이상 잠을 청할 수 없을 때는 일어나서 어두운 환경에서 아주 조용한 음악을 듣는다. 명상을 통해 스트레스, 걱정, 긴장을 푸는 것도 좋은 방법이다. 이때 앤드류 웨일(Andrew Weil) 박사의 4 · 7 · 8호흡법을 사용하면 부교감 신경의 작동을 도와 수면에 효과적이다.

8 직장습관 치유 프로그램

프로그램 배경

본 장에서는 건강한 직장과 불건강한 직장의 특징을 살펴보고 건강한 직장습관을 기르는 방법을 모색해 본다.

건강한 직장은 경제적 수입원이 되면서 일하는 시간과 자유시간의 균형을 이루어 건강한 습관을 유지할 수 있는 곳이다. 여기에서 건강한 직장습관은 관리 가능하고 적은 스트레스 상황에서 직업의 만족감과 최적의 생활습관을 유지하는 것이다.

직장웰니스협회(GPW: Great Place to Work)에서 실행한 직장인들의 건강습관 관련 연구(2021)에서는 직장에서 간단한 습관행위 변화를 알아보기 위하여 엘리베이터 대신 계단을 이용할 경우 환경보호, 신체 운동 등의 효과를 설명하고 계단을 이용하기를 권유하였지만, 실효가 없었다.

또한 더욱 놀라운 현상은 이 연구에서 엘리베이터 속도를 16초 정도 늦게 움직이도록 조작하니 전체 이용자의 1/3 정도가 계단을 이용하였지만, 후에 정상 속도로 바꾸니 누구도 계단을 이용하는 사람들이 없었다고 한다.

| CS·ASSURE 긍정심리교육 직장습관 치유프로그램 구성원리 (Positive Psychotherapy 이론 적용프로그램)

회기	핵심요소	프로그램 회기	세부내용
1	긍정적인 정서의 경험	• 라포(rapport) 구축 • 강점 찾기 • 긍정 감정 활용	• 직장습관 고치기 내담자와 긍정적 라포 구축 • 프로그램 소개와 만남
			• 직장 습관치유 관심 지인들 모임 • 공동관심사 토론 의견 교환

2	삶의 참여와 몰입을 통한 즐거움	• 용서(수용)하는 마음 갖기	• 직장에 대한 부정적인 생각 탈피, 받아들이는 수용성 함양
		• 감사하는 마음 갖기	• 직장에서 일할 수 있는 자신의 환경에 감사하는 마음 갖기
3	삶의 의미 발견을 통한 자기실현	• 내 안의 낙관성 증진	• 근무 중 계획적으로 직장 생활을 지속하는 낙관성 유지
		• 인생을 음미	• 직장에서 퇴근 후에 느끼는 만족감을 통한 자신의 삶 음미
		• 사회 기여 • 사회 봉사	• 지역사회에서 직장갈등을 겪고 있는 사람들에게 자신의 경험 공유하고 자원 봉사
		• 행복한 인생을 위한 서약서 작성, 자기다짐	• 건강한 직장습관 유지상 필요시 도움을 요청하는 것에 부담 갖지 않는 마음 갖기

프로그램 진행

1단계: 직장의 중요성 인식

직장인에게 건강의 척도는 개인의 정신적 신체적 건강과 행복한 생활습관에 절대적인 영향을 미친다.

어느 직장이나 도전과 장애가 있기 마련이다. 문제는 이것들을 어떻게 해결하여 일과 삶의 균형을 유지하면서 건강한 직장환경에서 근무하며 즐거운 인생을 사는가이다.

최적의 삶을 영위하는 데는 균형이 중요하다. 혹자들은 직장은 돈을 벌기 위한 공간으로 간주하기 쉽다. 그러나 습관치유 전문가들은 직장습관이 개인의 건강생활과 직장의 수입으로 경제적인 도움을 받아 자신의 삶을 보다 균형적으로 만족하게 하는 원동력이 되는 것으로 코칭하고 있다.

2단계: 직장 스트레스

직장은 물질사회에서 살 수 있는 재화(월급)를 획득할 수 있는 곳이지만 한편으로 수

많은 세계인들이 건강한 직장습관을 가지는 것을 중요하게 생각한다.

건강한 직장은 생산성과 성과를 높이며 나아가 자신의 경력과 열정, 직장에서의 성취의 즐거움을 제공하므로 누구에게나 중요한 주제이다.

직장에서 스트레스는 사람과 수행해야 하는 과업에서 오지만 슬기롭게 대처하는 사람들은 스트레스의 정도가 낮다. 직장에서는 번아웃 되지 않도록 즐기면서 일하는 직장습관을 길러야 한다.

건강한 직장습관은 과중한 스트레스나 번아웃에 빠진 경우 쉽게 해결하도록 상호협동하는 데 절대적으로 필요한 요소이다.

3단계: 건강한 직무분장

건강하지 않은 직장에 근무하는 사람은 직장생활로 인하여 상당한 개인생활에 악영향을 받고, 이는 개인의 삶에 절대적인 장애가 된다. 따라서 건강한 직장생활에 방해가 되는 요소를 찾아 해소하는 것이 중요하다.

건강한 직장환경의 1순위 과업은 직원 간에 담당할 책임과 담당을 구획하는 일이다. 왜냐하면 직장은 책임과 성과를 직접적으로 기록 · 평가하는 조직이기 때문이다.

4단계: 분명한 의사소통

직장에서 현명한 소통 능력이 있는 사람들은 건강한 직장환경을 만드는 데 어려움이 상대적으로 적은 편이며 자신의 삶의 균형도 역시 잘 조율하는 편이다.

직장에서 무난한 생활습관을 기르는 방법 중에 하나는 자신의 강점을 최대로 활용하여 맡은 바 책임을 다하는 것이다. 즉, 조직원으로서 분명한 역할과 존재감을 표하여 건강한 직장 분위기 조성에 일조할 수 있다.

5단계: 출근하고 싶은 직장

출근이 두려운 직장의 분위기는 건강하지 않은 직장의 명확한 징조이며 즐겁지 않은 경험이다. 한마디로 월급이 필요해 출근은 하지만 정신적인 스트레스가 대단한 직장이다.

출근하여 회사일을 하여도 상당기간 전혀 동기부여가 되지 않는 직장은 직원들이 우선 직장생활에서 행복을 느끼지 못하고 나아가서 소진되는 근본적인 원인이다. 이를 방치하면 퇴사가 잦아지고 결국 경험 없는 신규 직원을 또다시 충원해야 하는 악순환이 연속된다. 회사 입장에서는 경영상 고정비용이 증가하는 원인이 된다.

과도한 격무는 많은 스트레스의 주범이며 심지어 직업 불만족으로 직결되어 결국 소진상태가 되므로 휴식, 레저 시간을 주기적으로 갖고 신체적 정신적 건강을 회복하는 것이 중요하다 .

6단계: 동료 인간관계

직장동료들과 어울리지 않거나 형식적으로 대하는 것은 직장 건강을 치명적으로 해치는 습관이다. 따라서 의식적으로라도 동료들과 회식, 스포츠, 취미 활동을 하면서 적극적으로 교감하여 건강습관을 기르는 것이 중요하다.

직장생활에 건강한 습관 갖기를 실천하면 개인뿐만 아니라 그가 속한 직장 역시 큰 혜택을 볼 수 있으므로 직장에서 경쟁적으로 건강한 조직 만들기에 대기업, 중소기업 막론하고 많은 공을 들이고 있다.

우선 현재의 직장과 직무에서 만족을 얻지 못하면 1차적으로 현실에 안주하지 말고 지속적으로 자신을 변화시킬 수 있는 동기를 현재 직장에서 찾아라. 현실에 안주하면서 불만족을 토로한다면 누가 당신이 만족할 수 있도록 도와주겠는가? 자신이 과제이며 숙제이다. 적극적으로 현실을 타파하고 나서라.

7단계: 자기학습

자기개발을 위하여 새로운 지식과 기술을 익혀 개인 목포에 도전하라. 평생학습과정을 통하여 학위나 기술자격을 익히는 것도 좋은 도전이다.

현재 직장과 직무의 긍정적인 면을 찾아보라. 특히 현재 직장에 당분간 근무할 수밖에 없는 경우, 현재 하는 일에 장점을 찾으면 직무에 대한 긍정적인 생각이 들면서 논리적으로 직장 스트레스를 줄이고 소진되는 상황을 반전할 수 있다.

직장 동료들과 관계를 재개하는 것은 건강한 직장습관을 기르는 최선책이며 현재하는 일이 즐겁고 출근하는 것 또한 기쁘게 느껴지게 자기암시를 한다.

8단계: 프로그램 평가

먼저, 건강한 직업 습관 구현을 위한 7단계 프로그램인 직장의 중요성 인식, 직장 스트레스, 건강한 직무분장, 분명한 의사소통, 출근하고 싶은 직장, 동료 인간관계 그리고 자기학습에 대하여 우선 단계별 체험에 앞서 5점 척도의 가중치를 적용하여 사전 평가를 한다.

그리고 체험을 하고 끝으로 전체 프로그램에 대한 사후 평가를 설문과 인터뷰를 통하여 실시한다. 사전 사후평가의 결과를 상호 비교하며 개선점을 보완하여 2차 체험을 준비한다.

9 스트레스 생활습관 치유(MBSR) 프로그램

프로그램 배경

● 개요

독일대학 철학자 한병철 교수는 현대인이 매일매일 일상에서 직장, 가정, 사회 등 수많은 조직과 인간 관계에서 불안, 우울, 걱정 그리고 스트레스에서 벗어나지 못하는 사회현상을 "피로사회"로 명명하였다.

사실, 스트레스 습관 치유는 심리치유에서 대표적인 주제가 되었으며 과학적인 프로그램으로 습관을 치유하는 게 절실한 것이 현실이다. 본 장에서 소개하는 마음치유 훈련과정은 '피로사회'를 개선하는 프로그램이 될 수 있다.

마음챙김 스트레스 관리(MBSR: Mindfulness-based stress reduction) 프로그램은 8주간 스트레스 습관을 치유하는 프로그램으로 과학적 연구를 근거로 만들었다. 이 프로그램은 마음훈련을 통해 스트레스, 불안증, 우울증, 만성통증을 호소하는 사람들을 치유한다.

● 배경

1970년대에 메사추세츠 의과대학 카밧진(Jon Kabat-Zinn) 교수가 개발한 스트레스 습관 치유 프로그램으로 마음챙김 명상, 신체인지, 요가 그리고 행위, 감각, 행동과 습관의 탐색 등 활동을 진행한다.

마음챙김(mindfulness)은 웰빙 수준을 끌어올리기 위하여 자신의 내부에서 일어나는 정신상태, 생각, 충동, 감정 그리고 기억들을 판단하지 않고 수용하며 탐색한다는 의미이다.

한편 마음챙김 명상(mindfulness mediation)은 자신의 내부에서 일어나는 심경, 감정의 변화를 알아차리는 능력과 감정을 조율하는 방법을 터득하여 스스로의 근심과 걱정을 자율적으로 통제하는 습관치유 명상기법이다.

● MBSR 기법

지난 수십년 동안 마음챙김 명상기법은 의과학계에서 사람에게 미치는 정신적, 육체적 영향에 대하여 과학적 연구가 지속적으로 이루어져 왔다. 또한 MBSR 불교의 명상, 하타요가, 위빠사나(Vippassana)에 근거하여 개발된 프로그램이지만, 사실은 훈련과정 자체는 종교적이지 않고 세속적이다.

메타분석은 MBSR을 단계적으로 마음챙김을 인식하는 마음훈련 프로그램이라고 규정했다. MBSR은 전문자격 소지자가 주관하는 8주간 진행되는 마음훈련 워크샵으로 매회 2.5시간이 소요된다. 또한 6회기와 7회기 사이에 7시간의 마음챙김 명상 수련 과정이 편성되어 있다.

MBSR은 판단하지 않고, 억지로 애쓰지 않으며, 수용하고 집착하지 않고, 초심으로 인내하며, 믿고, 몰입하지 않는 마음챙김 수련이다. 카밧진은 "MBSR은 다양하게 일어나는 마음의 움직임에 판단하지 않고 인식하는 마음챙김이다"라고 한다.

또한 MBSR 과정을 수강 중인 수련자는 자신의 일상에 마음챙김 기법을 적용하여 행동하고, 일하는 즉, 잠을 자거나 청소를 하거나 공부를 하는 중에도 알아차림 기법을 적용하는 수련을 습관화하여 자기관리와 갈등관리를 하고 있다.

그리고 MBSR은 과거의 대한 회한과 집착 그리고 미래에 대한 막연한 불안감과 같은 현실 적응성을 떨어뜨리는 인식을 바꾸는 역할도 한다.

● 효과 검증

8주간의 수련활동으로 구성된 주별 프로그램은 신뢰도와 타당성 연구에서 유의미한 결과를 증명했다. 또한 단기간보다는 장기간 습관으로 규칙적으로 실행할 경우 MBSR 프로그램의 효과가 더욱 증진되는 것으로 나타났다.

MBSR이 사람의 심리적 · 신체적 스트레스를 경감하는 효과에 대한 과학적 연구는 사폴스키(Robert Sapolsky) 등 수많은 연구자들에 의하여 과학적으로 증명되었다. 또한 초창기 뇌영상 연구에서도 MBSR 수련이 뇌의 자기반성, 주의력, 그리고 정서적 영역에 절대적으로 긍정적인 작용을 하는 것으로 밝혀졌다.

MBSR에 대한 평가는 다양한 부문에서 긍정적인 효과를 나타내고 있다. 특히 중년, 장년, 청소년, 헬스케어 종사자들에게 유효한데 식사장애, 수면장애, 정신불안, 통증관리, 암관리, 심리불안, 그리고 건강관리 차원의 임상적 효과가 수차례의 연구에서 거듭 증명되었다.

● MBSR 확산

2014년 타임즈 매거진에서 마음챙김 명상은 대중의 지대한 관심을 받고 있으며 심지어 명상에 무관심하던 사람들 사이에서도 큰 인기가 있을 정도라고 발표하였다. 현재 수천 명의 공인 MBSR지도자를 배출하였고 전 세계 수많은 동 · 서양 국가에 넓게 전파되었다.

심지어 일류 대기업들도 직원들의 정신건강을 위하여 회사 내에 명상 공간을 마련하고 미 국회에서도 마음챙김 명상 스터디그룹을 조직하여 주기적으로 수련할 정도로 확산되었다.

MBSR 스트레스 치유 수련은 병원, 수련원 그리고 요가원 등 다양한 상황에서 활용될 수 있는 치유 방법이다. 실제로 스트레스로 인한 정서적 그리고 신체적 자극, 고통 혹은 질병을 예방 치유하며 특히 정서적 반응을 경감시켜 주는 프로그램이다.

● 주요 동작

MBSR 8주간의 훈련 기간에는 매일 45분간의 마음챙김 명상, 바디스캐닝(body scanning), 기본 요가동작이 포함된 자기수련을 해야 한다.

바디 스캐닝은 첫 4주간 지속적으로 수련하는 마음챙김 기법으로 차분하게 앉거나, 누워서 체계적으로 자신의 인식을 몸 발끝에서 시작하여 신체의 한 부분 한 부분씩에 인식을 옮기면서 천천히 몸 전체를 거쳐 결국 머리끝까지 알아차리는 마음챙김 기법이다.

- **스캐닝 동작 (9분)**: 바디스캐닝 명상(와식명상)이라고도 하며, 대체적으로 누워서 발가락에서 시작하여 이마까지 올라오면서 신체의 모든 부분의 이름을 주의의 대상으로 가져가는 명상이다. 알아차림(mindfulness) 주의력과 자신의 심적 감각능력을 키우는 마음훈련이다.
- **명상동작 (15분)**: 좌식명상이라고도 하며, 지금 여기(here & now)에서 일어나는 자신의 감정, 호흡, 생각이나 느낌에 집중하는 명상이다.
- **요가동작 (10분)**: 마음챙김 체조라고도 하며, 스스로 익숙한 요가 동작을 통하여 과거의 회상이나 미래의 불안을 떨치고 현재에 집중하는 신체동작으로 보다 마음에 집중하는 심리체조이다.

| CS·ASSURE 긍정심리교육 스트레스 생활습관 치유프로그램 구성원리 (Positive Psychotherapy 이론 적용프로그램)

회기	핵심요소	프로그램 회기	세부내용
1	긍정적인 정서의 경험	• 라포(rapport) 구축 • 강점 찾기 • 긍정 감정 활용	• 스트레스 습관 고치기 내담자와 긍정적 라포구축 • 프로그램 소개와 만남
			• 스트레스 관리 관련 지인들 모임 공동관심사 의견교류
2	삶의 참여와 몰입을 통한 즐거움	• 용서(수용)하는 마음 갖기	• 스트레스에 대한 부정적인 생각 탈피, 받아들이는 수용성 함양
		• 감사하는 마음 갖기	• MBSR을 할 수 있는 자신의 환경에 감사하는 마음 갖기
3	삶의 의미 발견을 통한 자기실현	• 내 안의 낙관성 증진	• 일상에서 느끼는 스트레스 관리에 대한 낙관성 유지
		• 인생을 음미	• MBSR 후에 느끼는 만족감을 통한 자신의 삶 음미
		• 사회 기여 • 사회 봉사	• 주위의 지인들에게 스트레스관리 MBSR을 권유하고 경험 자원 봉사
		• 행복한 인생을 위한 서약서 작성, 자기다짐	• 모든 망상, 잡념, 불안을 모두 내려놓음 • 방하착(放下着, let go)을 스스로에게 약속

프로그램 진행

1단계: 판단 않고 바라보기(non-judgmental awareness)

프로그램의 시작단계로 사물, 사람 상황에 대하여 내 안에서 자동적으로 끝없이 일어나는 불안, 걱정, 분노, 우울과 같은 마음의 반응습관을 멈추고 객관적이고 중립적인 관찰자의 관점에서 바라보면서 내외부에서 일어나는 느낌과 생각들을 편견 없이 열린 마음으로 주의깊게 마음챙김(mindfulness)을 한다.

2단계: 인내(patience)

마음챙김 스트레스 치유(MBSR: Mindfulness Based Stress Reduction) 프로그램은 스트레스 습관을 치유하는 모델로서 일상에서 발생하는 스트레스를 만성적으로 느끼고 벗어나지 못하는 고질적인 마음습관을 개선하기 위하여 스트레스 치유(MBSR)기법을 활용한 것이다.

따라서 자신에게 오랫동안 고착되어 늘 걱정, 고민, 불안해하는 버릇으로 자리잡은 마음습관의 변화에는 어느 정도의 시간이 걸린다는 것을 인식하고 마음챙김 명상에 대한 몸과 마음의 인내심을 필요로 한다.

3단계: 초심유지(beginner's mind)

자신 주위의 사물, 사람, 상황에 대하여 나는 이미 다 알고 있다는 자만심, 선입관과 자신의 과거 경험을 근간으로 판단하고 생각하는 생각의 오류와 사고의 틀에서 벗어나는 것이 우선이다. 결국 순수한 초보자의 마음으로 새로운 시각으로 지금, 여기 이 순간에 집중하며 새롭게 일어나는 자신의 생각들을 있는 그대로 겸허히 받아들인다.

4단계: 믿음(trust)

믿음의 대상을 외부의 사물, 상황 그리고 타인에 두지 않고 자기 자신과 자신의 생각, 느낌을 중시한다. 또한 습관적으로 작동하는 스트레스 치유에 대해 스스로 신념을 갖고 자신의 생각, 소리를 경청하고 현재의 행위가 좋은 결과를 가져올 것이라는 철저한 자기 신뢰를 구축하는 것이 중요하다.

따라서 프로그램의 주요 구성동작인 바디스캐닝(9분), 좌선명상(15분), 요가동작(10분)이 나의 스트레스 치유에 점진적으로 효과를 준다는 수많은 의과학적 근거를 믿고 주요 MBSR동작들이 지속적으로 새로운 습관으로 자리하도록 정신적으로 확신한다.

5단계: 애쓰지 않기(non-striving)

습관적으로 스트레스가 많이 쌓인 사람들은 공통적으로 다급하고 단순간에 스트레스를 해소하려고 최대한으로 애쓴다. 사실, 마음챙김 명상에서 대상은 자기 자신이며 공간적으로는 여기이고 시간적으로는 지금이다.

따라서 현재 일어나고 있는 신체의 통증이나, 마음에 긴장, 그리고 불안이 있는 곳에 주의를 집중하고 매 순간 사려 깊게 판단하지 않고 바라보며 현실을 거부하거나 혹은 빨리 얻으려고 애쓰지 않고 자연스럽게 일어나는 현재 사실을 스스로 인정하는 것이 치유 프로그램의 5단계 목표이다.

6단계: 수용(acceptance)

스트레스 치유 프로그램(MBSR) 6단계의 수용은 상당한 구력이 필요한 단계이다. 그러므로 이 단계의 핵심은 과거의 경험이나 현재의 느낌, 미래의 상상을 피하려고 거부하면 긴장, 불안이 더욱 고조되어 치유와 회복력에 필요한 에너지가 소진되므로 현재 내 안에서 일어나고 생각과 느낌을 사실대로 수용함으로써 스스로 치유할 수 있는 회복력을 키운다.

7단계: 내려놓기(letting go)

수용 다음 순서인 내려놓기는 치유 프로그램의 마무리 과정이다. 결국 치유를 위하여 지금 여기(here & now)에 집중하기 위해서는 사람, 상황, 사물에 대하여 끝없이 일어나는 집착에서 벗어나는 것이 우선이다. 따라서 자신의 과거 경험을 바탕으로 사람, 상황, 사물을 판단하지 않고 사실대로 느끼며 상황과 특정 생각에 개입하지 않고 편안한 마음으로 대상을 바라보면서 마음을 내려놓는 것이 스트레스 치유 프로그램 7단계의 핵심이다.

8단계: 평가단계

8주 과정은 신체 느낌과 생각, 감각에 대하여 현재 시점에서 알아차림(mindfulness)을 중요하게 간주하며 일상에서 걷기, 식사, 호흡, 생업 그리고 가사에서 일어나는 행동에 대한 마음챙김, 신체 각각의 부위에서 일어나는 감각에 주의를 기울이며 바디스캐닝, 좌식명상, 신체부위에 자극을 하는 요가(하타)로 구성되어 과학적 근거(evidence based)를 바탕으로 개발된 생활습관 치유 프로그램이다.

따라서 스트레스 관리를 위한 7단계 프로그램인 판단하지 않기, 인내, 초심 유지, 믿음, 애쓰지 않기, 수용, 내려놓기에 대하여 우선 단계별 체험에 앞서 5점 척도의 가중치를 적용하여 사전평가를 한다.

그리고 체험을 하고 끝으로 전체 프로그램에 대한 사후 평가를 설문과 인터뷰를 통하여 실시한다. 사전 사후평가의 결과를 상호 비교하며 개선점을 보완하여 2차 체험을 준비한다.

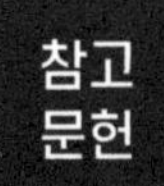

American Diabetes Association: All about diabetes. [Accessed December 1, 2010]. at http://www.diabetes.org

Barnhofer T, Crane C, Hargus E. Mindfulness-based cognitive therapy as a treatment for chronic depression: a preliminary study. Behav Res Ther. 2009;47:366-373. [PMC free article] [PubMed] [Google Scholar]

Bohlmeijer E, Prenger R, Taal E. The effects of mindfulness-based stress reduction therapy on mental health of adults with a chronic medical disease: a meta-analysis. J Psycho som Res. 2010;68(6):539-544. [PubMed] [Google Scholar]

Creswell JD. (January 2017). "Mindfulness Interventions". Annual Review of Psychology. 68: 491-516. doi:10.1146/annurev-psych-042716-051139. PMID 27687118\

Duncan LG, Bardcake N. Mindfulness-Based Childbirth and Parenting Education: Promoting Family Mindfulness During the Perinatal Period. J Child Fam Stud. 2010;19(2):190-202. [PMC free article] [PubMed] [Google Scholar]

Grossmana P, Niemannb L, Schmidtc S, Walach H. Mindfulness-based stress reduction and health benefits: A meta-analysis. J Psychosom Res. 2004;57:35-43. [PubMed][Google Scholar]

Jain S, Shapiro SL, Swanick S. A randomized controlled trial of mindfulness meditation versus relaxation training: effects on distress, positive states of mind, rumination, and distraction. Ann Behav Med. 2007;33(1):11-21. [PubMed] [Google Scholar]

Kabat-Zinn J. (2013). Full Catastrophe Living: Using the Wisdom of Your Body and Mind to Face Stress, Pain, and Illness. New York: Bantam Dell. ISBN 978-0345539724.

Kabat-Zinn J. (2003). "Mindfulness-based interventions in context: past, present, and future". Clinical Psychology: Science and Practice. 10 (2): 144-156. doi:10.1093/clipsy.bpg016. Mindfulness meditation: A research-proven way to reduce stress". American Psychological Association, 2020. October 30, 2019.

Paulus MP. (January 2016). "Neural Basis of Mindfulness Interventions that Moderate the Impact of Stress on the Brain". Neuropsychopharmacology. 41 (1): 373. doi:10.1038/npp.2015.239. PMC 4677133. PMID 26657952.

Rosenzweig S, Reibel DK, Greeson JM. Mindfulness-based stress reduction is associated with improved glycemic control in type 2 diabetes mellitus: a pilot study. Altern Ther Health Med. 2007;13:36-38. [PubMed] [Google Scholar]

Teasdale JD, Segal ZV, Williams JM. Prevention of relapse/recurrence in major depression by mindfulness-based cognitive therapy. J Consult Clin Psychol. 2000;68:615-623. [PubMed] [Google Scholar]

Zinn JK, Massion AO, Kristeller J. Effectiveness of a meditation-based stress reduction program in the treatment of anxiety disorders. Am J Psychiatry. 1992;149:936-943. [PubMed] [Google Scholar].

https://www.chosun.com/economy/money/2023/10/21/7RD44YWCKRDKFA3MDQZO2FOVDI/

https://www.betterhelp.com/advice/general/8-lifestyle-changes-to-improve-your-quality-of-life/

https://chear.ucsd.edu/blog/10-ways-to-make-lifestyle-changes-easy

https://www.apa.org/topics/behavioral-health/healthy-lifestyle-changes

https://jamesclear.com/three-steps-habit-change

https://bigthink.com/the-well/wendy-wood-changing-habits/

https://www.wikihow.com/Change-a-Habit

http://www.webmd.com/balance/features/3-easy-steps-to-breaking-bad-habits

http://psychcentral.com/lib/7-steps-to-changing-a-bad-habit/

https://www.psychologytoday.com/blog/the-modern-time-crunch/201401/plan-breaking-those-bad-habits

https://www.psychologytoday.com/blog/fulfillment-any-age/201108/5-steps-breaking-bad-habits

http://www.hr.virginia.edu/uploads/documents/media/Writing_SMART_Goals.pdf

https://www.psychologytoday.com/blog/the-intelligent-divorce/201312/break-bad-habits

https://www.psychologytoday.com/blog/science-and-sensibility/201508/how-start-breaking-your-worst-habit-today

https://www.psychologytoday.com/blog/where-science-meets-the-steps/201404/what-is-healthy-distraction

3장

치유관광

PROLOGUE

✦ 치유관광의 이론적 배경

소득수준이 증가하고 생활수준이 향상됨에 따라 자기 자신과 의미 있는 삶을 성찰하고 건강하고 만족하는 삶, 즉 웰빙을 추구하는 추세가 늘어나고 있다. 우리나라 국민소득은 이미 3만 달러를 넘어 선진국으로 진입하였음에도 세계행복보고서에 따르면 행복 수준은 OECD 38개국 중에서 매년 하위에 위치하고 있다. 우울증이나 스트레스, 그리고 만성질환 등은 여전히 증가하고 있으며 사회적으로 공감하거나 위로를 받을 수 있는 일상의 소통 공간은 더욱 줄어들고 있고 1인 가구 비중은 해마다 늘어나고 있다. 한편으로는 산업과 정보통신 기술의 발전으로 우리 삶은 더욱 편리해진 반면에 무한경쟁에 따른 업무의 과부하는 바쁜 일상생활에서 탈출하여 휴식과 여가를 더욱 갈망하게 한다. 이에 따라 정신적·육체적 스트레스를 완화하고 정서적, 심리적 안정과 마음의 평온을 찾기 위해 자연과 교감하면서 심신의 건강을 회복하고자 하는 치유관광이 주목을 받고 있다.

관광은 일상적인 생활환경에서 벗어나 여가, 사업 또는 기타 목적을 위해 다른 장소로 여행하고 머무르는 것을 수반하는 사회적, 문화적, 경제적 현상으로 본다. 관광은 자기가 하고 싶은 활동을 스스로 선택하고 결정함으로 즐겁고 재미있는 새로운 경험을 하게 할 뿐만 아니라 인간 삶의 기본을 배우고 인간 삶의 본질에 접근해 보면서 자신을 재발견하고 자신의 성장과 자기 개발, 그리고 자기 변혁을 하게 하는 정신적 여행이 되기도 한다. 이러한 경험은 오랫동안 기억에 남아 정신건강과 웰빙에 긍정적인 영향을 미치고 개인의 삶에도 의미 있는 영향을 미친다. 또한 여행을 하면서 다른 문화적 배경을 가진 낯선 사람들을 단순히 지나치는 것에 그치지 않고 새로운 문화와 삶을 경험하면서 상호 교감과 이해를 넓히는 중요한 계기가 되기도 한다.

관광은 이동에 따른 신체적 활동을 수반할 뿐만 아니라 정신적이고 지적인 다양한 의미 있는 체험을 할 수 있고 웰빙을 향상시키기 때문에 신체적, 정신적 건강을 증진시키고 더 나아가 사회적 건강에도 영향을 미친다. '치유(healing)'라는 단어는 '전체(whole)'를 의미하는 고대 영어 haelan에서 비롯되었는데, 자아의 신체적, 정서적, 지적, 사회적, 영적 측면에서 온전함(wholeness)을 가져오는 과정을 의미한다고 한다. 치유관광은 신체적인 활력을 증진하고, 정신적인 위안과 위로, 재충전, 자기충족과 만족을 얻는 것을 목적으로 하는 관광으로, 특정한 질병이나 증상을 치료하는 데 초점이 맞추어져 있는 의료관광과는 차이가 있다. 치유관광은 신체적, 정신적으로 온전한 최적의 행복한 건강상태를 추구할 뿐만 아니라 관광지에서 새로운 문화와 사람들을 접촉하면서 형성되는 사회적 관계를 통해 사회적 웰빙에도 기여하는 관광이라 할 수 있겠다.

치유관광은 자연 탐방, 문화와 예술 체험, 마음챙김, 건강 식단, 스파 테라피, 요가, 운동 등과 같이 몸과 마음에 영향을 줄 수 있는 다양한 형태를 포함한다. 그중 자연환경은 그 자체만으로 회복적인 환경요소를 가지고 있어서 스트레스를 완화시키는 효과가 있다고 하며, 인간은 자연환경에 대한 진화적 성향(evolutionary predisposed)이 있기 때문에 자연환경은 더 나은 치유력이 있다고 한다. 따라서 일상을 벗어나 관광을 하면서 자연과 함께 교감하는 시간을 갖는 것은 정신적, 심리적 치유에 큰 도움이 될 것으로 기대된다.

이에 따라 본 장에서는 관광을 하면서 자연이 주는 다양한 치유요소를 활용하여 심신을 치유하고 건강한 삶을 증진하는 데 도움을 줄 수 있는 치유관광 프로그램을 마련하였다. 숲과 해양 등의 자연환경 자원과 지역 문화 환경을 근간으로 미로 걷기, 다이내믹 명상, 어싱(earthing), 태극권, 하이킹, 노르딕 워킹(nordic walking), 크나이프 요법(Kneipp therapy) 등을 소개하였다. 대부분의 프로그램은 특별한 장비 없이 누구나 손쉽게 접근할 수 있으나 전문가의 지도를 받으면 치유효과가 더욱 배가될 것으로 기대된다. 그리고 일부 치유 프로그램은 휴양 시설에 머무르면서 전문적으로 치유를 받는 것이어서 일반적인 운영 개요만 소개하였다.

이러한 치유 프로그램이 정신적, 신체적 건강에 미치는 치유효과에 대해서는 많은 연구가 활발하게 이루어지고 있으며 계속 긍정적인 효과가 발표되고 있다. 그러나 일부 프로그램에 대해서는 보다 많은 임상적 실험이 이루어져 일반적인 치유효과가 정립되어야 할 것으로 보이며 일부 증상은 근본적인 치료를 위해 의사와의 전문적인 상담이 선행될 필요가 있다.

3장 치유관광

본 장에서는 1장에서 서술한 심리교육 치유 이론에 적용하여 최적의 건강상태를 추구하면서 행복한 웰빙의 상태를 실현하는 데 도움이 될 수 있는 프로그램을 다음과 같이 소개하려고 한다.

1. 미로 걷기(Labyrinth walking)
2. 다이내믹 명상(Dynamic meditation)
3. 어싱(Earthing)
4. 태극권(Tai chi)
5. 하이킹(Hiking)
6. 노르딕 워킹(Nordic Walking)
7. 세도나 휴양지(Sedona retreat)
8. 크나이프 요법(Kneipp therapy)
9. 해양치유(Thalassotherapy)
10. 골든도어(Golden Door)

본 장에서 제시하는 프로그램이 신체적, 심리적인 웰빙을 달성하는 데 많은 도움이 되길 기대한다.

치유관광형 프로그램

심리교육 치유관광 계획안

강사	센터장

<table>
<tr><th>회기</th><td>1, 2, 3</td><th>대상</th><td colspan="2">일반인</td></tr>
<tr><th>활동주제</th><td>자연환경에서 치유관광</td><th>소주제</th><td colspan="2">휴양 치유관광</td></tr>
<tr><th>목표</th><td>관광을 통해 신체적, 정신적, 사회적 웰빙 실현</td><th>활동형태</th><td colspan="2">자연환경에서
치유관광 체험</td></tr>
<tr><th>활동명</th><td colspan="5">라이프 스타일 개선 휴양 치유 프로그램 체험</td></tr>
<tr><th>시간</th><th colspan="2">활 동 내 용</th><th colspan="2">준비물·유의점</th><th>실행·평가</th></tr>
<tr><td>▷ 도입단계
15분

학습 목표</td><td colspan="2">• 치유관광 프로그램 배경 설명
• 치유관광 프로그램 안내
• 치유관광 선행 프로그램 공유(PPT, 영상자료)
• 사전평가</td><td colspan="2">• PPT, 영상자료
• A4 용지
• 화이트보드</td><td>사전평가</td></tr>
<tr><td>▷ 전개
25분

체험활동</td><td colspan="2">• 팀별 치유관광 프로그램 실행 </td><td colspan="2">• 실천계획에 근거, 휴양치유 프로그램 운영
• 휴식 시간을 활용하여 상호교류 및
• 관찰 사항을 기록·사진, 실적 작성</td><td>미션완성
여부 확인</td></tr>
<tr><td>▷ 과정정리
15분

심신 치유</td><td colspan="2">• 심리 치유모델 원칙을 적용하여 휴양을 통한 치유체험
• 증거중심(evidence based)의 치유 프로그램 운영을 위해 참가자의 활동 모니터링
• 전체 프로그램 운영은 참가자들의 몸과 마음을 치유하는 과정으로 진행</td><td colspan="2">신체적, 정신적
웰빙으로 정리</td><td>사후평가</td></tr>
</table>

 미로(Labyrinth) 걷기 치유 프로그램

프로그램 배경

미로(labyrinths)는 4,000년 이상 거슬러 올라가는 고대의 원형(archetype)으로, 걷기 명상, 춤, 의식과 의례 장소 등으로 사용되었다. 미로는 입구에서 하나의 경로를 따라 중심으로 이어지는 복잡한 원형 디자인으로 땅 위에 평평하게 펼쳐져 있다. 미궁(maze)과 달리 막다른 골목이나 벽이 없기 때문에 그 형태와 목적지를 훤히 바라볼 수 있도록 디자인되어 있다. 고대부터 시작된 미로 걷기는 명상, 기도, 개인적 성찰 또는 내면의 평화를 얻기 위해 이용되고 있다. 미로는 개인적, 심리적, 영적 변화를 위한 도구인데 은유, 기하학, 영적 순례, 종교적 수행, 마음챙김, 환경 예술, 공동체 형성 등과도 연계된다.

미로양식은 고전형과 중세시대의 샤르트르 유형 등과 같이 시대에 따라 다양한 형태가 있고 회로 수에 따라 유형은 더욱 다양해진다. 경로를 인도하는 선은 대체로 일정한 폭을 유지하고 있어 경로를 구분하게 해준다. 미로 걷기는 미로 입구에서 시작해서 경로를 따라 걸어 들어간다. 일반적으로 중앙에 도달하면 절반의 거리를 이동한 것이며, 여기서 잠시 멈추고 돌아서서 다시 걸어 나올 수 있도록 구성되어 있다.

| CS·ASSURE 긍정심리교육: 미로 걷기 치유 관광 프로그램 구성원리
(Positive Psychotherapy 이론 적용프로그램)

회기	핵심요소	프로그램 회기	세부내용
1	긍정적인 정서의 경험	• 라포(rapport) 구축 • 강점 찾기 • 긍정 감정 활용	• 내담자와 긍정적 라포 구축 • 미로걷기 프로그램 소개와 만남
			• 적극적인 경험 탐구 • 맞춤화된 프로그램 참여 • 미로걷기를 통해 긍정정서 경험

2	삶의 참여와 몰입을 통한 즐거움	• 용서(수용)하는 마음 갖기	• 미로걷기를 통해 너그러운 마음과 수용성 함양
		• 감사하는 마음 갖기	• 자신이 받은 축복에 대해 자신에 감사하는 마음 갖기
3	삶의 의미 발견을 통한 자기실현	• 내 안의 낙관성 증진	• 미로 걷기를 하면서 긍정적인 느낌과 낙관성 회복
		• 인생을 음미	• 활력을 불어 넣는 미로걷기로 자신의 삶을 음미
		• 사회 기여 • 사회 봉사	• 일상 습관을 바꾸는 마음가짐으로 사회에 기여하고 봉사
		• 행복한 인생을 위한 서약서 작성, 자기다짐	• 미로걷기 경험을 되새기며 내면의 평온함을 유지하고 강화하기 위한 자기 다짐

프로그램 진행

미로를 걷는 과정은 정화(purgation), 계시(illumination), 합체(union)의 세 단계로 볼 수 있다. 정화는 중심을 향해 걸으면서 잡념과 산만함을 떨쳐버리는 해방의 과정이다. 계시는 중심에 도달하면서 성찰하고 지혜나 통찰을 받아들이는 수용의 시간이다. 합체는 중심을 떠나 돌아오는 여정에서 경험을 통합하는 단계이다.

1단계

먼저 미로 걷기를 수행할 장소를 정한다. 조용하고 넓은 공간이 있는 공원이나 수련원, 정원 등을 찾아보고 미로 걷기에 적합한 시간을 정한다. 가급적이면 이른 아침이나 늦은 오후와 같이 사람들이 붐비지 않는 조용한 시간대를 선정한다. 편안하고 헐렁한 옷차림을 하도록 하고, 편안한 신발을 착용하도록 한다. 그리고 날씨 상황에 따라 복장을 달리하도록 한다. 그리고 날씨가 추우면 여러 겹을 껴입고, 화창하면 모자와 자외선 차단제를 착용하고, 비가 예상되면 우비를 챙기도록 한다.

2단계

참가자 간의 만남이 공감을 형성하는 중요 계기가 되기 때문에 라포를 형성할 수 있는 간단한 소개 인사를 한다. 미로걷기 방법을 설명하고 시작하기 전에 각자 미로걷기 목적을 정하도록 한다. 내면의 평화, 열린 마음 등 미로를 걷는 의도에 대해 생각하도록 한다. 미로에 들어가기 전에 조용히 또는 마음속으로 그 의도를 말하도록 한다.

3단계

미로 걷기 의도를 설정하였으면 스스로 목적이 있고 의미 있는 경험을 만들도록 한다. '감사', '축복', '행복하다', '평화롭다' 등과 같이 반복할 단어나 문구에 집중하면서 미로를 따라 걷도록 안내한다. 미로를 걸으며 자아를 발견하고 성찰하도록 한다. 미로 입구에서 시작해서 중앙에 도달할 때까지 걷는 내내 그 의미를 되새기며 한 걸음 한 걸음 내딛을 때마다 그 의도가 마음에 스며들도록 한다.

4단계

미로 걷기를 하면서 자신이 축복받았다는 것을 기억하도록 한다. 우리가 가진 모든 것, 우리가 존재하는 그 자체가 우주와 자연의 축복인 것을 감사하는 과정을 진행한다. 판단하지 말고 생각, 감정, 감각을 관찰하면서 온전한 존재감으로 미로를 걸으면서 몰입한다. 다음과 같은 방법으로 내면의 고요한 시간을 보내며 자각을 높이도록 한다.

- **숨쉬기**: 몇 차례 심호흡을 하면서 긴장을 풀고 현재에 집중한다. 계속 걸으면서 호흡에 집중한다.
- **천천히 걷기**: 한 걸음 한 걸음 천천히 걸으며 발이 땅에 닿는 느낌을 음미한다. 느린 걸음걸이는 마음챙김에 도움이 된다.
- **관찰하기**: 몸의 감각, 주변의 소리, 떠오르는 생각에 주의를 기울인다. 어떤 패턴이나 통찰이 떠오르는지 주목한다.
- **호기심 유지**: 호기심을 가지고 걷기에 몰두하면서 자신과 자신의 여정에 대한 새로운 통찰을 탐색하고 발견할 수 있도록 한다.

5단계

걷는 동안 떠오르는 생각이나 감정에 대한 집착을 버린다. 미로 걷기에 방해되는 잡념이나 집중력을 흐트러트리는 생각과 감정이 떠오르면 내면의 고요한 평화에서 이탈하게 할 수도 있다. 그렇지만 중요하다고 느껴지는 것은 무엇이든 떠오르게 하고, 방해가 되는 것은 내버리도록 한다. 이 단계는 입구에서 시작하여 중앙에 도달하면 끝난다.

6단계

미로의 중앙에 도달하면 수용하는 단계이다. 내면을 비우고 나면 내면에 창조적 정신을 받아들일 수 있는 여유가 생긴다. 내부의 고요함, 창의적인 아이디어, 평화로움과 같은 다양한 느낌을 체험하도록 한다. 이러한 경험은 각자의 마음가짐이나 취향에 따라 다를 수 있다. 각자 중앙에서 원하는 만큼 앉아 있거나 서 있으면서 중앙에 머물도록 한다.

7단계

이 단계는 미로에서 나와 출발한 길로 돌아올 때 시작된다. 돌아오는 길은 미로 걷기의 독특한 특징으로 여러 가지 측면이 있다. 인생의 다음 단계로 나아가기로 결심하거나 자신을 변화시킬 수 있는 무언가에 대한 결심을 할 수 있다. 다시 젊어지는 느낌이 생기거나 다시 태어나는 느낌을 체험해 보도록 한다. 또는 미로에 들어올 때 내려놓았던 책임과 사회적 역할을 다시 떠올리고 이를 실행할 수 있는 새로운 힘을 얻는다는 의미를 부여해 보도록 한다. 그동안 각자 받은 것을 다시 세상으로 가져가는 것이다.

8단계

미로 걷기의 힘을 제대로 활용하기 위해서는 미로 경험을 되새기는 것이 중요하다. 미로 걷기 경험을 되새기며 미로에 들어서서 경로를 따라 구불구불 돌면서 중앙에 도달하고 그리고 다시 돌아 나오는 과정에서 느낀 다양한 감정을 글로 적어보거나 참가자들과 공유하도록 한다.

프로그램 평가

미로 걷기는 워크숍, 팀빌딩, 학습이나 교육 프로그램, 마음챙김 및 명상 활동, 자기 성찰과 관련하여 다양하게 응용할 수 있다. 소그룹을 만들어서 미로 그리기, 미로 만들기, 글짓기, 예술 등과 연계한 프로그램 개발을 탐색해 본다.

- **교육학적 도구**: 움직임을 통해 학습을 촉진하고 학습자 경험에 대한 운동미학적(kinaesthetic) 접근을 제공한다. 사회적 · 정서적 학습(Social and Emotional Learning, SEL) 프로그램에 쉽게 통합될 수 있으며 교과과정이나 다양한 개념탐색으로 가는 길을 제공해 준다.
- **마음챙김 도구**: 미로는 차분하고 조용한 공간을 제공하여 기분을 좋게 하고 불안을 완화하며 집중력을 높이는 데 도움이 된다. 미로는 자기 및 사회적 인식과 관리에 적합하며 개인과 사회적인 역량 학습의 연결을 지원해 준다.
- **성찰적 도구**: 자기 관찰, 자기 성찰, 자기 지식 구축을 통해 사물을 보는 새로운 기회와 방법을 제공하여 상상력, 창의력, 문제 해결력 등 새로운 관점을 제시할 수 있다.

2 다이내믹(dynamic) 명상 치유 프로그램

프로그램 배경

다이내믹 명상(dynamic meditation)은 인도의 영적 지도자 Osho가 개발한 능동적 명상(active meditation)의 일종으로 몸과 마음에 활력을 불어넣기 위해 수행하는 명상 방식이다. 전통적인 명상이 조용히 수동적으로 앉아서 하는 반면에, 능동적 명상은 전반에 걸쳐 강렬하고 육체적인 활동과 침묵을 수시로 포함한다. 다이내믹 명상은 혼자서 주변의 모든 것과 연결되는 무념의 행복한 상태에 재미있게 도달할 수 있는 명상 방법이다. 어떤 면에서 다이내믹 명상은 내면의 혼란을 진정시키기 위해 외부의 혼란을 만드는 방식이다.

다이내믹 명상은 격한 호흡, 카타르시스, 진언(mantra) 구호, 침묵, 그리고 축하 등 5단계로 구성되어 있으며 1시간에 걸쳐 진행된다. 이 과정은 먼저 호흡을 통해 내면의 에너지를 깨운 다음 카타르시스를 통해 마음과 가슴을 깊숙이 정화하여 빈 그릇처럼 만든다. 그리고 진언 "후(Hoo)"가 마음속에 울려 퍼지도록 하여 강렬하게 쿤달리니(kundalini) 에너지, 즉 잠자는 에너지를 깨우고 더 높은 신경 중심으로 올라가게 한다. 이렇게 하여 침묵과 행복을 함께 가져오고 주변의 모든 것과 연결되는 느낌을 가져오게 한다고 한다.

다이내믹 명상 참가자를 대상으로 실험한 연구 결과를 보면 혈장 코르티솔(cortisol) 수치를 크게 감소시켰고 진정과 항스트레스 효과를 가져온 것으로 나타났다. 작동 메커니즘은 주로 억압된 감정과 심리적 억제 및 트라우마를 방출한 것에 기인한 것으로 보고 있다. 따라서 스트레스나 이와 관련된 신체적, 정신적 장애를 개선하는 데 권장할 수 있을 듯하다. 그러나 효능을 입증하고 의학적으로 승인된 치료법이 되기 위해서는 더 많은 임상 연구가 필요할 것으로 보인다.

다이내믹 명상은 특별히 영적이거나 종교적인 수행이라기보다는 육체적 활동과 심신의 연결을 통해 자신과의 연결, 치유를 위한 변화와 감정에 관한 것이다. 명상을 통해 잠자고 있는 에너지를 동원하여 나태함을 떨쳐내고 감각을 일깨운다. 그리고 살아있고 역동적인 느낌을 줌으로써 내면적인 휴식의 공간에 도달하게 한다. 이 명상은 혼자서도 구루(guru)가 되어 원하는 방식으로 쉽게 시작할 수 있다. 또한 동적이기 때문에 활동적인 라이프 스타일을 선호하는 사람뿐만 아니라 과도한 업무처리나 에너지 소비로 인해 신체적인 활동이 부족하거나 정신적으로 지쳐있는 사람들에게도 많은 도움이 될 것으로 기대한다.

| CS·ASSURE 긍정심리교육: 다이내믹 명상 치유 관광 프로그램 구성원리 (Positive Psychotherapy 이론 적용프로그램)

회기	핵심요소	프로그램 회기	세부내용
1	긍정적인 정서의 경험	• 라포(rapport) 구축 • 강점 찾기 • 긍정 감정 활용	• 내담자와 긍정적 라포 구축 • 프로그램 소개와 만남
			• 다이내믹 명상 프로그램을 통하여 내면의 에너지를 깨우고 마음과 가슴을 깨끗이 하고 주변의 모든 것과 연결되는 행복한 상태에 도달
2	삶의 참여와 몰입을 통한 즐거움	• 용서(수용)하는 마음 갖기	• 부정적 생각이나 분노를 버리고 카타르시스를 경험하며 수용하는 마음 함양
		• 감사하는 마음 갖기	• 거대하고, 환상적인 황홀경을 가져오는 매 순간과 주위에 있는 모든 것에 대해 감사하는 마음 갖기
3	삶의 의미 발견을 통한 자기실현	• 내 안의 낙관성 증진	• 에너지가 몸 전체로 퍼지는 것을 느끼며 나에 대한 낙관성 갖기
		• 인생을 음미	• 삶의 기적, 내면의 기쁨을 공유하면서 삶을 음미
		• 사회 기여 • 사회 봉사	• 내면의 에너지가 더 높아질수록 세계와 연결되는 중심도 더 높아짐 • 사회에 대한 기여와 봉사에 배려
		• 행복한 인생을 위한 서약서 작성, 자기다짐	• 내면의 변화를 공유하고 음미하면서 내면의 기쁨, 삶의 기적을 축하하고 행복을 다짐

다이내믹 명상은 5단계로 구성되며 1시간 동안 진행된다. 다양한 단계로 안내하기 위해 특별히 작곡된 활기찬 Osho 명상 음악에 맞추어 수행한다. 다이내믹 명상은 에너지를 활성화하는 데 도움이 되고 하루 종일 그 에너지를 지닐 수 있기 때문에 아침에 연습하는 것이 좋다고 한다. 혼자서도 할 수 있지만, 여럿이 함께 하면 그 에너지가 더 강력해진다고 한다.

프로그램 진행

1단계

참가자들끼리 부딪치지 않고 자유롭게 이동하고 움직일 수 있는 넓은 공간을 마련한다. 프로그램에 사용할 음악은 Osho 홈페이지에서 다운받는다.

2단계

다이내믹 명상은 5단계에 걸쳐 한 시간 동안 음악에 맞추어 진행한다는 것을 알려준다. 이 명상은 개인적인 경험에 관한 것이기 때문에 주위 사람들을 의식하지 않도록 하고 필요하면 눈가리개를 사용하도록 하여 눈을 감도록 하는 것이 효과적이다. 요가와 달리 몸의 움직임을 통제하기보다는 몸을 자연스럽게 움직이도록 안내한다. 이 명상은 그간의 습관화된 낡은 심신 패턴을 깨는 것이기 때문에 명상을 하면서 자유로움을 경험하도록 하고 주의를 기울여 마음챙김을 하도록 한다.

3단계

다이내믹 명상의 첫 번째 단계는 아주 혼란스러운 호흡(chaotic breathing)으로 시작한다. 항상 날숨에 집중하도록 하고 호흡은 코로 아무렇게나 하도록 한다. 다이내믹 명상의 핵심은 불규칙한 호흡이다. 들숨은 몸이 알아서 할 것이기 때문에 가능한 한 빨리 그리고 조금 더 세게 숨을 내쉬도록 한다. 빠르게 숨을 쉬고 그 과정에서 모든 에너지를 사용한다. 그리고 자연스러운 신체 움직임을 활용하여 에너지를 축적하도록 한다. 에너지가 쌓이는 것을 느끼도록 10분 동안 혼란스럽고 빠르고 강렬하게 계속 호흡을 하도록 한다. 호흡 중에 어지러움을 느끼는 경우에는 잠시 휴식을 취하게 한 후 호흡을 시작하도록 하고 계속해서 강렬하게 호흡하도록 한다.

4단계

다이내믹 명상의 두 번째 단계는 카타르시스(catharsis)다. 버려야 할 모든 것을 버리라고 한다. 목소리와 몸짓을 사용하여 현재 느끼고 있는 감정을 표현한다. 완전히 화를 내거나, 비명을 지르고, 소리치고, 울고, 뛰고, 흔들고, 춤추고, 노래하고, 웃고 하면서 몸을 계속 자유롭게 10분 동안 움직이도록 한다. 약간의 연기를 곁들이면 시작하는 데 도움이 된다. 완전해지도록 일어나고 있는 일에 대해 마음이 관여하지 않도록 한다. 전적으로 몸의 움직임을 통해 에너지를 분출하고 카타르시스가 일어나게 한다. 표현할 것이 없다고 느끼는 참가자에게는 몸의 움직임을 강조하고 몸을 계속 움직이도록 하여 몸을 통해 감정을 표현하도록 한다.

5단계

세 번째 단계는 후(Hoo)! 하고 진언(mantra)을 하도록 한다. 팔을 들고 최대한 깊게 후(Hoo)!를 3번 외치며 그 자리에서 점프한다. 발바닥으로 착지할 때마다 배 깊은 곳에 후 소리가 나게 한다. 가지고 있는 모든 것을 주고, 완전히 지치도록 10분 동안 계속해서 점프한다. 에너지가 깨어나 몸 전체로 퍼지는 것을 느끼도록 한다.

6단계

네 번째 단계는 침묵(silence)이다. 갑자기 "멈춰!" 하면 참가자는 어떤 위치에 있든 그 자리에 얼어붙은 것처럼 꼼짝하지 않고 완전히 멈춘다. 어떤 식으로든 소리를 내거나 말을 하거나 움직이지 않고 자세를 고치지 않도록 한다. 기침, 움직임 등은 무엇이든 에너지 흐름을 분산시키고 노력을 실패하게 한다. 따라서 15분 동안 절대적인 침묵 속에서 몸, 감정, 마음에 일어나는 것을 살펴보도록 한다. 일어나는 모든 일에 증인이 되게 한다.

7단계

다섯 번째 단계는 축하(celebration)다. 네 번째 단계인 침묵이 흘러가고 나면 부드러운 음악이 들린다. 음악에 따라 15분간 춤을 추며 활력 에너지를 느끼면서 삶의 기적을 축하하고, 내면의 기쁨을 세상과 공유하며 모든 세계에 감사를 표한다. 여기서 체험한 행복을 하루 종일 지니고 다닌다.

8단계

다이내믹 명상은 깊은 내면의 변화를 가져올 수 있는 매우 강렬한 수행 방법이다. 5단계 명상이 끝나면 잠시 앉거나 누워서 경험한 명상 상태를 즐기면서 음미한다. 그리고 참가자들과 경험을 공유해 보도록 한다.

프로그램 평가

다이내믹 명상은 부정적인 생각이나 감정을 버리고 억압된 분노를 해소하여 활력을 증가시키고 깊은 휴식과 내면의 평화 상태에 도달하는 데 도움이 될 수 있다. 다이내믹 명상 참가자를 대상으로 마음챙김, 몸과 마음의 균형, 명료한 생각, 스트레스 수준 등에 대해 명상 전후의 변화를 꾸준히 측정하도록 한다.

3 어싱(Earthing) 치유 프로그램

프로그램 배경

어싱(Earthing)은 접지(grounding)로도 알려져 있는데 밖에서 맨발로 걷거나 전도성 시스템과 연결하여 실내에서 앉아 있거나 일하거나 잠을 자면서 지구 표면의 전자와 접촉하는 것을 말한다. 배전 시스템이나 정전기 방전, 피뢰침에서 사용되는 접지와 구분하기도 한다. 이러한 접지 시스템은 장비와 사용자를 보호하기 위해 다량의 전류 또는 전압을 땅으로 전도하도록 설계되어 있다.

인류 초기 조상들은 맨발로 걷거나 동물 가죽으로 만든 신발을 신고 걸어 다녔다. 이로 인해 지구의 풍부한 자유 전자가 몸속으로 들어갈 수 있었고, 그 결과 몸의 모든 부분이 지구의 전기 잠재력과 평형을 이룰 수 있었다고 한다. 그러나 지금은 고무 밑창이 달린 신발을 신고 다니기 때문에 단열재로 둘러싸여 있어 발아래 지구의 자연 전기장에서 나오는 풍부한 영양분인 지구의 전자(electrons)를 잃어버리고 있다. 과학이 발달하였음에도 대부분의 사람들은 자신의 몸과 지구 사이의 활기찬 전기적 연결에 대해 잘 인식하지 못하고 있으며 대부분 지구 표면과 단절된 채 살아가고 있다(Over, Sinatra & Zucker, 2010).

인간은 식물, 지구, 모든 동물과 마찬가지로 양전하, 음전하 또는 중성 전하를 가진 전기적 생명체로 지구와의 연결은 우리 몸을 치유할 수 있는 가장 좋은 방법 중 하나라고 한다. 지구와의 연결을 통해 대자연이 제공하는 모든 항산화 물질(antioxidants)을 거둬들일 수 있고 염증을 줄일 수 있다고 한다. 최근 과학적 연구에 따르면 지구의 전자는 통증 감소, 수면 개선, 자율신경계의 교감신경에서 부교감신경으로의 전환, 혈액 희석 효과 등 임상적으로 여러 가지 생리적 변화를 유도한다는 개념을 뒷받침하고 있다(Chevalier, Sinatra, Oschman, Sokal & Sokal, 2012). 반면에 전자가 지구에서 신체로 또는 그 반대로 흐르게 하는 지구의 연결 능력에 상대적으로 거의 영향을 미치지 않는다는 연구도 있다(Oschman, 2007).

또 다른 연구에 따르면 신체가 접지되면 지구에서 신체로 전자가 이동하여 신체 전위가 지구의 전위와 같아진다고 한다. 노벨상 수상자인 Richard Feynman은 신체 전위가 지구의 전위와 같아지면 신체는 지구의 거대한 전기 시스템의 연장선이 된다고 한다. 또 다른 연구는 지구 표면 전자를 미개발 건강 자원으로 보고, 지구를 "글로벌 치료 테이블"로 활용할 수 있다는 가능성을 제기한다. 최근 과학 연구에서는 접지가 살아있는 세포 사이의 중심 연결고리인 생체 매트릭스에 영향을 미친다고 하며 전기 전도성은 항산화제와 유사한 면역 체계 방어 기능을 하는 매트릭스 내에 존재한다고 한다. 이에 따라 접지를 통해 신체의 자연적인 방어력을 회복할 수 있다고 믿고 이에 대한 연구가 진행 중이다. 어싱의 창시자로 볼 수 있는 Clint Ober(2010)는 자신의 경험과 전문가들의 연구사례, 경험 등을 종합한 저서『Earthing: The Most Important Health Discovery Ever?』에서 다음과 같은 다양한 효과를 제시하였다.

어싱 효과

- 염증의 원인을 해소하고 많은 염증 관련 질환의 증상을 개선하거나 제거한다.
- 만성 통증을 줄이거나 제거한다.
- 대부분의 경우 수면을 개선한다.
- 에너지를 증가시킨다.
- 신경계와 스트레스 호르몬을 진정시켜 스트레스를 낮추고 신체의 평온함을 촉진한다.
- 신체의 생물학적 리듬을 정상화한다.
- 혈액을 묽게 하고 혈압과 흐름을 개선한다.
- 근육 긴장과 두통을 완화한다.
- 호르몬 및 월경 증상을 완화한다.
- 치유 속도를 획기적으로 높이고 욕창 예방에 도움이 된다.
- 시차를 줄이거나 제거한다.
- 잠재적으로 건강을 방해할 수 있는 환경 전자기장(EMF)으로부터 신체를 보호한다.
- 격렬한 운동 활동으로부터 회복을 가속화한다.

어싱 유형

- 맨발로 밖에서 걷기
- 바닥에 누워 있기
- 수영 또는 목욕하기
- 정원 가꾸기
- 접지 매트, 담요, 패치, 양말 사용

● 접지 장비

야외에서 접지할 수 없는 상황인 경우에는 접지 매트, 접지 시트나 담요, 접지 양말, 접지 밴드나 패치와 같은 장비를 사용하여 외부의 접지에 몸을 연결할 수 있다. 해외에서는 다양한 제품들이 소개되어 출시되고 있고 온라인으로도 판매되고 있다.

미국 Earthing Institute에서는 2일간 바닥에서 접지 수면을 취한 후 염증과 통증 부위가 감소한 이미지를 사진으로 보여주고 있다.

| CS·ASSURE 긍정심리교육: 어싱(Earthing) 치유 관광 프로그램 구성원리 (Positive Psychotherapy 이론 적용프로그램)

회기	핵심요소	프로그램 회기	세부내용
1	긍정적인 정서의 경험	• 라포(rapport) 구축 • 강점 찾기 • 긍정 감정 활용	• 내담자와 긍정적 라포 구축 • 어싱 프로그램 소개와 만남
			• 적극적인 경험 탐구 • 맞춤화된 프로그램 참여 • 자연과의 접촉을 통해 긍정정서 경험
2	삶의 참여와 몰입을 통한 즐거움	• 용서(수용)하는 마음 갖기	• 자연과의 연결을 통해 • 너그러운 마음과 수용성 함양
		• 감사하는 마음 갖기	• 치유의 정화 효과로 • 자신에 감사하는 마음 갖기
3	삶의 의미 발견을 통한 자기실현	• 내 안의 낙관성 증진	• 아름다운 자연 풍광을 보면서 긍정적인 느낌과 낙관성 회복
		• 인생을 음미	• 활력을 불어 넣는 어싱으로 자신의 삶을 음미
		• 사회 기여 • 사회 봉사	• 일상 습관을 바꾸는 마음챙김으로 사회에 기여하고 봉사
		• 행복한 인생을 위한 서약서 작성, 자기다짐	• 행복한 인생을 위해 내면의 평온함을 유지하고 강화하기 위한 자기 다짐

프로그램 진행

1단계

어싱은 맨발로 걷기 때문에 장소를 물색할 때 촉촉한 땅이 가장 좋지만 건조한 땅이나 모래 표면도 무방하다. 숲속 산책로, 공원, 황토길, 젖은 잔디밭, 해변 등 쉽게 접근할 수 있고 맨발로 걸을 때 위험하지 않은 안전한 장소를 선정하도록 한다. 해변은 모래와 바닷물이 혼합되어 있어 전도성이 좋기 때문에 접지하기에 가장 좋은 장소 중 하나이다.

2단계

참가자들에게 직접 또는 간접 접촉을 통해 지구의 에너지를 연결하는 어싱 유형과 원리에 대해 설명한다. 어싱을 통해 참가자들끼리 서로 연결될 수 있음을 느껴보도록 권유한다. 어싱의 효과에 대해서는 신체가 지구 표면의 전자와 접촉함으로써 신체의 자연적인 방어력이 회복될 수 있다는 것인데 이에 대한 연구가 진행 중임을 알려준다. 반대로 이러한 효과에 대해 부정적인 연구도 있음을 알려주도록 한다. 자연에서 하는 대부분의 접지 운동은 비교적 안전하지만 일부 만성 피로나 통증, 불안과 같은 증상에 대해서는 의학적인 처방이 우선할 수 있기 때문에 이러한 유형의 질환에 대해서는 의사와 먼저 상의하도록 한다.

3단계

어싱은 직접 또는 간접 접촉을 통해 행해질 수 있지만 참가자를 지구와 직접 다시 연결하는 데 중점을 둔다. 규칙적으로 접지를 할 수 있는 가장 쉽고 자연스러운 방법은 맨발로 산책을 하는 것이다. 맨발로 땅을 밟고 지구에 닿는 느낌을 즐기도록 한다. 지구와의 연결을 통해 마음이 편안해지고 긍정적인 정서가 생성되거나 마음이 너그러워지는 느낌을 가져 보도록 한다.

4단계

해변이나 젖은 모래밭을 맨발로 걸으면서 주변 자연 감각에 집중하고 기분이 좋아지거나 긴장된 근육이 이완되고 통증이 완화되는 것을 경험해 보게 한다. 또한 자신을 중심에 두고 불안한 생각과 감정이 줄어들고 정신 신경계가 서서히 진정되는 느낌을 받아 본다. 자연과 자신에게 감사하고 지구와의 연결과 에너지 흐름에 더욱 몰입해 보도록 한다. 약 30분에서 40분 정도면 스트레스 수준이나 통증의 변화를 느끼기에 충분하다고 한다.

5단계

아름다운 자연 경관을 즐기면서 지구와 연결된 자신을 성찰해 본다. 지구에서 몸으로 에너지가 전달되는 것에 감사를 표하고, 내면의 긍정적인 정서와 낙관적인 마음을 회복하는 시간을 갖도록 한다. 일상에서 벗어나 자연에서 시간을 보내는 것만으로도 스트레스 호르몬의 분비는 감소되고 마음이 안정된다고 한다. 어싱은 에너지를 접지하는 데 도움이 되지만, 의식적으로 지구와 더욱 접촉하고 몰입하도록 유도한다. 심호흡을 하며 발끝까지 신선한 공기를 들이마시도록 하고 스트레스와 불안은 접지를 통해 몸 밖으로 흘러나와 지구로 내려가도록 한다.

6단계

끊임없는 스트레스와 불안에 직면하게 되면 투쟁–도피(fight & flight) 반응이 나타나 교감 신경계가 작동하게 된다. 어싱은 통증과 스트레스를 줄이고 자율 신경계를 교감 신경계에서 부교감 신경계로 전환하여 일주기 리듬(circadian rhythm)을 정상화한다고 한다. 일상 습관에서 벗어나 어싱을 통해 자연이 부여하는 마음챙김을 수용한다. 주위 참가자들과 환경, 그리고 사회가 모두 연결되어 있음을 깨닫고 지구의 에너지와 평온함을 느끼면서 사회에 봉사하고 기여하는 마음을 가져본다.

7단계

접지 방법으로 맨발 걷기를 하면서 명상, 잔디밭이나 해변 모래사장에 눕기, 주변 자연의 소리 듣기, 흙이나 나무 만져보기, 마음 챙김 호흡, 정원 가꾸기 등과 같은 신체 활동 프로그램을 추가해 본다. 이를 통해 참가자들 간의 사회적 접촉이나 교감 기회를 늘리도록 한다.

8단계

프로그램이 끝난 후에도 그 효과를 지속적으로 누릴 수 있도록 자기 다짐을 한다. 일상생활에서 실천할 수 있도록 하루에 한두 번, 최소 20분 이상 주변 잔디나 모래 또는 흙이 있는 장소를 활용하여 걷거나 누워서 접지하는 것을 권장한다.

프로그램 평가

지구와의 접지는 신체에 활력을 불어넣고 자연과의 본질적인 연결을 회복하여 항산화 수치를 높이고, 면역 체계를 지원하는 등 만성 피로, 만성 통증, 불안과 우울증, 수면 장애 치유에 도움이 된다고 한다. 어싱을 시작하기 전과 끝난 후의 기분이나 불안 스트레스나 통증의 경감 정도를 체크해 본다. 심리치유평가 평가모형을 사용하여 사전 사후 평가를 한 달 정도 진행한 이후 결과를 상대 비교하고 부족한 부분을 보완하면서 점차적으로 개선해 나간다.

4 태극권(Tai Chi) 치유 프로그램

프로그램 배경

태극권은 서기 13세기경 중국에서 시작된 기공(Qi Qong)의 한 형태인데 전사들을 훈련시키기 위한 무술과 명상에서 시작되었다고 한다. 그리고 도교 철학이 수천 년 동안 중국 문화에 통합되면서 자연스럽게 태극권 발전에 영향을 미쳤다. 태극권은 중국 문파(Chen, Yang, Wu-Hao, Wu, Sun)에 따라 5가지 스타일이 있는데 이 중에서 양 스타일이 전 세계적으로 가장 많이 알려져 있다.

태극권은 움직임을 종합하고 음과 양의 기가 균형을 이루어 신체적, 정신적 건강을 증진시킨다고 한다. 태극권에서 양은 마음이고 음은 몸이다. 몸과 마음을 연결하여 양 에너지와 음 에너지의 균형을 맞추는 조화를 추구한다. 음과 양은 함께 완벽한 전체를 형성하는데 음양의 조화가 이루어지면 "기(Qi)" 또는 생명력을 느끼게 되고 활력과 에너지가 강화되는 변화가 일어난다고 한다. 느리고 부드러우며 충격이 적은 움직임으로 다리 힘과 근지구력 및 균형을 높이는 동시에 유연성과 조정력(coordination)을 키우고 고요한 정신 집중과 자세 정렬을 촉진한다. 태극권의 심신 원리에는 정신을 집중하는 센터링(centering)과 적절한 신체 역학에 의한 효과적인 행동, 그리고 조화로운 방식으로 움직이는 태극권 에너지를 포함하고 있다.

태극권은 편안하고 느린 움직임과 자세, 호흡에 초점을 맞추고 마음의 고요한 상태를 유지하는 명상 운동 요법이다. 그리고 스타일, 움직이는 속도, 체중 분리, 자세 유지 및 자세 높이 등으로 강도를 조절할 수 있어 남녀노소 누구나 즐길 수 있다. 또한 태극권은 안전하고 고급 장비가 필요하지 않으므로 쉽게 시작할 수 있고 어디서나 할 수 있으므로 효율적이고 경제적이다.

태극권의 심신 수련을 통해 많은 건강상의 문제를 예방하고 치료하거나 여러 가지로 건강을 증진시킬 수 있다는 연구가 늘어나고 있다. 전정 균형 장애, 골다공증, 만성

심부전, 심혈관 및 호흡기 질환, 비만, 만성 피로, 섬유 근육통 및 기타 자가면역 질환, 만성요통, 기타 통증관리, 인지 기능, 정형외과 및 신경학적 문제, 뇌졸중 및 뇌졸중 위험 요인, 우울증, 파킨슨병, 다발성 경화증 및 기타 만성 질환, 수면 장애 등이 이와 관련된 연구 분야들이다. 신체적 조건이나 건강상태에 따라 누구나 즐길 수 있는 움직이는 명상으로도 불리는 태극권을 통해 모두가 몸과 마음을 건강하게 하고 내면의 정신 에너지를 배양하는 혜택을 누리길 기대한다.

| CS·ASSURE 긍정심리교육: 태극권(Tai Chi) 치유관광 프로그램 구성원리 (Positive Psychotherapy 이론 적용프로그램)

회기	핵심요소	프로그램 회기	세부내용
1	긍정적인 정서의 경험	• 라포(rapport) 구축 • 강점 찾기 • 긍정 감정 활용	• 내담자와 긍정적 라포 구축 • 프로그램 소개와 만남
			• 태극권(tai chi) 프로그램을 통하여 내면의 정신 에너지를 키우고 몸과 마음을 건강하게 하여 행복한 상태에 도달
2	삶의 참여와 몰입을 통한 즐거움	• 용서(수용)하는 마음 갖기	• 부정적 생각이나 분노를 버리고 몸과 마음의 일체를 경험하며 수용하는 마음 함양
		• 감사하는 마음 갖기	• 부드러운 움직임과 자연스러운 호흡이 가져오는 몸과 마음의 건강과 함께 수행하는 동료와 주위에 있는 모든 것에 감사하기
3	삶의 의미 발견을 통한 자기실현	• 내 안의 낙관성 증진	• 기의 흐름과 내부 에너지가 생성되는 것을 느끼며 나에 대한 낙관성 갖기
		• 인생을 음미	• 삶의 기적, 내면의 기쁨을 공유하면서 삶을 음미
		• 사회 기여 • 사회 봉사	• 수련단계가 높아지고 기의 흐름에 대한 느낌이 좋아 질수록 사회에 대한 기여와 봉사에 배려
		• 행복한 인생을 위한 서약서 작성, 자기다짐	• 기의 흐름을 공유하고 음미하면서 내면의 기쁨, 삶의 기적을 축하하고 행복을 다짐

준비사항

- 태극권 수련을 위해 움직임을 제한하지 않는 편안하고 헐렁한 옷을 선택한다. 신발을 신거나 맨발로 연습할 수 있는데 신발을 이용할 경우에는 미끄러지지 않고 균형을 잡는 데 도움이 될 만큼 충분히 지탱해 줄 수 있는 밑창이 얇은 신발을 사용한다.
- 태극권을 시작하기 전에 수업을 듣는 것을 권장한다. 강사의 강습을 보고, 관찰하면서, 편안한 분위기와 라포를 경험해 본다.
- 태극권은 강사에 대한 표준 교육이나 자격증이 없기 때문에 전문적인 강사를 찾는 것이 쉽지 않을 수도 있다. 하지만 건강 문제나 조정력 및 체력 수준 등을 감안할 수 있는 경험 있는 강사를 찾는 것이 중요하다.
- 근골격계나 건강 상태에 문제가 있거나 현기증을 유발할 수 있는 약을 복용하고 있는 경우에는 시작 전에 먼저 의사와 상의한다.

수련지침

미국 태극권건강(Tai Chi Health)에서 제시한 태극권 수련 지침이다.

- 현재에 집중한다. 움직일 때 몸과 주변 환경에 대한 인식을 유지한다. 태극권은 정신적 집중과 신체적 행동을 결합하도록 훈련한다.
- 적극적으로 긴장을 푼다. 이는 움직이는 동안 편안한 내면의 고요함을 유지하는 것을 의미한다. 몸 전체를 인식하면서 근육을 최소한으로 사용하여 최고의 성능을 발휘하도록 한다.
- 자연스러운 자세를 유지한다. 머리를 똑바로 세우고, 등을 곧게 펴고, 어깨를 엉덩이 위에 정렬하고, 발을 편평하게 하여 몸을 꼿꼿이 유지한다.
- 호흡에 주목한다. 코를 통해 자연스럽게 호흡한다. 숨을 들이마실 때 배가 팽창하고 숨을 내쉴 때 수축되도록 배의 긴장을 풀어준다.
- 천천히 움직인다. 구부린 자세로 느리고 편안하며 지속적인 움직임을 통해 힘과 지구력을 키운다. 움직임이 느리고 낮을수록 근력과 지구력의 이점은 커진다.

- 한 발로 완전히 균형을 잡는 체중 분리를 한다. 이는 균형을 잡는 데 도움이 되고 다리 힘을 증가시킨다. 전환하거나 체중을 이동할 때 몸을 똑바로 유지하고 체중의 100%가 안정된 발에 얹혀 있는지 확인한다.
- 머리, 몸통, 골반을 다리와 발 위에 정렬된 하나의 "기둥"으로 생각하고 모든 팔과 손의 움직임은 이 "기둥"의 회전으로 시작된다. 코어 운동이라고도 불리는 이 동작은 태극권 특유의 자연스러운 동작 흐름을 만들어낸다.

태극권 프로그램

미국 태극권건강(Tai Chi Health)에서 시행하는 여러 프로그램 중 프라임 커리큘럼(Tai Chi Prime Class Curriculum)을 소개한다. 동 수업은 6주 동안 매주 2회, 90분 동안 진행되며 센터링(centering), 호흡 인식, 이완 및 흐름 등 전통적인 심신 기술 훈련이 포함되어 있다. 그 외에 가정 학습, 그룹 토론 등 다양한 학습 방식을 사용한다.

- **오프닝**: 오리엔테이션, 지난 세션 질문/답변 (5분)
- 유연성과 근력을 위한 준비운동 및 기본 동작 지침 (20~30분)
- **비공식 티타임**: 운동 휴식, 대화, 커뮤니티 구축 (10분)
- 기공 지도, 가정 연습 코칭, 다양한 주제에 대한 그룹 토론 (20~30분)
- 간단한 양(Yang) 스타일 형식의 지침 (20~25분)
- **마무리**: 가정 연습, 다음 수업 미리보기, 그룹 서클 알림 (5분)

프로그램 진행

1단계

태극권을 수행하기 위한 특별한 장소는 필요하지 않지만 참가자들끼리 부딪치지 않고 자유롭게 움직일 수 있는 실내나 실외 공간을 준비한다. 간단한 태극권은 약간의 공간(약 90㎝ x 120㎝)이면 혼자하기에 충분하며 여러 명이 할 경우는 이를 감안하여 장소를 선정한다. 수련하는 데 특별히 필요한 장비는 없고 헐렁하고 편안한 의복과 편평한 신발이나 맨발이면 충분하다.

2단계

참가자들에게 태극권 준비사항과 수련지침을 알려준다. 처음에는 작고 움직임이 느린 짧은 형태를 권장한다. 특히 나이가 많거나 건강 상태가 좋지 않은 참가자에게는 더욱 그러하다. 그리고 건강한 몸과 마음, 정신을 위한 에너지 배양뿐만 아니라 다른 사람과 상호 작용하는 공동체 의식을 함양할 수 있도록 참가자 간에 티타임이나 경험을 공유하는 시간을 갖는다.

3단계

처음에는 유연성과 근력을 키우고 준비운동과 기본적인 동작에 집중한다. 준비운동은 부상을 예방하고 태극권을 부드럽게 수행하는 데 필요하다. 어깨 힘을 빼고 서서히 어깨 원을 그리거나 머리를 좌우로 돌리거나 앞뒤로 흔드는 등의 동작으로 근육과 관절을 풀어준다. 허리 풀기 운동을 1~2분 정도 반복하고 목, 어깨, 팔, 다리를 회전에 포함시켜 움직임을 부드럽게 한다. 준비운동은 호흡과 몸에 집중하는 데 도움이 되고 편안한 자세와 웰빙 상태를 북돋운다.

4단계

다음 단계에서는 현재에 집중하고 자세유지 및 정렬, 호흡, 움직임, 체중분리 등 태극권의 기본 원리를 소개하고 하나씩 핵심 동작을 배우도록 한다. 태극권 형태와 동작, 강도는 아주 다양하고 익히는 데 상당한 시간이 소요되기 때문에 처음에 기초를 철저히 배우는 것이 중요하다. 약 20분 동안 지속적인 운동을 해야 신체의 혈액 흐름이 상당한 변화를 만들어 낼 수 있기 때문에 한 번에 20분 동안 수련을 하도록 한다.

5단계

하나의 기본적인 태극권 양식을 고수하고 수시로 참가자의 움직임과 정렬을 교정하면서 학습을 진전시키도록 한다. 수업 후에도 규칙적으로 수시로 연습할 수 있도록 한다. 매일 몇 분만이라도 태극권을 하면 신경계가 계속 이완되고 의식적으로 기의 흐름을 유지하는 데 도움이 된다. 규칙적인 리듬을 유지함으로써 자신의 라이프 스타일에 맞는 방식으로 수련을 쉽게 확장할 수 있도록 한다.

6단계

참가자들에게 수업 내내 일방적으로 따라오도록 하기보다는 서서 하는 동작 지도, 기공, 앉아서 하는 그룹 토론, 비공식적인 티타임 등 다양한 교육 방식을 활용하여 독립적인 학습을 할 수 있도록 유도하고 공동체 의식을 함양하도록 한다. 학습과 성찰, 움직임과 정지, 분석과 직관적 경험, 듣고 공유하기 등을 서로 엮어서 프로그램을 구성한다. 기본 원리를 더욱 발전시키면서 내부 에너지 생성과 호흡에 대한 인식과 신체적, 심리적 균형을 익히는 데 중점을 둔다.

7단계

태극권은 아주 심오해서 재능 있는 사람들도 시간이 지나야 학습이 제대로 이루어진다고 한다. 간략한 기본 강습을 통해 간단하고 짧은 형태의 준비운동과 기본 동작을 배우더라도 동작이 몸 깊숙이 작용하고 자신을 어떻게 변화시키고 있는지 느끼기까지는 상당한 시간이 걸릴 수 있다. 따라서 혼자 또는 그룹을 지어 매일 짧은 시간이라도 규칙적으로 무엇보다도 인내심을 갖고 태극권을 수련하도록 한다. 정기적인 강습을 연장해서 더 오랜 시간 할 수도 있고 하루 중 다른 시간에 할 수도 있지만, 처음 상당기간 동안은 5분씩 규칙적으로 연습하는 시간을 설정하는 것이 장기적인 발전에 엄청난 차이를 가져온다고 한다.

8단계

태극권의 느리고 부드러운 움직임과 고요한 호흡은 기의 순환을 촉진시키고 신경계를 이완시킬 뿐만 아니라 활성화시켜 온몸에 생기를 불어 넣어 주고 몸과 마음을 건강하게 한다. 이를 느끼기까지는 상당한 인내심이 필요하지만 의식적으로 이러한 기의 흐름을 느끼면서 이를 즐겨보도록 한다. 너무 완벽하게 하려고 하면 오히려 긴장을 유발하여 흐름이 중단될 수도 있기 때문에 많이 생각할 것 없이 그냥 즐기면서 하도록 한다. 이러한 즐거움은 수행을 심화시키고 기의 흐름을 더욱 자유롭게 해주어서 긍정적인 정서 형성에도 도움이 된다.

프로그램 평가

참가자들의 태극권 수행 상황을 측정해 본다. 수련한 기록과 집에서의 연습 시간도 함께 측정해보고 태극권을 즐기고 있는지를 알아보도록 한다. 이를 토대로 다음 단계로 진행하도록 한다. 태극권은 기의 흐름이라든가 긍정적인 신체적, 정신적 변화를 느끼는 데 상당한 시간이 걸리기 때문에 수행에 많은 인내심을 요구한다. 따라서 일상생활에서 변화된 사항을 세심하게 발견하고 기록하도록 할 필요가 있다.

5 하이킹(Hiking) 치유 프로그램

프로그램 배경

하이킹은 야외에서 상당 거리의 자연적인 지형을 걷는 신체 활동으로 예방적, 치유적 방식으로 정신적, 신체적 건강을 증진시킬 수 있는 경제적이고도 편리한 방법이다. 신선한 공기나 햇볕과 같은 자연 요소와 접촉하거나 신체 활동을 하면서 정신과 정서상의 건강을 회복하고 사회적으로 접촉하는 활동은 건강과 행복을 증가시킬 수 있다. 또한 수명에도 시너지 효과를 발휘할 수 있다. 다양한 지형의 경관을 보면서 걷는 것은 지구력과 힘, 그리고 조정력을 기르는 데 도움이 되고 심혈관 기능을 향상시킨다. 뿐만 아니라 마음과 기분을 좋아지게 하는 건강상의 이점이 있다.

워싱턴 트레일 협회(Washington Trails Association)에 의하면 야외에서 몰입하는 것은 주의 집중 시간을 늘리고 문제 해결 능력을 향상시키며 자신과 다른 사람들을 연결되게 한다고 한다. 스탠포드 대학교의 2015년 연구에서는 자연에서 보내는 시간은 정신 질환과 연결된 뇌의 부위를 진정시키고, 부정적인 사고 패턴으로 마음이 기울어지는 경향을 감소시킨다는 것을 발견하였다고 하며, 다른 연구에서는 야외 활동이 긍정 감정과 에너지와의 상관관계가 크고 긴장이나 분노, 우울감과는 상관관계가 더 적다고 한다.

자연과 관련성이 더 많은 사람들은 더 큰 마음 챙김과 전반적인 심리적 웰빙을 보여준다고 하며 자연적인 특징이 있는 장소에 있으면 감정적인 우울증을 일부 치료할 수 있다고 한다. 그리고 절망감이나 우울증 및 자살에 대한 생각 등이 줄어들게 하는 정서적인 이점을 확인하였다. 또한 하이킹을 통한 정기적인 지구력 훈련은 자살 고위험군의 위험 요소를 감소시키는 효과적인 수단이 될 수 있음을 시사하고 있다. 하이킹은 칼로리 소모, 심장 강화, 혈당 감소, 관절 통증 완화, 면역 기능 향상, 에너지 증진, 정신 건강(불안, 우울증, 부정적 기분 감소), 수명 연장, 다리 근육 강화, 창의적 사고, 기타 체중 촉진 유전자들의 효과 감쇄, 설탕이 든 간식에 대한 욕구 감소, 유방암 위험 감소 등 다양한 효과가 있다고 한다.

| CS·ASSURE 긍정심리교육: 하이킹(Hiking) 치유관광 프로그램 구성원리 (Positive Psychotherapy 이론 적용프로그램)

회기	핵심요소	프로그램 회기	세부내용
1	긍정적인 정서의 경험	• 라포(rapport) 구축 • 강점 찾기 • 긍정 감정 활용	• 내담자와 긍정적 라포 구축 • 프로그램 소개와 만남
			• 하이킹 코스에 대한 설명을 듣고 하이킹 코스를 이해하는 단계
2	삶의 참여와 몰입을 통한 즐거움	• 용서(수용)하는 마음 갖기	• 하이킹 지형에 대한 친근감으로 대자연과 동화되는 체험을 체득
		• 감사하는 마음 갖기	• 대자연의 존재에 대해 참가자들과 공감하면서 대자연에 감사
3	삶의 의미 발견을 통한 자기실현	• 내 안의 낙관성 증진	• 대자연과의 몰입에서 삶에 대한 낙관성 증진
		• 인생을 음미	• 대자연과의 몰입을 통해 자아실현을 체험하면서 인생을 음미
		• 사회 기여 • 사회 봉사	• 낯선 참가자들과 형성된 호혜적인 상호네트워크를 통해 지역에 도움이 되는 봉사
		• 행복한 인생을 위한 서약서 작성, 자기다짐	• 하이킹 인증 카드 발급을 통하여 경험을 회상하고 자아존중감과 효능감을 느끼면서 행복으로 승화

프로그램 준비

준비사항

- 하이킹 코스 찾기
- 준비물 체크

– 지도

– 등산화, 등산 폴대

– 모자, 자외선 차단제

– 물, 음식 및 간식

– 헐렁하고 편안한 옷

– 곤충과 진드기 방지제

– 응급 처치 키트

코스별 배낭 크기

– 당일 하이킹: 약 15~20리터의 경량 배낭

– 1박 2일 하이킹: 통풍이 잘되는 약 25~35리터의 배낭

– 장기간 하이킹: 캠핑 장비와 요리 장비를 넣을 수 있는 40~50리터의 배낭

하이킹 인증카드

– 사전에 참가자의 활동 수준을 파악하기 위한 하이킹 인증 카드를 만들어서 참가자 이름, 하이킹 지역, 참가 프로그램, 활동량, 참가자 질환, 날짜 및 서명 등을 기입하도록 한다.
참가자가 다음에 다시 방문하거나 사후평가를 위해 이를 기록하고 관리한다.

– 하이킹 인증카드를 통해 정기적인 신체 활동에 대한 지침을 충족하도록 도울 수 있고 동시에 자연 환경에서 시간을 보내면서 얻을 수 있는 다양한 건강상의 이점들을 활용할 수 있다. 그리고 지형의 난이도와 개인의 신체조건에 따라 걷는 속도를 조절하는 데 활용한다.

프로그램 진행

1단계

하이킹 코스 지형, 자연생태 환경, 역사 문화자원, 그리고 자연환경 보호 등을 조사하고 하이킹에 수반되는 기본적인 준비물을 점검한다. 참가자의 나이와 신체 조건에 맞는 코스를 선정하고 하이킹 시간, 거리 등에 대한 목표를 설정한다. 하이킹에 소요되는 걸음걸이와 시간을 스마트폰과 같은 추적기로 측정하도록 한다. 이를 바탕으로 지도를 공유하면서 하이킹 코스의 난이도, 소요시간, 휴식공간, 편의시설, 하이킹 주의사항 등을 설명한다. 그리고 올바르게 걷는 방법에 대해 전문적인 교육을 실시한다.

2단계

참가자 간의 만남이 교감과 공감을 형성하는 중요 계기가 되기 때문에 라포를 형성할 수 있는 간단한 소개 인사를 한다. 참가자가 많으면 조를 편성하고 조별로 참가자들 간에 가급적 보조를 맞추도록 한다. 부상 예방을 위해 기본적인 준비운동을 실시하여 몸을 따뜻하게 한다. 대부분의 시간은 참여자가 자율적으로 코스를 걷도록 하고 대자연이 선사하는 신선한 공기를 마시면서 여유롭게 야생 동식물, 나무, 야생초 등을 보면서 서서히 자연에 동화되도록 유도한다.

3단계

코스 중간에 휴식 공간을 활용하여 참여자의 다양한 체력 상황을 점검하고 코스가 각자의 신체적 여건에 적합한지 평가해 본다. 자연이 주는 치유 효과를 충분히 누리기 위해서는 자연환경이 매혹감을 유발하고, 일상에서 벗어난 느낌, 보고 경험할 수 있는 충분한 공간, 그리고 환경과 개인의 성향 간에 적합성 등이 있어야 하는데 참가자의 반응을 통해 하이킹 코스가 이러한 자연 요소를 구비하였는지 살펴보고 충족된 정도를 등급으로 평가한다. 이러한 과정을 통해 다양한 참여자의 취향을 충족시키고 모두가 참여할 수 있는 세부 프로그램을 구성한다.

4단계

참가자의 신체적 여건에 따라 하이킹을 하면서 자연이 주는 치유 효과를 즐기도록 한다. 자연과 일체가 되어 공감하는 시간을 보내면서 얻는 정신적, 신체적인 건강상의 이점에 대해 감사하는 시간을 갖는다. 하이킹에 더욱 빠져들게 되면 자의식을 잃고 시간이 멈추는 것과 같은 몰입(flow)을 경험할 수도 있는데 이를 체감할 수 있도록 신체적 여건을 감안하여 도전 단계를 높이는 것도 고려해 본다.

5단계

하이킹에 필요한 도전이나 기술이 높아지면 이를 즐길 뿐만 아니라 새로운 기술을 배우고 자존감을 증가시키면서 자신의 능력을 확장하게 되는 최적의 경험을 하게 된다. 이러한 자아실현을 통해 그간의 삶을 긍정적으로 평가하면서 인생을 음미해 보는 시간을 갖는다. 이러한 몰입은 웰빙과도 밀접한 관계가 있다. 자연에 몰입할 수 있는 환경 여건과 하이킹 구간별 난이도 등을 평가하여 참가자 취향에 맞는 프로그램을 구성한다.

6단계

하이킹 시간이 지나감에 따라 자연을 중심으로 자기 자신, 그리고 다른 낯선 참가자들 간에 서로 연결되는 교감을 공감하면서 참가자들 간에 연결이나 소속감 등이 형성되게 한다. 참가자가 많은 경우 조별 특성에 따라 다르긴 하지만 조별로 편성하면 참가자들 간의 공감 능력이 더 좋아질 수 있다. 하이킹 중에 만나는 사람들과 반갑게 인사하도록 유도하고 지역 주민들과도 교류하면서 호혜적인 상호작용이 이루어지도록 한다.

7단계

하이킹을 하면서 다양한 사회적 배경을 가진 참가자들과의 호혜적인 상호작용은 사회적 유대감과 타인에 대한 신뢰를 형성하고 자아감을 제고하는 데 도움이 된다. 하이킹 코스 인근에 지역음식이나 행사 등이 있을 경우 이를 프로그램에 포함시켜 참가자들 간의 사회적 접촉이나 교감 기회를 늘리도록 한다. 과수원 체험, 농작물 수확 봉사 등과 같은 지역의 특화된 관광자원과 연계하여 치유를 체험할 수 있는 차별화된 프로그램을 구성하는 데 참고하도록 한다.

8단계

참가자들은 즐겁거나 새롭고 재충전하는 경험, 심미적인 자연 감상, 그리고 의미 있는 어떤 것을 경험하거나 몰입할 때 이를 기억할 가능성이 더 높다. 이는 개인의 행복에 기여하고 가족이나 사회생활과 같은 다른 삶의 영역에도 영향을 미친다. 더 나아가 사회적인 웰빙에도 더욱 영향을 미칠 수 있다. 하이킹 인증카드를 발급해주거나 이러한 순간을 담은 사진 등을 공유해서 하이킹을 통해 형성된 자아존중감과 삶에 대한 긍정적인 기억을 회상하는 데 도움을 주도록 한다.

프로그램 평가

하이킹을 하면서 신선한 자연의 공기를 들이마시거나 자연경관을 감상하면서 마주치게 되는 야생 동식물 등 모든 활동이 가치가 있다. 하이킹은 코스 길이나 지형의 난이도에 상관없이 참가자들의 신체적 건강뿐만 아니라 정신적 건강도 크게 향상시킬 수 있다.

하이킹 코스가 가진 매혹감은 계절에 따라 다를 수 있기 때문에 계절별 자연 경관도 고려하여 종합적으로 평가해서 프로그램을 재구성하는 데 참고한다. 코스 중간에 휴식 공간이 있을 경우 명상이나 피트니스 과정을 추가하여 몸과 마음을 재충전하거나 창의적인 아이디어가 떠오르면 이를 기록하도록 하여 하이킹의 창의적 효과를 평가하는 데도 활용하도록 한다.

또한 참가자들이 하이킹에 몰입하고 치유효과를 극대화하기 위해 참가자의 체력 요인을 감안하여 단계적으로 난이도가 높아지도록 목표를 설정하고 이를 도달하게 함으로써 자기 성취감을 체득하도록 유도할 필요가 있다.

6 노르딕(Nordic) 워킹 치유 프로그램

프로그램 배경

노르딕 워킹(nordic walking)은 크로스컨트리 스키 선수들이 여름에 훈련할 수 있는 방법으로 1900년대 초 핀란드에서 처음 등장하였다. 당시 스키 폴을 사용하여 상체와 다리를 운동시키는 비수기 스키 훈련을 위해 개발된 '스키 워킹'이 노르딕 워킹으로 발전되었다. 노르딕 워킹은 특별히 설계된 한 쌍의 노르딕 워킹 폴을 사용해서 규칙적이고 자연스럽게 걷는 신체 활동이다. 생체 역학적으로 올바른 보행과 적절한 자세의 특성을 유지하여 자연스럽게 걷기 경험을 향상시킨다. 클래식 크로스컨트리 스키의 상체 동작과 유사한 기술을 사용하는 노르딕 워킹은 저강도, 중강도, 고강도 등 다양한 수준에서 즐길 수 있다. 국제노르딕워킹협회(INWA)는 노르딕 워킹이 안전하고 자연스러우며 역동적이고 효율적이어서 모든 사람에게 적합한 신체 활동이라고 한다. 무엇보다도 전체론적이고 대칭적이어서 균형 잡힌 방식으로 신체를 단련시킨다고 한다. 노르딕 워킹의 전반적인 목표는 전반적인 신체적, 정신적 건강이다.

노르딕 워킹은 운동하는 것처럼 느껴지지 않고 공원이나 야외에서 연중 재미있게 즐길 수 있는 사교적인 활동이다. 전 세계적으로 천만 명이 넘는 사람들이 노르딕 워킹으로 야외 활동을 즐긴다고 하는데 전국 각지에 있는 노르딕 워킹 협회나 동아리에 가입하여 사교 범위를 넓힐 수 있다.

하버드 의학전문대학에 의하면 노르딕 워킹은 일반 걷기를 하는 것보다 칼로리를 18~67%나 더 많이 소모한다고 한다. 노르딕 워킹은 체지방, 나쁜 콜레스테롤 및 중성지방, 허리둘레, 우울증, 불안, 만성 통증 등을 감소시키고 좋은 콜레스테롤을 늘려줄 뿐만 아니라 지구력, 근력 및 유연성, 보행 거리, 심혈관 건강 및 삶의 질을 좋게 해준다고 한다. 또한 자세와 보행을 개선하고 허리와 복부 근육을 강화할 수 있으며 목과 어깨의 긴장을 풀어주고 관절에 미치는 영향은 줄여준다. 노르딕 워킹은 기존 걷기에 비해 근력 측면에서 여러 가지 이점을 제공하므로 단시간에 유산소 능력과 근력은 물론 기타 기능적 피트니스 구성 요소를 향상시키는 데 적합하다.

노르딕 워킹 기술은 자격을 갖춘 전문 강사에게서 올바른 자세와 동작을 익히는 것이 전체적인 건강에 많은 도움이 된다. 우리나라에서는 한국노르딕워킹연맹, 국제노르딕워킹협회 등에서 전문가를 양성하는 교육과정을 운영하고 있으며 일반인을 대상으로 교육도 실시하고 있다.

| CS·ASSURE 긍정심리교육: 노르딕 워킹(nordic walking) 치유관광 프로그램 원리 (Positive Psychotherapy 이론 적용프로그램)

회기	핵심요소	프로그램 회기	세부내용
1	긍정적인 정서의 경험	• 라포(rapport) 구축 • 강점 찾기 • 긍정 감정 활용	• 내담자와 긍정적 라포 구축 • 프로그램 소개와 만남
			• 노르딕 워킹에 대한 설명을 듣고 노르딕 워킹에 대한 기초 기술을 습득하는 단계
2	삶의 참여와 몰입을 통한 즐거움	• 용서(수용)하는 마음 갖기	• 노르딕 워킹을 통해 자연 환경과 동화되는 체험 체득
		• 감사하는 마음 갖기	• 노르딕 워킹을 할 수 있는 자연환경과 워킹으로 인한 건강상의 혜택에 대해 감사
3	삶의 의미 발견을 통한 자기실현	• 내 안의 낙관성 증진	• 노르딕 워킹에 몰입하는 과정에서 삶에 대한 낙관성 증진
		• 인생을 음미	• 노르딕 워킹을 하면서 자아실현을 체험하고 인생을 음미
		• 사회 기여 • 사회 봉사	• 노르딕 워킹에 마음챙김이나 감사하는 마음을 실행하는 프로그램을 통해 자연환경을 소중히 하고 사회 봉사로 확대
		• 행복한 인생을 위한 서약서 작성, 자기다짐	• 노르딕 워킹 참가 활동을 기록으로 보관하면서 경험을 회상하고 자기실현감을 행복으로 승화

프로그램 준비

준비사항

- 개인에게 적합한 노르딕 워킹 폴
- 편안한 경등산화나 트레일용 운동화
- 편안한 복장
- 모자와 자외선 차단제
- 소규모 배낭과 물, 간식 등

기본자세

노르딕 워킹에 기본적인 ALFA 테크닉을 익혀서 활용하도록 한다. ALFA 테크닉은 노르딕 폴을 들고 걸을 때 따라야 할 올바른 자세와 동작 유형을 나타낸다.

» A – 올바른 자세(Appropriate posture)

가슴과 허리를 똑바로 펴고 올바른 자세를 취하면 부상을 예방하고 전반적인 자세 개선에 도움이 된다. 올바른 자세는 허리와 목에 가해지는 압력을 줄여주고 척추를 편안하게 해주어 상체와 코어 근육이 제대로 작동하게 해준다.

» L – 긴 팔(Long arm)

긴팔은 폴을 앞으로 밀 때 팔을 완전히 뻗어 가능하면 많은 근육을 사용하는 것을 의미한다. 팔을 길게 뻗으면 더 많은 근육, 특히 상체 근육이 활성화되어 전반적인 체력과 건강을 향상시키는 데 도움이 된다. 단, 이로 인해 유연성이 저해되지 않도록 조심한다.

» F – 플랫 폴(Flat poles)

플랫 폴은 지면과 이루는 노르딕 워킹 폴의 각도와 위치를 나타낸다. 폴을 지면과 약 60도 각도로 잡고, 팔을 뻗을 때 폴이 뒤쪽을 향하도록 한다. 폴을 평평하게 잡고 익숙해지면 폴을 더욱 효과적으로 사용할 수 있게 되어 운동량을 높일 수 있다. 플랫 폴은 훈련 효과를 극대화하고 부상을 방지하는 데 중요하다.

» A – 적절한 보폭(Adapted stride length)

개인의 신체 조건이나 주위 환경에 따라 적절한 보폭을 결정하는 것이 중요하다. 보폭이 너무 길면 넘어질 수 있고, 보폭이 너무 작으면 운동 효과가 떨어질 수 있다. 적절한 보폭은 운동 강도를 결정하고 관절에 가해지는 스트레스를 최소화하는 데 도움이 된다. 워킹 경험이 늘어나면서 각자 편안하고 효율적으로 걸을 수 있는 안정적인 리듬을 찾도록 한다.

프로그램 진행

1단계

노르딕 워킹에 적합한 코스를 선정하고 기본적인 준비물을 점검한다. 날씨 상황을 염두에 두고 참가자의 연령과 신체 조건에 맞게 코스를 선정하고 시간, 거리 등에 대한 목표를 설정한다.

2단계

노르딕 워킹 이론, 올바른 자세 및 보행, 노르딕 워킹 기초 기술(폴 사용방법, 폴 스트랩 이용 손동작, 폴을 사용한 균형 등)에 대하여 오리엔테이션을 한다. 노르딕 워킹을 하기 전에 반드시 준비운동을 해서 몸을 따뜻하게 하고 부상을 예방하도록 한다. 워킹 중에 탈수 예방을 위해 수시로 물을 마시도록 한다.

3단계

노르딕 워킹은 동호회를 구성하거나 전문 교육과정에 참여하여 사회적 네트워크를 넓히는 기회가 될 수 있다. 참가자 간 간단한 소개 인사를 통해 라포를 형성할 수 있는 시간을 갖도록 한다.

4단계

먼저 올바른 자세를 유지하고 짧은 거리를 보행하는 것으로 시작한다. 노르딕 워킹은 일반 걷기보다 더 많은 근육을 사용하고 칼로리도 훨씬 많기 때문에 이러한 올바른 걷기를 통해 새로운 운동에 익숙해지도록 한다. 교육받은 노르딕 워킹 기술을 활용하여 각자의 속도에 맞추어 걷도록 한다. 각자 워킹 기술 습득이나 신체조건이 다양할 수 있기 때문에 특정 참가자가 뒤처지는 느낌이 들지 않도록 한다.

5단계

노르딕 워킹 기술을 익히고 편안하게 느껴지면 좀 더 거리를 늘리거나 다양한 코스를 포함하도록 한다. 가파르거나 지형이 다양한 도전적인 코스를 선택해서 노르딕 워킹 시간을 늘리도록 한다. 그리고 걷는 동안 아프거나 피로감을 느끼기 시작하면 중단하도록 한다.

6단계

참가자의 연령과 건강 상태를 고려하여 각자 달성하고 하는 적절한 목표를 설정하도록 하고 스스로에게 동기를 부여하여 즐기도록 한다. 그리고 설정한 목표와 달성한 상황을 기록으로 남기도록 한다.

7단계

노르딕 워킹은 야외에서 새로운 사람들과 만나서 교류하고 서로에게 동기를 부여할 수 있는 좋은 활동 방법이다. 낯선 사람들과 만나서 함께 야외를 걷다보면 서로 대화를 하게 되고 자연과 교감하면서 더욱 노르딕 워킹에 몰두할 수 있는 계기가 될 수도 있다. 코스 중간에 참가자들과 상호 교류하는 시간을 갖도록 하여 고립감을 줄이고 더욱 즐겁고 의미 있는 프로그램이 되도록 한다.

8단계

노르딕 워킹은 일년 내내 거의 어디서나 할 수 있는 활동이다. 거주 지역을 벗어나서 산이나 강, 바다 등 자연 환경이 수려한 곳에서 한다면 더 많은 즐거움과 신기성을 경험할 수 있고 정신건강과 웰빙에도 긍정적인 영향을 줄 수 있다. 노르딕 워킹을 마치고 참가자들과 마무리하는 시간을 갖도록 하고 참가자들의 활동실적을 기록으로 보관한다. 다음 프로그램 진행을 위해 새로운 장소나 멋진 자연을 감상할 수 있는 코스를 고려하거나 마음챙김, 감사하는 마음, 쓰레기 줍기 등을 프로그램에 반영하는 것을 검토한다.

7 세도나(Sedona) 치유관광 프로그램

프로그램 배경

신비의 땅 세도나(sedona)는 지구상에서 가장 마술적인 공간으로 영적인 평온함과 마음의 평화와 진정한 나를 찾아 떠나는 전 세계 수많은 사람들이 찾고 싶어 하는 치유관광의 1번지이다. 아무도 살지 않는 지평선까지 이어지는 황갈색 돌과 사막, 선인장들로 이어지고 붉은색 바위산이 하늘을 향해 즐비하게 늘어선 영험한 자연공간이다.

특히 맑은 날 청명하게 눈부신 하늘과 붉은 바위 그리고 점점이 흩어져 있는 녹색 식물들의 조합이 겹쳐지는 풍광은 도시 공간에서 도저히 상상할 수 없는 환상적인 분위기 그 자체이다. 사실, 현장에 가보면 이러한 세도나의 풍경을 보는 것만으로도 치유를 받는 기분에 빠져들게 만든다.

세도나 치유 에너지(vortex)

힐링의 땅 세도나는 해발 1,300m에 위치하며 그랜드캐년에서 2시간, 피닉스 공항에서 자동차로 2시간 거리의 북쪽에 있으며 아리조나주 중심에 위치한다. 세도나의 역사는 수백만 년 전으로 거슬러 올라가며 당초에 내륙 해수가 증발하면서 에너지를 머금은 철분이 풍부한 바위가 형성되고 침식, 풍화, 태양에 그을린 바닥 암석과 바위들이 강력한 치유 에너지를 갖게 된 것으로 보고 있다.

오랜 기간 이곳에 정착해오던 원주민 야바파이 아파치(Yavapai– Apache)들이 이곳을 영적인 수호의 공간으로 대대로 애착을 갖고 보존하여 왔다. 이곳의 대표적인 보인톤 캐년(Boynton Canyon) 원주민 인디언들은 마을에 사고가 있거나 우환이 있을 때 만물을 상생한 세도나의 어머니 붉은 종바위(bell rock)에 부족의 기원을 드리며 대대로 자연 치유를 해왔다.

세도나의 형이상학적이고 영적인 자연 바위 공간은 전 세계 사람들이 수없이 찾아와 치유와 자신을 찾아가는 치유의 공간으로 정평이 나 있다. 누구나 치유관광을 원한다면 한 번쯤 방문하여 여유롭게 머물면서 세도나의 풍광에 안겨 심신의 평화와 에너지를 재충전하길 강력하게 추천한다.

이 장에 소개되는 에너지(Vortex) 치유관광 프로그램은 세도나에 위치한 에너지 치유휴양소에서 보편적으로 운용하는 방식이다. 이곳에서는 주로 당일과정, 숙박 프로그램, 장기 투숙 프로그램들이 있으며 본 장에서는 당일 과정을 근간으로 긍정심리이론과 융합하여 서술하였다.

| CS·ASSURE 긍정심리교육: 세도나 에너지(vortex) 치유관광 프로그램 원리 (Positive Psychotherapy 이론 적용프로그램)

회기	핵심요소	프로그램 회기	세부내용
1	긍정적인 정서의 경험	• 라포(rapport) 구축 • 강점 찾기 • 긍정 감정 활용	• 내담자와 긍정적 라포 구축 • 세도나 프로그램 소개와 만남
			• 적극적인 관계 개선 • 주위 지인들 모임 적극적 참여 • 바디스캐닝으로 긍정적인 감정유지

2	삶의 참여와 몰입을 통한 즐거움	• 용서(수용)하는 마음 갖기	• 적극적인 관계 부정적인 생각 탈피, 받아들이는 수용성 함양
		• 감사하는 마음 갖기	• 자애·자비명상으로 자학에서 벗어나 자신에 감사하는 마음 갖기
3	삶의 의미 발견을 통한 자기실현	• 내 안의 낙관성 증진	• 세도나 자연의 평온한 풍광을 보면서 긍정적인 느낌과 낙관성을 회복
		• 인생을 음미	• 수백만 년의 세월 속에 풍화, 침식되어온 세도나의 자연에서 자신의 삶 음미
		• 사회 기여 • 사회 봉사	• 나의 긍정적인 자세와 마음으로 대자연에 겸손하며 자연봉사하는 마음 갖기
		• 행복한 인생을 위한 서약서 작성, 자기다짐	• 에너지(vortex) 충만한 기운으로 행복한 인생을 느낌

따라서 본 장에서 소개하는 프로그램은 세도나 지역에서 가장 인기 있는 프로그램이다. 다만, 해외에서 세도나 현지를 방문하여 치유관광 프로그램을 체험할 수도 있으나 국내에서 돌산으로 유명한 바위산 혹은 해변의 모래사장이나 몽돌해변을 근간으로 치유농업, 산림치유전문가, 심리치유사 등 치유전문가들이 과정을 재해석하여 운용하면 활용도가 높은 치유관광 프로그램이 될 수 있다.

프로그램 진행

1단계

세도나 치유휴양지에 도착 후 여장을 풀고 치유 프로그램 참여자를 위하여 준비된 치유 프로그램 복장으로 갈아입고 인디언 전통가옥의 거실에 모인다. 그리고 프로그램 운영 코치의 지도에 따라서 처음 혹은 지인이라도 새로운 마음으로 라포를 형성하며 교감을 이루는 과정이다. 또한 프로그램 사전 평가를 위하여 자신의 심리, 정서 상태에 대한 기본적인 사항을 묻는 실명이 기재된 설문 자료를 프로그램 담당 치유사는 사전에 확보하고 최종 사후 평가 자료를 위하여 보관한다.

2단계

대체적으로 5~10명 정도의 소그룹으로 운영하며 긍정적인 마음으로 자신과 참여자를 인식하며 프로그램에 임하는 것이 기본이다. 치유코치는 세도나의 기존 치유 프로그램에 긍정심리이론을 적용한 8단계별 기법에 유의하여 자연스럽게 운용한다. 여기서 특이한 사항은 CS · ASSURE의 단계별 심리적 긍정심을 유발하게 하는 기법을 기술적으로 자연스럽게 적용하는 것이 관건이다.

3단계

치유 관광프로그램 참여자가 함께 치유휴양소 뒤편 가까운 붉은 바위 산 중턱 너럭바위에 일단 모여 앉는다. 먼저 긍정심리 이론을 적용한 프로그램 진행에 대한 개괄적인 안내를 듣고 각자 편한 자리에서 개인 거리를 유지하며 편안하게 자리를 잡고 누워서 하는 바디 스캐닝(body scanning)을 위한 마음의 준비를 한다.

사실, 오후에 달구어진 "세도나 바위 위에 눕는 것만으로 온몸에 긴장과 통증이 풀리면서 스트레스가 저절로 물러나는 것 같다"는 세도나 에너지 치유 관광프로그램에 대한 절대적인 평가가 수없이 많다. 그 정도로 세도나의 기(氣: vortex)의 에너지는 색깔과 온도에 따라 폭발적인 자연 치유력을 가지고 있는 영험한 자연공간이다.

4단계

하늘을 향하여 누어서 하는 세도나식 바디 스캐닝은 특유의 강렬한 붉은색 바위에서 나오는 에너지(vortex)를 첫인상으로 느끼게 된다. 이때 자신의 내면에서 일어나는 부정적인 생각에 집착하지 말고 마음챙김(mindfulness)을 하면서 관조하게 한다. 본격적인 스캐닝에 들어가기 전에 모든 참여자들의 마음이 과거나 미래가 아닌 지금 여기(here & now)에 있도록 진행치유사는 부드럽게 유도하여 전체의 마음을 한 방향으로 향하게 한다.

5단계

전 단계에서 정서적으로 마음을 준비시킨 상태에서 발가락 끝에서부터 시작하여 발목, 종아리, 무릎, 허벅지, 아랫배, 배, 윗배, 가슴, 팔, 목, 안면, 이마, 정수리에 이르는 자신의 신체 전체에 에너지 흐름에 맞추어 의식을 옮겨가며 마음 챙김을 한다. 통증이 있거나 불편함이 있는 곳도 집착하지 않고 바라보며 자신의 전신에 대하여 편안한 의식을 갖고 신체부위를 순서에 따라 옮겨 가면서 인식한다.

기본적인 스캐닝을 완료한 후 자리에 좌정하고 4 · 7 · 8호흡(4초간 흡입, 7초간 무호흡, 8초간 천천히 내뱉음) 3~4세트로 안정된 호흡을 하는 시간을 가진다. 연이어 다음 수순으로 타인의 건강과 행복을 기원하는 이타적인 마음 갖기를 위해 나를 보살펴 주는 가까운 가족과 지인들을 위하여 그들의 안녕을 소망하는 자비명상(compassion meditation)을 5분 정도 순차적으로 실행한다.

6단계

이번 단계의 핵심은 자애명상(loving-kindness meditation)을 체험하는 순서이다. 늘 수고를 아끼지 않는 자신에 감사하는 자애명상은 자존감이 떨어진 현대인에게 참으로 유용한 명상으로 자학이나, 좌절감, 후회감으로 번아웃된 감정 노동자나 만성 스트레스에 시달린 사람들에게 유효한 명상이다. 전 단계인 자비명상 혹은 6단계인 자애명상을 선택적으로 행하는 경우도 있으나 가급적 5, 6단계를 순차적으로 운영하는 것이 치유효과를 증진하고 특히 우울증상을 줄여주어 삶의 만족도를 전반적으로 높이며 사고방식을 긍정으로 전환하는 데 효과적인 치유 프로그램 단계이다.

7단계

이번 단계에서는 6단계를 통하여 모은 에너지를 자신의 몸속으로 모으고 흩어지지 않게 유지하는 치유 요가(yoga for stenosis, stophati yoga etc)를 바위 위에서 진행한다.

이 프로그램을 순조롭게 모두 체험한 치유관광객들은 마치 온천욕을 한 것처럼 마음과 몸이 가볍고 깨끗해졌다고 하며, 평생 처음으로 독특한 경험을 했다는 말을 자주한다. 원래 하루 일정으로 방문하였던 치유관광객들은 효과에 매료되어 며칠을 연장하여 체류하는 경우도 적지 않다. 다만 이런 경우에 치유 프로그램 운영자는 참여자들에게 자신의 몸에 들어온 에너지를 비축하는 것이 중요하다는 것을 숙지시키도록 한다.

시간상 오후 4시 30분경까지 7단계 프로그램을 진행하고 다음의 마무리 단계를 위한 소그룹 모임을 가질 준비를 한다.

8단계

사전에 준비한 따뜻한 음료를 활용하거나 현지에서 커피원두나 녹차를 내려서 너럭바위에 모여 앉아서 차 명상(tea mediation)을 실행하면 참으로 독특한 체험이 될 수 있다. 이때 차를 마시면서 잠시 숨을 고르고 프로그램에서 느낀 점을 나누며 공유 학습하는 시간을 보내는 것이 중요하다.

다만, 15명 이하의 경우 한 그룹으로 토론하여 여러 사람들의 다양한 경험과 체험을 통하여 스스로 느끼지 못한 것들을 간접 체험하는 시간을 갖도록 한다. 또한 프로그램 1단계에서 실시한 개인별 설문평가를 참고하고 사후 효과평가를 대조하여 개인 상담할 때 설명해 주면서 차후 치유 프로그램 계획을 상의할 수 있다.

8 크나이프(Kneipp) 치유 프로그램

프로그램 배경

세바스티안 크나이프(Sebastian Kneipp, 1821~1897)는 차가운 다뉴브강에 몸을 담그거나 물을 적신 후에 몸을 따뜻하게 하여 결핵을 치료하였다고 한다. 크나이프는 자신을 치료한 후 물을 활용한 반복적인 온도 자극이 면역 체계에 긍정적인 효과를 미친다는 것을 알게 되었다. 크나이프는 독일 뵈리쇼펜(Bad Wörishofen)에서 자신의 방법을 실천하면서 수년간 120개 이상의 수처리 기술을 개발하였는데 그 요법은 150년 가까이 계속 실행되고 전수되면서 더욱 발전하였다. 많은 사람들이 크나이프 치료를 받았으며 2016년 크나이프 요법(Kneipp therapy)은 유네스코에 의해 무형문화유산으로 선정되었다.

크나이프 협회(Kneipp Association)는 건강 및 예방 분야에서 독일 최대의 민간 의료기관으로 1,200개의 크나이프 클럽, 인증 시설 및 전문 협회를 보유하고 있다. 뵈리쇼펜에 있는 많은 스파 호텔과 B&B에서는 크나이프 요법을 제공하고 있다. 의사와 전문치료사의 지도하에 팔 목욕과 얼굴 샤워, 허벅지 샤워, 찬물 끼얹기 등의 치료를 하도록 하고 있다. 현지 의사들은 치료 효과를 위해 최소 3~4주 동안 스파에 머무를 것을 권장한다.

크나이프 요법은 질병 예방과 건강 보존을 촉진하는 전통적인 치료 방법으로 혈액순환을 자극하고 면역 체계를 강화하며 자율 신경계를 개선하는 것을 목표로 한다. 전통적 크나이프는 여러 가지 물 붓기(affusions)뿐만 아니라 맨발 걷기, 자갈 위 걷기, 목욕, 헹구기 및 도포 등과 같은 추가적인 요법으로 구성되어 있다. 크나이프의 건강 개념은 최신 과학 연구 결과를 기반으로 지속적으로 개발되었으며 전체적인(holistic) 방법으로 물, 운동, 영양, 약용 식물 및 균형이라는 다섯 가지 요소를 포함하고 있다. 이러한 접근은 효과적인 면역 체계, 체력, 스트레스 저항력이 자가 치유력을 자극하고 회복력을 강화한다는 지식을 바탕으로 한다. 크나이프가 치료를 위해 고안한 5가지 개념은 수치료에서 얻은 통찰력과 허브, 건강한 영양, 운동, 정서적 웰빙에 대한 지식을 결합한 것이다. 이 건강 개념은 한 세기가 넘게 실행되고, 전파되고, 개선되었으며 크나이프 치료법이 가져오는 많은 효과는 현재 과학적으로도 확인되었다.

크나이프 요법의 다섯 가지 기본 요소는 다음과 같다.

1) 수치료(Hydrotherapy)

크나이프는 "물을 제대로 알면 물은 언제나 든든한 친구가 될 것이다."라고 하였다. 물은 신체를 자연스럽게 자극하여 에너지와 질병에 대한 저항력을 증가시키고 신체 인식을 향상시킨다. 물의 치료적 특성은 정신뿐만 아니라 신경 및 호르몬 시스템에도 긍정적인 영향을 미친다. 물 치료는 올바르게 수행된다면 부작용이 없으며 질병이 발생한 경우에도 신체적 치유력을 자극하여 약물 치료를 지원하고 회복을 빠르게 한다. 크나이프 수치료법은 개인과 상황에 맞추어 세세하게 조정된다.

2) 식물요법(Phytotherapy)

크나이프는 "자연은 최고의 약국이다."라고 하였으며 40가지 이상의 식물과 그 치유력을 연구하고 수면을 위한 레몬 밤(lemon balm), 경련을 위한 아니시드(aniseed), 가려움증을 위한 클로버 목욕, 기관지 질환을 위한 백리향과 유칼립투스 등의 효과를 설명하였다. 현재 식물 치료를 위해 차, 오일, 연고, 목욕제, 허브 랩 등 다양한 형태로 제품화되어 판매되고 있다. 스파 시설에서는 허브 입욕제를 첨가한 뜨거운 욕조에 몸을 담그거나, 신선한 허브로 우려낸 차를 마시고, 편안하게 하는 정기(tinctures)를 활용한다.

3) 운동요법(Exercise)

지각 있는(sensible) 신체 운동은 근육/골격계, 심혈관계, 신경계 및 소화관을 포함한 신체의 중요한 기능을 자극한다. 마사지는 운동에 있어서 빼놓을 수 없는 보조요법이다.

4) 식이요법(Dietetics)

크나이프는 유해한 첨가물이 없이 조리한 신선한 음식으로 구성된 균형 잡힌 저지방

식단을 섭취하고 건강한 식습관을 유지하는 것이 영양 질환을 예방하거나 치료하는 데 중요하다고 믿었다.

5) 균형된 삶(Regulative Therapy)

생활방식과 건강 교육은 크나이프 교리의 가장 중요한 부분으로 간주된다. 크나이프는 균형 잡힌 삶을 사는 것 외에도 사회적, 자연 환경과 조화롭게 사는 것도 똑같이 중요하다고 믿었다. 크나이프 치료를 통해 사람들은 생활방식을 더 나아지도록 바꾸기 위해 과부하를 주지 않고 육체적인 휴식뿐만 아니라 정신적인 휴식을 찾는 방법을 배우게 된다.

크나이프의 다섯 가지 요소로 구성된 자연요법 중 수치료법이 가장 잘 알려져 있다. 수치료에는 질병 예방이나 치료를 위해 씻기, 물 붓기, 목욕, 도포(wrapping), 찜질 및 패킹(packing)을 포함한 100개 이상의 방법이 있다. 크나이프는 광천치료(balneotherapy)와 달리 찬물이 더 효과적이라 생각하여 찬물을 자주 사용하였다. 미지근하거나 찬물로 씻는 경우에도 마지막은 찬물로 마무리하였다. 수치료는 가벼운 자극부터 반신욕이나 전신욕, 한증탕, 흡입에 이르기까지 다양하며 냉온수 샤워, 플래시 샤워 등 보다 적극적인 방법도 있다. 요즈음 크나이프 치료법에는 지형 치료법(terrain cure)으로도 알려져 있는 신선한 공기 속에서 자전거 타기, 수영, 숲속 달리기, 체조 등 광범위한 산책을 포함하고 있다.

크나이프 요법은 전반적으로 건강을 유지하고 강화하는 데 사용되며 질병이나 수술 후 재활에도 사용된다. 크나이프 요법은 심장 및 순환 장애, 소화 장애, 염증, 발열 및 통증 치료에도 유익하다고 한다. 크나이프 수치료법 중 하나인 크나이프 경로(Kneipp path)는 약 12℃의 차가운 물과 최대 40℃의 따뜻한 물이 있는 풀(pool)을 이용한다. 수마사지(hydromassage)는 뜨거운 물과 차가운 물을 번갈아 사용하면서 동시에 발을 마사지하는 원리에 따라 작동한다. 정기적으로 하면 면역력이 강화되고 혈액순환을 좋게 하기 때문에 심장과 신경계의 기능이 좋아지고 감기, 편두통, 혈액 순환 문제를 예방하는 데 도움이 된다고 한다.

우리나라에서는 인체의 면역력을 높이고 건강 증진을 목적으로 산림의 다양한 환경 요소를 활용할 수 있도록 47개의 치유의 숲을 조성하여 운영하고 있는데, 여기에 크나이프 요법을 응용하여 적용하면 휴양은 물론 생활습관을 개선하는 데도 활용할 수 있을 것이다. 국립 산음자연휴양림, 국립 곡성치유의 숲 등에서는 크나이프 수치유 시설을 설치하거나 계곡의 물을 이용한 발 담그기, 계곡 걷기 등의 프로그램을 운영하고 있다. 이러한 산림치유는 질병을 치료하는 행위가 아니라 건강의 유지를 돕고, 면역력을 높이기 위한 치유활동(산림청, 2023)으로 행해지고 있다. 아직 독일과 같이 보편적으로 활성화되지는 않았지만 우리나라의 풍부한 산림자원을 활용하면 심신을 회복하고 신체 및 정신 건강을 유지, 증진하는 데 크게 도움이 될 것으로 보인다. 크나이프 요법을 우리의 숲에 적용하여 다음과 같은 실행 프로그램을 제시해 보았다.

| CS·ASSURE 긍정심리교육: 크나이프 요법 치유 프로그램 구성원리 (Positive Psychotherapy 이론 적용프로그램)

회기	핵심요소	프로그램 회기	세부내용
1	긍정적인 정서의 경험	• 라포(rapport) 구축 • 강점 찾기 • 긍정 감정 활용	• 내담자와 긍정적 라포 구축 • 프로그램 소개와 만남
			• 크나이프 프로그램을 통하여 건강한 삶을 유지하기 위한 몸과 마음이 자연과 연결되어 웰빙에 도달
2	삶의 참여와 몰입을 통한 즐거움	• 용서(수용)하는 마음 갖기	• 크나이프 요법의 다섯 가지 기본 요소를 토대로 치유에 몰두하며 자연을 수용하는 마음 함양
		• 감사하는 마음 갖기	• 자연이 주는 다양한 혜택에 대해 감사하는 마음 갖기
3	삶의 의미 발견을 통한 자기실현	• 내 안의 낙관성 증진	• 자연환경과의 조화로운 삶을 통해 정서적 웰빙을 느끼며 나에 대한 낙관성 갖기
		• 인생을 음미	• 삶의 기적, 내면의 기쁨을 공유하면서 삶을 음미
		• 사회 기여 • 사회 봉사	• 다른 사람들과의 상호호혜적 관계 형성으로 사회에 대한 기여와 봉사에 배려
		• 행복한 인생을 위한 서약서 작성, 자기다짐	• 균형있는 삶, 건강한 삶을 공유하고 음미하면서 긍정적, 낙관적 삶을 다짐

크나이프 주의사항

배가 부른 상태에서 찬물 샤워를 하는 것은 바람직하지 않으며 뜨거운 물로 목욕이나 샤워를 한 경우에는 침대에서 1시간 정도 휴식을 취하는 것이 좋다. 도포나 팩을 사용하는 동안에는 말을 하거나 읽는 것과 같은 다른 활동을 하지 않고 의식적으로 휴식을 취한다. 음식 섭취는 최소 30분 전에 한다.

프로그램 진행

1단계

크나이프 치료 방식을 적용할 장소를 선정한다. 국립 산음자연휴양림, 국립 곡성치유의 숲 등과 같이 크나이프 수치유 시설을 구비한 곳이 바람직하겠지만 개천이나 계곡의 물을 이용할 수 있는 숲을 선정한다. 치유목적을 위해 지속적으로 치료를 하고자 하는 경우에는 반드시 자격증을 갖춘 전문치유사의 지도하에 시행하여야 함을 유의한다.

2단계

참가자들에게 선정된 숲의 경관과 지역의 역사문화, 그리고 피톤치드, 음이온, 산소, 소리, 햇빛 등과 같이 산림이 가지고 있는 치유인자와 치유 프로그램, 그리고 그 효과에 대해 설명하고 운영일정에 대해 오리엔테이션 한다. 크나이프 수치료 방법은 100여 가지가 넘기 때문에 현재 구비되어 있는 시설과 자연자원을 최대한 활용하고 5가지 구성요소를 적절하게 응용하여 적용하도록 한다.

3단계

먼저 운동요법으로 산림코스를 선정하여 걷도록 한다. 숲길을 걸으면서 다양한 동식물과 야생화, 계곡의 물소리 등을 보고 듣고 접촉하면서 이러한 자연자원과 하나가 되는 일체감을 느껴본다. 코스가 길지 않고 완만하면 맨발로 걸어 보도록 한다. 걷고 나면 깨끗이 발을 씻고 보조요법으로 마사지를 해준다.

4단계

크나이프 수치유 시설이 구비되어 있으면 몸을 따뜻하게 한 후 차가운 물과 따뜻한 물을 번갈아 가며 황새처럼 여유롭게 걸어 다니게 한다. 이러한 시설이 없으면 계곡물이나 개천에 손, 발을 담그거나 계곡물을 이용하여 간단히 발이나 몸을 씻는다. 평지로 이어지는 계곡이면 걸어가는 것도 시도해 본다. 누적된 스트레스와 불안, 걱정 등이 숲 속의 물에 모두 씻겨 내려갈 수 있도록 자연에 몰입하도록 한다. 감기에 걸리지 않도록 차가운 피부에는 찬물을 적시지 않도록 한다.

5단계

지역에서 재배한 농산물을 활용하여 요리한 신선한 지역음식을 시식해 본다. 지역의 친환경 요리연구소나 농가 등과 연계하여 지역 특산물로 만든 건강 밥상이나 나물, 전통차, 허브차 등을 체험하거나 함께 식사를 요리해 보는 방안도 고려해 본다. 몸에 좋은 식재료나 약초가 가진 효능이나 활용 방안에 대해 알아보고 요리코스나 나물, 약초 탐방을 코스에 포함하여 직접 체험해보거나 교육하는 것을 시도해 본다. 이러한 경험을 제공해 준 자연과 농산물을 재배하는 지역민에 감사하면서 입으로 전달되는 농산물의 신선한 맛과 향을 음미한다.

6단계

식사가 끝나면 산림욕을 하면서 나무의 치유력을 느끼며 휴식을 취한다. 피톤치드와 음이온이 풍부한 숲은 신선하고 습도가 높아 호흡기 질환과 스트레스에 효과적이며 크나이프 요법을 보완해 줄 수 있다. 휴식 후에는 치유의 숲을 산책하면서 약용 식물이 어떻게 자라고 번성하는지 약용식물이 가진 효능이나 활용하는 방안에 대해 배우는 시간을 갖는다.

7단계

크나이프 요법의 다섯 가지 기본 요소를 토대로 자신의 삶을 변화시키는 라이프 스타일을 설계하고 과부하되지 않도록 육체적인 휴식뿐만 아니라 정신적인 휴식을 찾는 방법을 찾아보도록 한다. 균형 잡힌 생활을 유지하기 위해 자신의 몸 상태에 항상 예의 주시하고 삶에서 중요한 것이 무엇인지 눈을 감고 생각해 보게 한다. 숲에 자기 모습을 투영해보고 긍정적, 낙관적인 감정을 유지하도록 한다.

8단계

참가 전후로 참가자의 혈압, 키, 몸무게, 스트레스 지수를 측정하고, 건강과 휴식, 회복 프로그램을 통해 측정한 지수가 얼마나 개선되었는지 지속적으로 관찰할 수 있도록 자료를 꾸준히 확보하도록 한다.

9 해수 치유(thalassotherapy) 프로그램

프로그램 배경

해수요법(thalassotherapy)은 바다를 뜻하는 그리스어 타라사(thálassa)에서 유래한 용어로 바닷물을 이용한 치료(treatments)가 많이 포함되어 있다. 해수 요법의 역사는 19세기로 거슬러 올라가지만, 사람들은 이보다 훨씬 오래전부터 건강상의 이점을 위해 바다를 이용해왔다고 한다. 해양치유는 바닷바람, 파도소리, 바닷물, 갯벌, 백사장, 해양생물 등 바다 자원을 활용하여 체질을 개선하고, 면역력을 향상시켜 건강을 증진시키는 활동을 말한다. 프랑스, 독일 등 서구권에서는 삶의 질에 대한 높은 관심으로 인해 일찍부터 해양 치유산업이 활성화되어 왔으며, 국민들의 건강한 삶과 연안지역의 성장 동력을 이끌 신산업으로 각광받고 있다.

해수요법은 바닷물을 이용하는데 바닷물은 미네랄 함량과 밀도가 높으며 마그네슘, 칼슘, 칼륨, 요오드 외에도 라임으로 알려진 해양 펠로이드(peloids)와 함께 주로 나트륨의 염화물에 있는 풍부한 화학 성분을 가지고 있다. 이를 응용하는 방법으로는 햇볕에 체계적으로 노출하거나, 뜨거운 바다 모래를 이용하는 방법이 있고, 해양 기후 요법이나 온도, 습도, 바람, 기압 등의 방법이 있다.

프랑스는 남서부 해안가에 위치한 리조트 및 관광단지를 중심으로 휴양 · 관광형 해양 치유서비스를 제공하고 있다. 해양요법 시설은 83개소이며 연간 90만 명이 이용하고 있다. 민간 전문 탈라소 협회인 프랑스 탈라소(France Thalasso)는 품질기준에 따라 인증을 해주고 있으며 인증을 받은 해양요법 센터는 프랑스 전역에 37개소가 있다. 의사 처방을 받아 서비스를 이용하는 경우에는 사회보장보험으로 지원해 주고 있다. 바다에서 얻은 치료제를 기반으로 하는 치료는 유럽에서 매우 일반적이며 웰니스 관광에서도 사용된다.

프랑스 탈라소는 해양 기후, 해수, 해양 진흙, 해조류 및 바다에서 추출한 기타 물질과 같은 다양한 형태를 결합하여 운영하고 있다. 해양요법은 재충전, 건강관리, 스트레스 관리뿐만 아니라 수면 장애, 순환 장애, 골관절염, 갱년기 등의 특정한 문제에 대응하고 몸과 마음의 조화를 재발견하는 데 도움이 된다고 한다. 프랑스 탈라소는 품질 헌장을 준수하는 해변의 웰니스 목적지들을 한데 모아 탈라소를 전체적으로 소개하고 있다. 이들 프로그램은 몸매 가꾸기, 휴식 프로그램, 건강 및 예방, 날씬함과 영양, 스포츠, 출산 전후 프로그램, 남성 전용 프로그램, 그리고 10대 청소년 동반 프로그램 등으로 구성되어 있다.

프랑스의 대표적인 해양요법 센터인 Les Thermes Marins de Saint–Malo의 프로그램을 보면 에너지 및 내적 평온(serenity) 패키지, 건강 패키지, 컨투어링(contouring) 패키지, 웰빙 및 스파 패키지, 가족 패키지 등을 6박 7일 일정으로 운영하고 있다. 각 패키지는 고객의 취향을 감안하여 다양한 세부 프로그램을 제공하고 있다. 이 중에서 에너지 및 휴식 패키지 치유 프로그램을 보면 해초 도포, 유액 샤워 마사지, 제트 풀(jet pool), 수중이완과 수치료(hydrotherapy)인 해조류 제트 목욕, 수중 샤워나 온돌락스(Ondorelax) 등을 제공하고 있다.

해수 요법과 유사한 요법

- **온천 요법**(balneotherapy): 온천에서 직접 온천수에 몸을 담그거나 천연 미네랄워터를 사용하는 스파에서 온천욕을 하는 것이다.
- **수치료**(hydrotherapy): 수치료는 신체의 일부 또는 전부를 뜨거운 물이나 차가운 물에 담그는 것을 포함한다.
- **조류 요법**(algotherapy): 해초나 해조류(algae)를 목욕, 바디 랩 또는 얼굴에 사용하여 건강을 증진하는 요법이다.
- **할로테르페이**(halotherapy): 미네랄이 풍부한 소금으로 채워진 방에서 짠 공기를 흡입하는 방법이다.

해양수산부는 해양치유산업을 육성하기 위해 2019년부터 전남 완도, 충남 태안, 경북 울진, 경남 고성에 권역별 해양치유시범센터를 건립하고 있고, 2020년 「해양치유자원의 관리 및 활용에 관한 법률」을 제정하여 법 · 제도적인 기반도 마련하였다.

완도군의 해양치유센터는 해양기후(태양광, 해풍, 해양에어로졸), 해수(표층수, 염지하수), 해양생물(해조류, 전복 등), 그리고 해양광물(소금, 모래, 갯벌)을 활용한 치유 프로그램을 제공하고 있다. 기본 프로그램으로 수중운동, 해수에어로졸 흡입, 수중명상, 머드테라피 등이 있으며 프리미엄 프로그램으로 디톡스, 근골격계, 스트레스, 아쿠아 스킨관리 및 수중재활 테라피가 있다. 그리고 휴식 체험존으로 염지하수 다시마 풀장, 모래찜질, 비치바스켓(해변의자) 등이 있다.

| CS·ASSURE 긍정심리교육: 해수치유(thalassotherapy) 프로그램 구성원리 (Positive Psychotherapy 이론 적용프로그램)

회기	핵심요소	프로그램 회기	세부내용
1	긍정적인 정서의 경험	• 라포(rapport) 구축 • 강점 찾기 • 긍정 감정 활용	• 내담자와 긍정적 라포 구축 • 탈라소테라피 프로그램 소개와 만남
			• 적극적인 경험 탐구 • 맞춤화된 프로그램 참여 • 느긋한 휴식을 통해 긍정정서 경험
2	삶의 참여와 몰입을 통한 즐거움	• 용서(수용)하는 마음 갖기	• 활력과 치유의 정화 효과로 너그러운 마음과 수용성 함양
		• 감사하는 마음 갖기	• 치유의 정화 효과로 자신에 감사하는 마음 갖기
3	삶의 의미 발견을 통한 자기실현	• 내 안의 낙관성 증진	• 아름다운 해안자연 풍광을 보면서 긍정적인 느낌과 낙관성 회복
		• 인생을 음미	• 활력을 불어 넣는 해수치유로 자신의 삶을 음미
		• 사회 기여 • 사회 봉사	• 일상 습관을 바꾸는 재충전하고 비운 마음으로 사회에 기여하고 봉사
		• 행복한 인생을 위한 서약서 작성, 자기다짐	• 행복한 인생을 위해 내면의 평온함을 유지하고 강화하기 위한 자기 다짐

해수 요법 요건

프랑스 해수 요법은 다음 전제 조건이 충족되고 조치가 된 경우에만 사용하도록 하고 있다.

1. 해수 요법은 치료, 예방 및 건강 증진을 위한 통합 계획이기 때문에 자격을 갖춘 전문 인력이 참여하여 의료 서비스에서 정의된 지시에 대해 시행한다.
2. 치유장소는 해양 기후가 즉각 영향을 미치는 바닷가여야 한다.
3. 현지에서 채취한 해수는 천연 해수욕을 위해 사용되어야 한다.
4. 해산물, 진흙이나 해조류 등을 다양한 용도로 사용할 수 있다.
5. 공기의 질은 야외에서 안심하고 장시간 머무를 수 있는 요소임을 보증해야 한다.

6. 자연 태양 방열(radiation)은 헬리오테라피(heliotherapy)에 주로 사용되어야 한다. 악천후에서는 인공 UV 방사가 헬리오테라피를 보충할 수 있다.
7. 기후 노출과 동작 치료는 해안선에 가까운 구역에서 고정된 요법으로 수행해야 한다.
8. 전반적인 체력 향상을 위해 휴식, 영양 변화, 신체 운동 등 건강 증진 조치를 해야 한다.

프로그램 진행

1단계

올바른 치료를 받을 수 있도록 개인 맞춤형 치료 프로그램을 작성하기 위해 건강 검진을 실시한다. 단, 치료와 관련하여 금기 사항에 대한 진단서를 준비한 경우를 제외하고 검진을 실시하지 않은 참가자를 대상으로 한다. 해수 치유시설을 둘러보고 주의사항을 당부한 후 참가자들 간에 교류하는 시간을 갖도록 한다.

프랑스 탈라소(France Thalasso) 인증을 받은 해수 치유요법은 일반적으로 안전하다고 할 수 있다. 하지만 해안 해수의 흐름에 따라 파도에 휩쓸리거나 익사할 위험이 있기 때문에 안전 요원이 관리하는 곳에서 해수욕을 하도록 안전수칙을 당부한다. 또한 뜨거운 햇빛 아래에서 오랜 시간을 보내는 것 또한 화상 위험이 있고 자연 요법이 반드시 안전한 것은 아니기 때문에 대체 요법이나 해양 보충제를 시도하기 전에 의사와 상담하는 것을 권장한다.

2단계

오전과 오후 번갈아 가며 치유(soins)를 받는다. 인근 지역을 둘러보고 해안 길을 산책하거나 스포츠를 즐기면서 해변에서 느긋하게 휴식을 취하는 시간을 갖도록 한다. 단 자유시간을 갖도록 하되 치유 시간은 꼭 지키도록 당부한다. 해변을 걷거나 의자에 앉아서 해양에어로졸, 태양광, 해풍 등 해양 기후가 제공하는 풍부한 치유자원을 휴식을 취하면서 편하게 즐긴다.

3단계

» 오전 9시: 수영

아쿠아짐 세션을 위해 따뜻한 물에 들어간다. 몸이 부드럽게 풀리고 몸이 그 어느 때보다 가벼워지는 것을 느끼면서 수중 행복을 즐기도록 한다.

» 오전 10시: 요오드 목욕(bain d'iode)

다른 휴가객들과 함께 해안 산책을 하며 해양 환경을 발견할 수 있는 프로그램을 마련한다. 운동화를 신고 산소 공급 프로그램을 통해 폐를 맑게 하고 몸속부터 활력을 되찾도록 한다.

» 오후 2시

제트 샤워, 해초 도포, 영양사와의 약속 등 다양한 프로그램이 준비되어 있다. 온몸이 바다 진흙으로 뒤덮인 상태에서 치유의 정화 효과를 느낀다. 혈액 순환을 촉진하기 위해 제트 샤워를 한다. 수치료사(hydrothérapeute)의 지시에 따라 동작을 하고 나면 독소(toxines)와 셀룰라이트(cellulite)가 사라진다. 오후를 마무리하기 위해 영양사와 몸매를 유지하기 위한 상담을 하고 디톡스 및 웰빙 프로그램을 체험한다.

4단계

» 오전 9시

거품을 내뿜는 욕조에 들어가 중독성 있는 마사지를 받는다. 완전히 긴장을 풀고 긴 의자에 누워 허브 차를 마시며 아무것도 하지 않는 진정한 즐거움을 만끽하면서 몸을 재충전한다.

» 오전 10시: 바디 스컬프팅(Sculpture sur corps)

림프절 배액형성술(le modelage drainant lymphatique)을 통해 천천히, 부드럽게, 규칙적으로 압력을 가하면 평온의 바다에 빠져든다.

» 오후 2시

스릴을 만끽하기 위해 스카이다이빙 스쿨로 향한다.

몸이 너무 가벼워지고 하늘을 날 수 있을 것 같은 기분을 느낀다.

» 오후 10시

스카이다이빙 스쿨에서 휴가객들을 만나고 카지노에서 룰렛을 즐기며 즐거운 저녁을 보낸다.

5단계

» 오전 10시

몸이 아직 젊고 활력이 넘친다는 것을 느끼면서 웨이트 트레이닝 세션에 도착한다. 영양사 도움으로 3R을 적용하여 규칙적(Régulière)이고 이성적(Raisonnée)이며 합리적인(Raisonnable) 신체활동을 하기로 결심한다.

» 12시 30분

탈라소 센터에서 칼로리가 높지 않은 맛있는 점심을 경험한다. 셰프가 감귤류 에멀전으로 가리비를 만든다.

» 오후 2시: 극저온 요법

실내에서 수영복을 입고 온도계가 영하 110℃로 떨어지는 극저온 요법(Cryothérapie)을 받는다. 이 열충격은 몸의 균형을 회복하기 위해 신체의 모든 자원과 면역 방어를 자극하고 최악의 경우 최대 3분밖에 걸리지 않는다고 설명한다. 안심하고, 감각적인 저온 여행을 준비한다. 몸을 따뜻하게 하기 위해, 오후는 융해(affusion) 마사지로 마무리한다.

» 오후 11시

이 지역에서 가장 유명한 나이트 클럽을 향하며 해변 휴양지가 파티하기 좋은 장소임을 느껴본다.

6단계

» 오전 9시

이른 아침 가식 없이 아름다운 얼굴을 본다. 더 이상 다크 서클도 없고, 싱싱한 안색에, 피로한 흔적이 없는 모습에 모두가 부러워할 표정을 상상하며 즐거움을 만끽한다.

» 오전 11시 30분

셰프가 요리를 해준다. 참가자에게 녹색의 끈끈한 해조류가 담긴 쟁반을 건네준다. 그런 다음 셰프는 해초 요리에 대한 팁과 요령을 알려주고 오늘 오후에 맛볼 수 있는 새로운 요리법을 가르쳐준다. 해양 식물의 맛과 건강상의 이점을 얻는 방법을 알게 된다.

» 오후 2시

참가자는 발바닥 반사요법(Réflexologie plantaire)으로 강렬한 행복을 불러일으킨다. 또한 이 기술은 편두통이나 허리 통증과 같은 특정 질병에 대한 치유 효과가 있을 것이라고 한다.

» 오후 8시

해수요법 여행을 떠나는 것은 일상의 고민에서 벗어나 일행과 함께 자리를 같이 할 수 있는 기회이기도 하다. 맛있는 저녁 식사를 하면서 부드러운 휴식을 취한다. 편안하게 서로 바라보며 그간 머문 모든 혜택을 나열하고 다음 해수요법 목적지를 생각한다.

7단계

참가자는 이제 끊임없는 활력을 가지고 일상 습관을 바꿀 준비가 되어 있다. 자신을 재충전하고, 자신을 돌보고, 마음을 비우고, 균형 잡힌 식사를 하고, 몸의 소리에 귀 기울이는 방법을 배웠다. 이것은 조화로 가는 길의 시작이다. 멋지게 숙박을 마무리하고 직원들의 친절함과 관리 수준에 관한 설문지를 작성한다.

8단계

프로그램 참가에서 느낀 평온함을 간직하고 일상으로 돌아가서도 이를 유지하고 강화할 수 있도록 다짐하는 시간을 갖는다. 참가한 사람들과 다양한 경험과 체험을 공유하면서 스스로 느끼지 못한 것들을 간접 체험하고 상호 교류하는 기회로 활용한다.

10 골든도어(Golden Door) 치유 프로그램

프로그램 배경

Golden Door는 캘리포니아주 산 마르코스(San Marcos)에 위치하고 있으며 600에이커에 달하는 아름다운 자생 언덕과 산, 초원 지형에 다양한 전용 트레일과 산책로 등을 갖추고 있다. 1958년에 웰니스 분야의 선구자인 Deborah Szekely가 설립하였는데 각 개인의 특정 요구 사항을 충족하도록 개별화된 맞춤 서비스를 제공하고 있다. 일본식 정원, 대나무 숲과 첨단 체육시설을 갖추고 있고 맞춤형 피트니스, 피부 관리 및 영양 프로그램 등을 설계하여 내면의 균형과 건강, 그리고 체력을 회복하고 활력을 불어넣는 것을 목표로 한다. 또한 Golden Door에서 재배한 농산물을 사용하여 이용객들에게 신선하고 건강한 요리를 제공하고 있다.

Golden Door는 몸과 마음을 재충전하도록 80여 개의 수업과 30마일의 하이킹 코스, 개인 훈련, 농장 직거래 식단, 마사지 등을 갖추고 있다. 이를 통해 몸과 마음, 그리고 정신의 변화를 경험하면서 자신에게로 돌아가는 길을 찾아 주고자 한다. 앞으로의 인생을 포용하고 자신의 몸과 마음, 정신을 보살피며 활력을 찾아 삶의 중심에 다시 자리

잡는 것에 초점을 둔다. Golden Door의 매주 숙박 인원은 40명으로 제한되어 있고 객실은 정원으로 연결되는 데크나 테라스가 설비되어 있다. 4명의 직원이 고객 1명을 전담하며 편안한 맞춤형 서비스를 제공한다. 7일 이용요금은 숙박을 포함하여 $11,950이다.

시설 및 프로그램

» 옥외시설

- 600에이커에 달하는 자생 언덕, 초원, 일본식 정원, 감귤 숲
- 30마일의 전용 트레일에 다양한 난이도의 산과 초원 하이킹(12개)

» 실내시설

- 최첨단 체육관 7개, 수영장 2개, Watsu 워터 테라피 수영장
- 자쿠지, 한증막, 사우나가 있는 목욕탕
- 스킨케어 및 바디케어 치유룸 9개
- 조명이 있는 테니스 코트
- 미로(labyrinths) 2개
- 5에이커의 바이오 집약 정원

» 숙박시설

정원 데크 또는 테라스가 있는 전용 객실 40개

» 프로그램(7일)

- 매주 쿠킹 클래스
- 개인 프로그램 인터뷰
- 개인 체력 수준에 맞춘 다양한 피트니스 수업
- 개인 트레이닝 세션 4회
- 객실 내 마사지 6회
- 바디 트리트먼트 1회를 포함한 스킨케어 세션 5회
- 허브 도포 2회, 매니큐어 1회, 페디큐어 1회

| CS·ASSURE 긍정심리교육: 골든도어(Golden Door) 치유 프로그램 구성원리 (Positive Psychotherapy 이론 적용프로그램)

회기	핵심요소	프로그램 회기	세부내용
1	긍정적인 정서의 경험	• 라포(rapport) 구축 • 강점 찾기 • 긍정 감정 활용	• 내담자와 긍정적 라포 구축 • 골든도어 프로그램 소개와 만남
			• 적극적인 경험 탐구 • 맞춤화된 프로그램 참여 • 몸과 마음의 균형 유지로 활력 찾기
2	삶의 참여와 몰입을 통한 즐거움	• 용서(수용)하는 마음 갖기	• 적극적인 관계 부정적인 생각 탈피, 받아들이는 수용성 함양
		• 감사하는 마음 갖기	• 마음챙김으로 자신에 감사하는 마음 갖기
3	삶의 의미 발견을 통한 자기실현	• 내 안의 낙관성 증진	• 골든도어의 아름다운 자연 풍광을 보면서 긍정적인 느낌과 낙관성 회복
		• 인생을 음미	• 활력을 불어 넣는 골든도어에서 자신의 삶을 음미
		• 사회 기여 • 사회 봉사	• 새로운 에너지와 내면의 평화로 사회에 기여하고 봉사하는 마음 갖기
		• 행복한 인생을 위한 서약서 작성, 자기다짐	• 행복한 인생을 위해 내면의 평온함을 유지하고 강화하기 위한 자기 다짐

프로그램 진행

1단계

Golden Door 도착 일주일 전에 심층적인 전화 인터뷰를 통해 체류하는 동안 기대하는 운동과 음식 선호도 등에 대한 설문지를 작성한다. 정신과 육체가 활력을 되찾고 활력을 불어넣어 줄 수 있는 포괄적이고 맞춤화된 서비스 제공을 위해 준비한다. 항공기를 이용하는 고객을 위해 공항에서 Golden Door까지 셔틀 차량을 운행한다.

2단계

전화 인터뷰를 바탕으로 체크인할 때 추천 일정을 제시한다. 맞춤화된 경험을 디자인하기 위해 프로그램에 관하여 사전에 개인 인터뷰를 하고 일상으로 돌아가서도 꾸준히 해야 할 새로운 목표를 제시한다. 개인 트레이너와 함께하는 최대 4회의 세션과 40개 이상의 다양한 수준의 옵션 중에서 선택하도록 한다. 다른 활동으로 전환할 수 있도록 하루 전체의 이벤트 일정을 게시한다. 요가, 필라테스, 유산소 운동 옵션을 포함하여 엄선된 마음챙김 및 개선 세션을 통해 신체 움직임의 균형을 맞추도록 지도한다. Zumba 및 80년대 댄스파티나 Yuichi 수업과 같은 특별 수업에 참여하기도 한다.

3단계

30마일이 넘는 하이킹과 600에이커 규모의 산책로를 탐험한다. 양궁, 펜싱, 스피닝(spinning), 복싱 등 새로운 것을 시도해 본다. 물 강습에 참여한다. 통증을 완화하고 균형과 유연성을 회복하며 신체적, 정신적 역량 강화의 새로운 기반을 구축할 수 있는 일일 일정을 만든다. 전체적 건강(holistic health)은 신체 형태가 아니라 삶의 형태에 관한 것임을 염두에 두고 움직임과 마음챙김을 융합하여 몸과 마음의 균형에 빠져 들어가게 한다. 몸과 삶에 활력을 불어넣고 몸과 마음을 새롭게 형성해 본다. 휴식과 행복의 순간이 균형을 이루는 활력을 체감해 본다.

4단계

아름다움은 피부 깊은 곳에 있을 수 있지만 진정한 건강과 웰니스는 내면에서 나온다. 상쾌하고 편안한 휴식을 선사하는 스파 서비스로 몸과 마음의 균형을 유지한다. 마사지나 바디 트리트먼트로 머리부터 발끝까지 세련되고 편안한 기분을 즐기면서 자신과 열심히 일한 근육에 대해 보상한다. 아로마테라피 또는 아유르베다(ayurvedic)를 선별된 웰니스 계획에 추가한다. 몸과 마음이 아름답게 변화되는 마법을 느끼면서 시간을 보낸다. 아름다운 산책로와 정원, 맛있는 음식 재료를 제공해주는 농장과 다양한 서비스를 제공해주는 종업원 등 우리 주변의 모든 것에 대해 감사한다.

5단계

바이오 집약적 농장에서는 각자의 맞춤 메뉴와 식사에 제공되는 멋지고 풍미 있는 유기농 채소, 녹색채소 및 단백질을 생산한다. 갓 따온 간식을 먹기 위해 정원 길을 거닐면서 자연의 습성을 감상한다. 이러한 것들을 통해 지속 가능한 균형을 실감해 본다. 각자의 식이요법과 선호도를 반영하는 식사로 몸과 영혼에 영양을 공급한다. 식단은 현장에서 재배한 신선한 농산물, 하루 세 끼의 정식 식사, 오전 및 오후 간식, 저녁 식사 전 전채 요리로 구성되어 있다. 또한 영양교육과 요리강좌가 있고 방문을 기념하기 위해 농장에서 야외 식사가 포함되어 있다.

6단계

Golden Door 경험의 중요한 요소를 탐색할 때 전문가가 가이드가 되어 준다. 호흡법, 다르마(dharma), 차크라(chakras), 명상, 점성술을 모두 체험해 볼 수 있다. 점토 작업, 명상적 놀이, 자연을 기반으로 한 표현예술이나 일기 쓰기를 통해 창의력을 발휘하도록 한다. 내면을 살펴보고, 내면의 목소리에 귀를 기울이고, 소음을 진정시키고, 아직 활용되지 않은 창의성을 발견해 본다. 길(path)이 어디로 향하든 Golden Door에서 변화를 시작하고 귀가해서도 계속 연습할 수 있도록 지원하는 광범위한 워크샵과 개인 세션을 제공한다.

7단계

편안함과 휴식을 느끼면서 더 감정적이고 영적으로 균형 잡힌 새로운 에너지와 내면의 평화를 찾는다. 균형 있는 신체는 균형 있는 영혼을 담는 그릇이다. 움직임과 호흡 및 힘을 강화하고 회복하기 위해 스트레칭, 폼 롤링(foam rolling), 코어 강화 세션을 통해 통증을 완화하고 예방한다. 치유를 강화하고 신체 건강에 힘을 실어 주기 위해 직접 체험하는 치유, 유연성 및 자세 평가, 치료적 재활 평가와 치료를 진행한다.

8단계

마지막 날 저녁 식사를 참가자들과 함께 한 후에 종이를 한 장씩 나누어 준다. 여기서 밖으로 나가게 되면 잊어버리고 싶은 것이 무엇인지 각자 적도록 하고 이를 소지하도록 한다. 모두 함께 촛불이 켜진 미로로 안내한다. 미로를 따라 걸어가면서 중앙에 있는 작은 화로에 이르면 그 종이를 태우도록 한다. 종이가 타오르는 모습을 보며 앞으로 변화할 나의 모습을 상상하게 한다. 그간 프로그램 참가에서 느낀 평온함을 간직하고 일상으로 돌아가서도 이를 유지하고 강화할 수 있도록 다짐하는 시간을 갖는다.

참고문헌

김갑수. (2023). 기억에 남는 관광경험(MTE)이 사회적 자본 관광객 웰빙과 관광목적지 애착에 미치는 영향. 이벤트컨벤션연구, 52, 169-192.

하경희. (2019). 해양치유관광 활성화 방안 연구-해양치유관광객 요구 및 현황분석을 중심으로. 해양관광학연구, 12(2), 19-32.

Artress, L. (2006). The sacred path companion: A guide to walking the labyrinth to heal and transform. Penguin.

Antonelli, M., & Donelli, D. T. (2021). Health Benefits of Sea Water, Climate and Marine Envi-ronment: A Narrative Review. In Proceedings of the 6th International Electronic Conference on Water Sciences.

Chevalier, G., Sinatra, S. T., Oschman, J. L., Sokal, K., & Sokal, P. (2012). Earthing: health implications of reconnecting the human body to the earth's surface electrons. Journal of environmental and public health, 2012.

Frantzis, B. K. (2006). Tai chi: health for life: how and why it works for health, stress relief and longevity.

Hartig, T. (2011). Issues in restorative environments research: Matters of measurement. Psicología ambiental, 2011, 41-66.

Horwood, G. (2008). Tai Chi Chuan and the Code of Life: Revealing the Deeper Mysteries of China's Ancient Art for Health and Harmony (Revised Edition). Singing Dragon.

Kaplan, R., & Kaplan, S. (1989). The experience of nature: A psychological perspective. Cambridge university press.

Kirillova, K., & Lehto, X. (2016). Aesthetic and restorative qualities of vacation destinations: How are they related?. Tourism Analysis, 21(5), 513-527.

Li, Y. (2000). Geographical consciousness and tourism experience. Annals of Tourism Research, 27(4), 863-883.

Mitten, D., Overholt, J. R., Haynes, F. I., D'Amore, C. C., & Ady, J. C. (2018). Hiking: A low-cost, accessible intervention to promote health benefits. American journal of lifestyle medicine, 12(4), 302-310.

Munteanu, C., & Munteanu, D. (2019). Thalassotherapy today. Balneo Research Journal, 10(4), 440-444.

Ober, C., Sinatra, S. T., & Zucker, M. (2010). Earthing: The Most Important Health Discovery Ever?. Basic Health Publications, Inc..

Scott, J. G., Warber, S. L., Dieppe, P., Jones, D., & Stange, K. C. (2017). Healing journey: a qualitative analysis of the healing experiences of Americans suffering from trauma and illness. BMJ open, 7(8), e016771.

Ortiz, M., Koch, A. K., Cramer, H., Linde, K., Rotter, G., Teut, M., ... & Haller, H. (2023). Clinical effects of Kneipp hydrotherapy: a systematic review of randomised controlled trials. BMJ open, 13(7), e070951.

Oschman, J. L. (2007). Can electrons act as antioxidants? A review and commentary. The Journal of Alternative and Complementary Medicine, 13(9), 955-967.

Sokal, K., & Sokal, P. (2011). Earthing the human body influences physiologic processes. The Journal of Alternative and Complementary Medicine, 17(4), 301-308.

Sturm, J., Plöderl, M., Fartacek, C., Kralovec, K., Neunhäuserer, D., Niederseer, D., ... & Fartacek, R. (2012). Physical exercise through mountain hiking in high-risk suicide patients. A randomized crossover trial. Acta Psychiatrica Scandinavica, 126(6), 467-475.

Walter, K. H., Otis, N. P., Ray, T. N., Glassman, L. H., Beltran, J. L., Kobayashi Elliott, K. T., & Michalewicz-Kragh, B. (2023). A randomized controlled trial of surf and hike therapy for US active duty service members with major depressive disorder. BMC psychiatry, 23(1), 1-14.

myrealtrip.com

meditationtour.co.kr

blog.naver.com

https://adamah.org/

https://aging.wisc.edu/documents/29th-annual-colloquium-on-aging-2017/

https://betterearthing.com.au/what-is-earthing/

https://britishnordicwalking.org.uk/pages/about-nordic-walking

https://britishpilgrimage.org/

https://data.wando.go.kr/chiu4u

https://en.bad-woerishofen.de/to-be-healthy/5-elements-of-kneipp-therapy/hydrotherapy

https://france-thalasso.com/
https://france-thalasso.com/centre/thermes-marins-de-saint-malo/
https://imaginox.eu/health-benefits-of-the-kneipp-procedure/
https://korea.kr/news/policyNewsView.do?newsId=148899971
https://labyrinthsociety.org/make-a-labyrinth
https://oshoworld.com/osho-dynamic-meditation/
https://redearthadventures.com/vortex-healing-tours/
https://restless.co.uk/health/healthy-body/a-beginners-guide-to-nordic-walking/#ID5
https://spiritualdesk.com/walking-the-labyrinth-a-spiritual-odyssey/
https://taichihealth.com/
https://www.americanspa.com/business/5-pillars-kneipp-therapy
https://www.blissout.co/blog/dynamic-meditation
https://www.calmsage.com/what-is-dynamic-meditation/
https://www.functionalself.eu/blog/post/the-healing-effects-of-grounding-and-earthing-on-the-body-duplicated
https://www.germany.travel/en/experience-enjoy/bad-woerishofen-where-kneippen-was-invented.html
https://goldendoor.com/resort/facilities/
https://www.healingholidays.com/retreats/golden-door/a-week-at-golden-door/details
https://www.health.harvard.edu/exercise-and-fitness/fitness-trend-nordic-walking
https://www.health.harvard.edu/staying-healthy/hike-your-way-to-better-health
https://www.health.harvard.edu/staying-healthy/the-health-benefits-of-tai-chi
https://www.healthline.com/health/benefits-of-walking#takeaway
https://www.inwa-nordicwalking.com/about-us/what-is-nordic-walking/
https://www.kneippbund.de/
http://www.knwf.or.kr/theme/sample44/html/content04.php
https://www.learningwithlabyrinths.com/educationsettings
https://www.medicalnewstoday.com/articles/thalassotherapy
https://www.mindbodygreen.com/articles/outdoor-labyrinths

https://www.mof.go.kr/doc/ko/selectDoc.do?menuSeq=971&bbsSeq=10&docSeq=44100

https://www.ncbi.nlm.nih.gov/pmc/articles/PMC5198312/

https://www.nordicpolewalkingontario.ca/beginners-guide-to-nordic-pole-walking/

https://www.organicspamagazine.com/golden-door-7-day-getaway/

https://www.psypost.org/2023/04/surfing-and-hiking-can-help-reduce-the-symptoms-of-depression-study-finds-76969

https://www.sedona.net/retreats

https://www.thalasso-saintmalo.com/en/

https://www.templestay.com/page-templestay.asp#

https://www.tolymp.de/en/blog/nordic-walking-technique/

http://www.treeoflifetaichi.com/taichichuan.php

https://www.unesco.at/en/culture/intangible-cultural-heritage/national-inventory/news-1/article/kneippen-als-traditionelles-wissen-und-praxis-nach-der-lehre-sebastian-kneipps

https://www.verywellmind.com/what-is-earthing-5220089

https://www.wellnesshotels-resorts.de/en/dictionary/kneipptherapy

https://www.wta.org/go-outside/new-to-hiking/mind-body-what-hiking-does-for-your-mental-and-physical-health

https://www.zlmc.org/

농업작업을 활용한 테라피 과정을 치유농업(care farming) 혹은 소셜파밍(social farming)이라고 칭한다. 치유농업은 자연환경을 근간으로 개발된 치유법이다. 치유농업은 헬스케어(health car) 소셜케어, 그리고 전문화된 교육서비스 프로그램으로 구성되어 있다. 이 모든 프로그램은 농장활동, 동물, 곤충, 농촌의 환경과 문화를 근간으로 하며 전문가의 관리하에 운영되는 구조화된 프로그램이다.

4장

치유농업

Care Farming, Agro-Healing, Wellness Farming

4장 치유농업

치유농업 프로그램 배경

농업작업을 활용한 테라피 과정을 치유농업(care farming) 혹은 소셜파밍(social farming)이라고 칭한다. 치유농업은 자연환경을 근간으로 개발된 치유법이다. 치유농업은 헬스케어(health car) 소셜케어, 그리고 전문화된 교육서비스 프로그램으로 구성되어 있다. 이 모든 프로그램은 농장활동, 동물, 곤충, 농촌의 환경과 문화를 근간으로 하며 전문가의 관리하에 운영되는 구조화된 프로그램이다.

치유농업은 주기적인 방문과 전문화된 프로그램, 전문가에 의하여 운영되므로 농장 견학프로그램과는 다른 교육 치유과정이다.

치유농업 연구는 대단히 활발하여 학술논문 부문에서 "소년원 청소년의 정서안정과 진로 탐색을 위한 자생식물 활용 치유농업 프로그램개발 및 효과검증" 인간식물환경학회에서 진행하였고 또한 "치료 도우미견을 매개로 한 치유농업 프로그램이 농촌 지역 저소득층 아동의 정서지능에 미치는 영향"에 관해서도 발표되었다.

한국문화융합학회에서도 "치유농업 프로그램이 지역아동센터 이용 아동의 자아존중감에 미치는 영향"(박은실 외), "인간식물환경학회 성인 발달장애인의 손 기능, 장악력, 신체 균형 및 기능적 독립수행에 미치는 치유농업 프로그램의 효과"(유은하 외), "곤충자원을 이용한 농가형 치유농업프로그램의 치유효과 분석"(김소윤 외), "치유농업 프로그램의 효과성 검증을 위한 전문가 델파이 조사"(김미진 외) 등 최근 수백 편의 연구논문과 학위논문을 통하여 치유 프로그램의 효과, 기능, 영향에 대하여 과학적으로 증명되었다. 2021년 3월 21일에는 대통령령으로 「치유농업법」이 시행되어 복지농업 플랫폼으로 활성화되고 있다.

따라서 치유농업프로그램은 정보요구와 수집 분석에 근거해야 하며 프로그램 운영 목적이 분명하고 체계적으로 계획되고, 이용자(내담자, 참여자, 대상자) 중심으로 프로그램의 단계 일체가 구조화되고 조직화되어야 한다. 구체적으로는 농작물 재배 활동, 동물 곤충, 농촌문화, 경관이 주는 최대한 장점을 활용하여야 하며, 진행 과정을 기록하고 행사 후 객관적으로 평가가 가능한 프로그램을 적용하여야 한다.

치유농업 프로그램의 차별화

우선, 치유농업 사례 10가지는 기존의 치유농업 프로그램에 치료적 중재 기술을 적용하기 위하여 심리교육 모형 8단계를 치유농업 시스템에 과학적으로 적용하여 사전 교육계획을 첨부하여 서술하였다.

특징적으로 심리치유 농업 프로그램은 기존의 원예치유, 동물치유, 농작치유, 농촌문화 치유 소재는 유사하나 심리교육 모형을 적용하여 프로그램 운영효과와 신체적 정신적 치유효과에서 증거 중심(evidence based)의 중재기술이 구조화된 치유농업 프로그램이다.

심리치유 농업 부문의 실제 구성에서는 해외 치유농업 프로그램 사례 중 국내에 상대적으로 덜 소개된 유럽 권역의 사례를 소개하고 특히 국가 차원에서 연구 제작된 치유농업 핸드북을 만든 아일랜드 사례를 탐구하였다. 더불어 노르웨이, 이탈리아, 벨기에와 아시아에서 독특한 치유농업 프로그램을 운영하는 싱가포르, 일본 사례를 발굴하고 첨부하였다.

그리고 현재 활성화 계획을 추진 중인 미국 사례를 중심으로 문화권별 치유농업 프로그램 사례 7개를 통합하여 서술하였다. 결과적으로 해외 사례를 활용하여 국내 치유농업 프로그램의 다양화, 활성화에 적극적으로 활용될 수 있을 것이다.

끝으로 국내 사례로 특징적인 동물매개 프로그램, 곤충 매개 프로그램 그리고 농촌 문화환경을 활용한 치유농업 프로그램 3개를 심리교육 모형을 적용하여 재구성하여 수록하였다.

1 치유농업 프로그램: 아일랜드(Ireland)

프로그램 배경

아일랜드의 경우 치유농업이 전역으로 활성화되어 근대 800개 정도의 치유농장이 전국으로 분포되어 있다. 특히 아일랜드에서는 브라이언 스미스(Brian Smyth), 피오나 미한(Fiona Meehan) 등 전문가들로 구성된 치유농업 연구조직 사회적 농업 프로젝트팀이 발족하였다.

그리고 프로젝트팀은 2011~2014년에 걸쳐 3년간 자료수집, 고찰, 연구하여 사회적 농업 운영 자료집을 발간하여 치유농업의 목적, 시행방법, 효과, 프로그램, 안전관리, 복장, 식사, 휴식, 교통, 보험 가입 등 치유농업 실행에 관련하여 포괄적인 지침서(hand book)를 유럽에서 대표적으로 출간하였다.

이 지침서는 치유농업의 국가적 활성화를 위하여 지도자, 농장주, 참여자들에게 치유농업을 통합적으로 이해하고 효과적인 실행을 지원하는 데 큰 역할을 하고 있다. 아일랜드의 치유농업은 치유농업총괄국(SoFAB)이 발족되어 활성화의 중추적인 역할을 하도록 제도적으로 조직화된 것이 아일랜드 치유농업 추진의 특징이다.

아일랜드는 다른 국가의 모범이 될 치유농업 지침서(social farming hand book)를 제작하고 이를 근간으로 과학적이고 표준화된 치유농업을 운용하여 치유농업 신규 진입 국가들이 경쟁적으로 참고로 하고 있다.

| CS·ASSURE 긍정심리교육: 아일랜드 치유농업 프로그램 구성원리 (Positive Psychotherapy 이론 적용프로그램)

회기	핵심요소	프로그램 회기	세부내용
1	긍정적인 정서의 경험	• 라포(rapport) 구축 • 강점 찾기 • 긍정 감정 활용	• 내담자와 긍정적 라포 구축 • 프로그램 소개와 만남
			• 농장의 환경을 이해하고 긍정적인 면을 찾고 치유농장 경험으로 활용
2	삶의 참여와 몰입을 통한 즐거움	• 용서(수용)하는 마음 갖기	• 농장의 다양한 가축들을 애호하는 마음으로 받아들이는 수용함
		• 감사하는 마음 갖기	• 힘든 농장을 가꾸어 온 농장주들에게 감사하는 마음으로 프로그램 체험
3	삶의 의미 발견을 통한 자기실현	• 내 안의 낙관성 증진	• 때로는 노동이 요구되는 농장프로그램에서 낙관적인 면을 탐색함
		• 인생을 음미	• 가축농장에서 동물들의 삶과 나의 삶을 비교하면서 인생의 의미 찾음
		• 사회 기여 • 사회 봉사	• 농장에서 생산된 지역 먹거리를 구매하거나 재능 봉사함
		• 행복한 인생을 위한 서약서 작성, 자기다짐	• 치유농장의 체험을 일기 형식으로 기록하고 재방문 시 느낀 점을 비교하면 치유적으로 활용

프로그램 진행

1단계: 프로그램 공유

치유농업 개강하는 날이 전체 8단계 과정의 성패를 좌우하는 중요한 시점이다. 따라서 첫날 다음과 같은 과정 개설 안내를 하게 된다:

- 시설, 직원, 치유농업 개괄, 농장주, 안전 사항
- 전체 프로그램에 대한 목적, 세부과정 안내
- 농장 과업, 복장, 개인 위생 등에 관한 사항

당일 농장 체험 프로그램은 시간대별 계획서를 작성한 것을 근간으로 소개 및 운영하는 것이 효과적이다.

우선, 일과는;

09:15 방문자 버스로 픽업, 이동 중에 출석을 확인하고 농장으로 이동

10:00 농장 입구에서 양치기 개들과 오리들을 만남

10:30 커피를 마시면서 1단계, 2단계의 내용을 차분하게 진행하며 질문이나 자유롭게 토의하는 시간을 갖고 이 시점에 진행하는 프로그램은 양치기, 달걀 수거, 채소 밭 물주기 등 당일 계획된 일과를 진행

12:30 농가 주택으로 돌아와 점심 식사

13:15 오후 일과 시작, 오전 체험과정을 마치고, 새로운 과제 시작(교체할 수 있음)

16:00 오후 일과 종료 전, 커피 한잔 하며 당일 체험과정 서로 교류하면서 마감 준비

16:15 당일 치유 프로그램을 마치고 지역사람들은 귀가하고 장거리 방문객은 농가 주택에서 1박 후 2일 차 과정 체험도 가능함. 당일 모든 일정을 구체적으로 공유하고 질문 등에 대응함

- 결과적으로 농장에 익숙하지 않은 방문자와 농장 프로그램 운영자 간 라포를 형성하여 보다 원만한 과정이 진행되도록 돕는다.

2단계

- 과거에 방문한 적이 있는 방문자라도 잠시 커피를 마시면서 새로운 사람들과 친교 시간을 갖게 하고 치유농장 시설과 과정을 재차 소개하여 안전 등에 이상이 없도록 한다.
- 특히 동물농장의 경우, 아무리 순한 가축도 때로는 익숙하지 않게 다룰 경우, 당황한 반응을 보여 방문객이 위험해지거나 다칠 수도 있으니 충분히 이해를 하고 서서히 접근하는 것을 원칙으로 한다.

또한 농장의 개들에게 접근할 때 천천히, 시간을 갖고 부드럽게 대하여 공격적인 반응을 보이지 않도록 각별히 유의하며 간단한 간식거리를 조금 준비하는 것도 좋은 접근 전략이다.

3단계

10:30 중간 휴식 시간, 커피를 한잔하며 1단계, 2단계의 내용을 차분하게 진행하며 질문이나 자유롭게 토의하는 시간을 갖고 양치기, 달걀 수거, 채소밭 물 주기 등 당일 계획된 일과를 진행

12:30 농가 주택으로 돌아와 점심

4단계

- 양들을 트럭에 실어서 목초지로 이동시키는 작업 체험
- 이동한 양들을 양치기 개의 도움을 받아서 준비된 가두리로 한곳에 모으고 양들의 위생과 오물을 제거하기 위하여 세족(발 씻기) 작업을 체험
- 끝으로 새끼 양들을 포획하여 차례로 귀표 달기, 암양들은 표식 달고, 다른 양들은 꼬리표 달기 등 양들을 관리를 위한 표식작업 체험

5단계

13:15 오후 일과 시작, 오전 체험과정을 마치고, 새로운 과제 시작(교체할 수 있음)

- 양털 깎기 작업을 지원하고 깎은 양털은 수집업자들에게 넘김
- 동시에 다른 구역에 분리된 양들의 상태를 살피고 문제의 양들은 분리하여 별도관리함
- 모든 일을 마무리한 양들에게 곡물과 건초를 제공

6단계

16:00 오후 일과 종료 전, 커피 한잔 마시며 당일 체험한 것을 서로 교류하면서 마감 준비

16:15 당일 치유 프로그램을 마치고 지역 사람들은 귀가하고 장거리 방문객은 농가 주택에서 1박 후 다음 날 과정 체험도 가능하며 당일 모든 일정을 상세하게 공유하고 질문 등에 대응함

- 양들을 옮긴 트레일러 바닥을 청소하고 다음 사용에 대비함
- 축사 앞마당을 비질하고 창고바닥을 정리정돈
- 양배추밭을 관리하고 가축들이 먹는 것을 방지하는 울타리를 설치함

7단계

- 참여자 일부는 지역 철물점, 가축용품 전문점, 마트에 들러 필요한 도구 구입
- 올해 감자의 날에 대비하여 낡은 카트를 도색하고 장비들을 점검하는 농장일 체험
- 농장 문화활동 체험을 위하여 감자의 날 행사에 참여하여 부스에서 점심을 준비하거나 수확한 감자와 양배추를 직거래하는 농장 문화체험을 하면 타인들과의 교류를 가지면서 사회성 함양

8단계

- 과정을 마무리하는 단계에 농장 내 방문객 편의시설 청소, 축사 정리, 관리동 손질 같은 부대 프로그램에 참여 혹은 봉사를 통하여 농장 운영 현장을 새로운 방식으로 체험할 수도 있다.
- 전체과정 마무리 단계에 설문에 응하고 체험 관련 상호 대화를 통하여 타인 경험을 간접학습하는 기회로 활용하며, 프로그램 분석과 평가에 협조한다.

2 치유농업 프로그램: 이탈리아(Italy)

프로그램 배경

이탈리아의 치유농업은 초기 다양한 개념에 대한 다양한 의견들이 몇 년을 걸쳐서 토론되다 결국 사회적 농업(social farming)으로 취약계층과 사회적 약자들의 건강 예방과 회복을 증진하는 국가의 사회복지 과업으로 정리되었다. 다만, 편의상 본 장에서는 치유농업으로 통칭한다.

사실 이탈리아에서는 1970년대에 농업을 통한 사회 약자, 재소자, 정신박약자들의 사회적 지원을 위한 사업 관련 법령도 없이 민간에서 시작되었다.

1978년경에 관련 법이 제정되면서 치유농업을 2개 타입으로 이원화하여 실시하게 되었다 즉 1타입은 건강사회구현을 위한 시민건강증진과 2타입은 취약계층, 장애자 등의 특수시민들을 사회적으로 보호하기 위한 형식으로 투 트랙으로 진행되었다.

결과적으로 이탈리아는 2015년 법령으로 사회 취약계층 지원, 시민 예방 건강 증진, 농촌개혁 성장동력, 농업의 사회적 교육 차원 등과 같은 4가지 형태의 광의적 개념으로 치유농업이 자리를 잡게 되었다. 특히 이탈리아의 치유농업은 사회적 포괄, 지역개발과 지속가능성을 공동추구하는 방향을 추진되고 있는 것이 다른 유럽국가의 정책과 차별화되어있다.

특히, 이탈리아에서는 치유농업의 국가적 활용에 관하여 국가 법령으로 규정한 4가지 미션을 제정하고 이에 대한 구체적인 치유농업 활용 방향은;

» 직장과 일자리 증진목적

치유농업 활동 관련하여 장애자, 취약계층과 재활과 사회적 보장을 받는 노동이 허락된 미성년자들의 취업 증진

» 서비스와 사회활동 제공

치유농업자원을 활용한 일상에 필요한 보건 활동의 증진, 지원 네트워킹, 위양, 고용, 레크레이션 활동을 지원

» 치유서비스 지원

사회적 정서적 그리고 인지적 건강을 증진을 위하여 농장 가축, 농장 프로그램, 그리고 이탈리아의 전통의학 치유법을 활용하는 치유농업 서비스 및 프로그램 지원

» 교육과정과 프로젝트의 진흥

지역에서 일정 수준의 여건을 갖춘 검증된 교육농장 혹은 치유농장이 환경, 음식, 생태 다양성 보전과 관련하여 어린이, 취약 전 아동 돌봄과 사회적, 신체적, 정신적 취약한 시민들을 위한 치유농업 관련 교육과 프로젝트의 진흥

이탈리아의 치유농업 프로그램은 아스펜 프로젝트(Aspen Project)로 진행된 것 중에서 폴리아(Puglia) 올리브 농장에서 인기리에 진행되고 있는 사례를 중심으로 상술한다.

| CS·ASSURE 긍정심리교육: 이탈리아 치유농업 프로그램 구성원리
(Positive Psychotherapy 이론 적용프로그램)

<table>
<tr><th>회기</th><th>핵심요소</th><th>프로그램 회기</th><th>세부내용</th></tr>
<tr><td rowspan="2">1</td><td rowspan="2">긍정적인 정서의 경험</td><td rowspan="2">• 라포(rapport) 구축
• 강점 찾기
• 긍정 감정 활용</td><td>• 내담자와 긍정적 라포 구축
• 프로그램 소개와 만남</td></tr>
<tr><td>• 전통적인 올리브 농장의 환경을 이해하고 긍정적인 면을 찾고 치유농장 경험으로 활용</td></tr>
<tr><td rowspan="2">2</td><td rowspan="2">삶의 참여와 몰입을 통한 즐거움</td><td>• 용서(수용)하는 마음 갖기</td><td>• 넓은 농장의 다양한 올리브 수확하는 과정을 마음으로 받아들이는 수용함</td></tr>
<tr><td>• 감사하는 마음 갖기</td><td>• 힘든 농장을 가꾸어 온 농장주들에게 감사하는 마음으로 프로그램 체험</td></tr>
</table>

3	삶의 의미 발견을 통한 자기실현	• 내 안의 낙관성 증진	• 때로는 노동이 요구되는 농장프로그램에서 낙관적인 면을 탐색함
		• 인생을 음미	• 농부들의 삶과 나의 삶의 긍정적인 면을 보면서 인생의 의미 찾음
		• 사회 기여 • 사회 봉사	• 농장에서 생산된 지역 먹거리를 구매하거나 재능 봉사함
		• 행복한 인생을 위한 서약서 작성, 자기다짐	• 치유농장의 체험을 일기 형식으로 기록하고 재방문 시 느낀 점을 비교하면 치유적으로 활용

프로그램 진행

1단계

우선 첫 단계는 일과에 들어가기 전 친교를 갖고 농장의 정보를 공유하는 단계이다. 치유농업 체험자들이 농장에 도착하면 가장 먼저 올리브 농장운영자의 안내로 상호 인사를 하고 커피를 마시면서 라포(rapport)를 형성하고 참여자 간 교류하면서 조별 활동에 적합한 사람들끼리 그룹을 만들도록 유도한다.

올리브 농장은 나무의 면적이 넓어 시야 확보가 어렵다. 이러한 환경에서 안전사고 없이 무사히 프로그램을 마치고 치유농업 활동의 효과를 기대한다면 상당한 주의와 준비가 필수이다.

특히 수확 기간에는 방문객이 빈번할 수 있으므로 조별 혹은 여러 사람을 그룹으로 편성하여 진행하는 것이 효율적이다.

2단계

올리브 농장은 외국인을 대상으로 한 관광프로그램과 지역민을 위한 치유 프로그램으로 구분되어 진행되며 이 장에서는 치유 프로그램 중심으로 서술한다.

대체로 9시 30분 정도에 올리브 털기 체험을 시작한다. 농장에 따라서 다르나 평지의 농장의 경우, 2인 1조로 활동하는 것이 보편적이다. 농장의 규모에 따라서 기계 작업을 하는 경우도 있지만, 여기에서는 한 사람은 바닥에 대형 포대를 깔고 다른 한 사람은 진동기 장대를 들고 올리브를 털어서 떨어트리는 역할을 한다.

3단계

시간이 지남에 따라 대략 10시 30분 정도에 진동기 장대를 담당하는 사람의 팔에 힘이 빠지면 바닥에서 포대를 담당하던 사람과 역할을 교대하여 체험을 지속한다.

올리브 수확 연령은 주로 10~25년생이 적절하므로 이쯤 되면 나무 높이가 상당하므로 손이 닿는 줄기에서 수작업하는 것이 제일 좋은 수확 방법이지만, 불가피하다면 바닥에 넓은 포대를 깔고 일반장대, 전동장대 혹은 전동차를 이용할 수밖에 없는 경우도 많은 편이다.

4단계

120년의 전통을 이어 이탈리아 폴리아(Puglia)농장에서는 냉해가 없는 10~12월을 수확 적기로 하고 있다. 올리브 열매를 수확하는 것은 상당한 조심성이 필요하다. 사실, 고급 올리브오일(extra vergin olive: 지방파괴 산도 0.8% 이하)을 생산하기 위해서는 올리브 열매에 상처가 없는 것이 상품으로 열매를 털 때 직접 장대로 열매를 두들기는 것은 피해야 한다.

5단계

1시 15분경에 오후 작업이 시작되며 오전에 수확한 올리브의 기름을 뽑는 기계실로 옮긴다. 통상 고급오일을 만들려면 산패가 시작되기 전 6시간 이내 착유하는 것이 과학적이다. 올리브를 세척하고 먼저 말려둔 올리브를 기계에 투입하여 기름을 뽑는 과정을 거친다.

6단계

올리브는 수학 후 꼭지에서부터 공기가 접촉하면서 산패가 시작되므로 수확과 오일 추출작업은 시간이 생명이다.

드디어 올리브 기름을 수확하는 것을 체험하면서 당일에 야외에서 어렵게 수확하면서 힘들었던 체험과 이동, 세척, 기계 투입과정에서 느낀 기억들이 모두 하나의 보람으로 느껴지게 되는 순간이다.

7단계

고온에서 기름을 추출하면 보다 많은 양을 얻을 수 있으나 최고품질을 지향하는 이 농장에서는 냉추출(27℃ 이하) 방식을 택하여 짜고 있다. 직접 추출한 올리브 오일을 구입하거나 농장에서 작은 병에 선물용으로 나누어주기도 한다.

4시 30분에 모든 과정을 완료하고 손을 씻고 작업복을 평상복으로 갈아입는다.

8단계

프로그램 체험 사전 평가와 전 과정을 체험한 다음 사후 평가에서 자신의 정서, 신체, 정시 건강에 미친 영향에 설문과 면담을 통하여 효과를 측정하는 과정을 거치면서 전체 일정이 마무리된다.

3 치유농업 프로그램: 노르웨이(Norway)

프로그램 배경

노르웨이의 치유농업은 네덜란드 못지않게 활성화되어 있다. 그 결과 1,000개가 넘는 농장들이 등록되어 운영되고 있다. 그리고 노르웨이 자체 고유의 치유농업 트레이드 마크인 인 파 투넷(Inn på tunet :Into the farmyard)이라는 고유한 치유농업 국가 명칭을 사용할 정도로 유럽에서도 선도적으로 치유농업이 활성화되어 있다.

노르웨이 농업대학(The Agricultural University of Norway)에서 학사과정과 평생교육과정으로 치유농업 전문가와 치유농장 운영자를 위한 단기 양성 과정을 운영하고 있어 유럽에서 치유농업 인재양성 부문에서 선도적인 위치에 있다.

금번 노르웨이 치유농업 현황 연구에서 30개의 농장을 치유농업 연구진은 키트우드(Thomas Kitwood)와 파워(G. Allen Power)가 방문체험, 인터뷰한 후 전체를 농장의 기능별로 프로그램과 환경이 각각 상이한 3개의 농장으로 구분하였다. 그리고 서(西) 노르웨이 대학(Western Norway University)의 지원으로 실행한 각각의 특징 있는 프로그램을 본 장에서 재정리하여 소개한다.

A 그룹 농장

이 농장은 낙농농가이나 달걀, 장작, 채소, 과일, 허브, 베리, 개, 고양이, 토끼, 알파카 등 다양한 농산품을 생산하고 있어 복합농장으로 분류될 수도 있다. 이 농장들은 대부분 가족 농부가 전업으로 운영하며, 학교, 요양원, 양로원 등에 치유농업 프로그램을 협업으로 운용하고 있다.

사례로 소개되는 프로그램은 5명의 치매 환자들(60~90세)이 미니벤을 타고 병원 전문치유사가 동행하여 농장에 도착하는 그룹과 자발적으로 개인 참여하는 사람들과 합류한다. 농장주는 예비학교 교사 출신으로 치매 전용 프로그램을 2014년부터 운영하고 지역에서 상당한 인정을 받을 정도로 근실하게 운영하고 있다.

B그룹 농장

B그룹 농장은 소, 양, 개, 토끼 등 다른 가축들도 있지만 말(馬)을 활용한 프로그램을 중점으로 활용하여 가족이 운영하는 치유농장이다.

이 농장의 경우, 학생, 시설수용자, 정신질환자, 노인들을 주요 대상으로 치유농업 프로그램을 말을 이용하여 구성하고 제공하고 있다. 이들 이용자들은 대체적으로 주당 3일 정도 빈도로 방문하며 사정에 따라서 자신에게 맞는 프로그램을 소그룹 혹은 개인별 과정을 수행한다.

농장운영자들은 지역대학 평생교육과정을 통하여 치매환자 서비스 교육을 받아 전문적인 프로그램 운영이 가능한 사람들이다.

2008년부터 봉사자 3,4명과 함께 특화 프로그램을 운영하면서 방문자와 자원봉사자를 미니버스로 픽업해서 농장으로 모시고 과정 이후 귀가 서비스까지 하므로 쉴 시간이 없을 정도로 바쁜 치유농장일을 감당하고 있다.

C그룹 치유농장

이곳의 경우 초화류, 야채, 과일, 허브, 꽃, 베리 등을 재배하며 머리에 상처 입은 사람들과 치매에 걸린 사람들이 주로 애용하는 특화된 치유농장이다. 참여자들은 50~70대가 주류이며 주당 3, 4일 방문하는 사람들이 대부분이다. 2008년부터 이 농장을 운영하는 부부 중 남편은 공예 전문가로 공예 관련 프로그램을 제공하여 많은 인기가 있고, 아내는 헬스케어 전문직이면서 치유관련 사회 교육을 이수하여 농장에 적용하고 있다.

위의 3가지 유형의 농장에는 주기적으로 발굽수리공, 편자공, 수의사, 자원봉사자 등 치유농장 관련 전문기술자들이 방문하여 치유농업 체험이 원만하도록 장비, 도구, 수리 보수를 지원하고 있다.

체험자들은 주로 가축 사료주기, 축사 청소, 동물케이지 청소, 사료 및 음식 준비,

제빵, 걷기, 거름주기, 승마체험, 노래, 뜨개질, 크로킷 프로그램 체험과 계절에 따라 크리스마스 장식, 달걀 수거 등 주로 체험하여 가끔은 운 좋은 경우 새끼 양을 분만하는 것을 도와주는 특별한 경험을 통하여 정신질환, 치매 환자들이 생명의 중요성을 다시 인지하는 감격적인 농장의 경우도 있었다.

특히 치매환자들이 겪는 가장 어려운 상황은 가족, 친지들과 의미있는 소통을 할 수 없는 것이다. 이 경우 연구자들은 치매환자의 하루하루 매 순간의 행동과 생각이 자신들의 삶의 영향을 미치게 되는가를 이번 연구를 진행하면서 학습하게 되었다는 것이다.

심리치유농업 프로그램의 경우, 전체 과정 중 목장 체험과 농장에서 쿠키 굽는 체험을 근간으로 심리교육 모델을 적용하여 노르웨이 농장의 치유사례를 교육용으로 재구성하였다.

| **CS·ASSURE 긍정심리교육: 노르웨이 치유농업 프로그램 구성원리 (Positive Psychotherapy 이론 적용프로그램)**

회기	핵심요소	프로그램 회기	세부내용
1	긍정적인 정서의 경험	• 라포(rapport) 구축 • 강점 찾기 • 긍정 감정 활용	• 내담자와 긍정적 라포 구축 • 프로그램 소개와 만남
			• A,B,C 농장의 환경을 이해하고 긍정적인 면을 찾고 치유농장 경험으로 활용
2	삶의 참여와 몰입을 통한 즐거움	• 용서(수용)하는 마음 갖기	• 농장의 다양한 가축들을 애호하는 마음으로 받아들이는 수용함
		• 감사하는 마음 갖기	• 힘든 농장을 가꾸어 온 농장주들에게 감사하는 마음으로 프로그램 체험
3	삶의 의미 발견을 통한 자기실현	• 내 안의 낙관성 증진	• 때로는 노동이 요구되는 농장프로그램에서 낙관적인 면을 탐색함
		• 인생을 음미	• 가축농장에서 동물들의 삶과 나의 삶을 비교하면서 인생의 의미 찾음
		• 사회 기여 • 사회 봉사	• 농장에서 생산된 지역 먹거리를 구매하거나 재능 봉사함
		• 행복한 인생을 위한 서약서 작성, 자기다짐	• 치유농장의 체험을 일기 형식으로 기록하고 재방문 시 느낀 점을 비교하면 치유적으로 활용

프로그램 진행

1단계

미니벤을 타고 다수의 치유농업 체험자들이 농가에 도착하였다. 농장주는 모든 사람, 한 사람 한 사람 친절하게 응대하였다. 먼저 입장한 사람들이 옷을 라커에 걸고는 식탁 준비를 도와준다. 빠진 사람없이 모두에게 커피와 쿠키가 전달되자 모드들 앞을 다투어 이야기를 시작하고 다들 즐기는 분위기가 되어 서먹하지 않고 조기에 라포가 잘 형성되어가는 분위기였다.

2단계

1단계를 마치고 준비된 축사 담당 그룹들은 농장에서 준비한 장화를 갈아신고 나서 간편 아침식사를 마치고 축사 바닥에 짚을 깔아둘 자원자를 요청하여 축사로 프로그램을 가동하기 위하여 이동하였다.

한 다발에 30kg 정도 되는 바닥 깔개 톱밥 자루를 하나씩 끌고 나와 서로 도우면서 축사 바닥에 옮고 평평하게 모두 깔았다. 모두 초보자들이라서 보기보다 쉬운작업이 아니었다. 우선 톱밥은 무겁고 축사 바닥이 미끄러운 곳이 많아서 안전에 조심조심하면서 작업을 상당한 시간 동안 이어갔다.

3단계: 목장 체험

가축 농장의 경우 매일 하는 기본활동이 건초 무게를 달아서 사료로 제공하는 것이다. 말 26마리가 있는 농장의 경우, 하루에 3번씩 먹이를 주는데 사료 48뭉치가 필요하다. 이 작업은 2인 1조로 진행하는데, 한 사람은 무게를 달고 다른 사람이 나누어 주는 식으로 진행한다.

건초 보관 폭이 3미터 되는 사일로에서 가지고 오고 이것들을 공평하게 나누어 26마리의 말에게 제공하게 된다. 쉬운 것 같아도 상당한 숙련을 요하는 작업이다. 특히 사이로에서 건초를 집어내는 과정이 힘들므로 주의 깊게 관찰하며 작업을 인도하여야 한다.

4단계

11시 30분 정도에 오전 일과를 마무리하면서 농장에서 참여자가 함께 준비한 점심을 조별로 나누어 식탁에서 즐긴다. 치유농장의 점심은 식사의 의미도 있으나 식사를 준비하는 주방체험을 하는 것도 치유농업 프로그램에 구성되어 있다.

사실 참여자 전체를 조별로 나누어, 채소 다듬고 씻기, 육류 준비와 로스팅 담당, 수프 끓이는 담당, 그릇과 테이블 준비하는 그룹으로 나누고 그룹당 2~3명씩 담당을 정하여 협업하는 식사 준비 또한 타인을 위한 배려로 사회성 제고 치유에 큰 도움이 되는 체험과정이다. 또한 여러 사람이 한 곳에서 모여서 회식을 할 때 느끼는 즐거운 분위기 역시 치유에 효과적이었다.

5단계

오후 일과는 1시 30분 정도에 시작하였다. 오전에 하던 축사, 목장 일을 마치고 농가 주택 활동으로 시작하였다. 축산 치유농장의 경우, 모든 체험과정이 힘든 것이 사실이나 이것 역시 참여자들에게 귀한 현장 치유체험이 되므로 작업을 노동으로 생각하지 않고 즐거운 체험으로 치유농업 프로그램의 낙관성을 찾으려고 심리적으로 노력하도록 안내하는 것이 중요한 시점이 5단계이다.

6단계: 노르웨이 전통제과 체험

크리스마스 준비를 위하여 명절 음식 노르웨이 전통 쿠키 크로테카케(krotekake)를 굽는 날이다. 하루 전에 통보를 받은 체험자들은 노르웨이 전통 쿠키를 굽는 방 엘두스(Eldhus)에서 몇 시간을 봉사할 수 있는 작업복을 준비하여 참석한다.

오전에 도착한 사람들은 오후에 참석하는 사람들이 미니벤을 타고 7명이 2명의 전문 치유사를 동행하고 농가마당에 도착하면 합류하게 된다. 엘두스의 방에는 이미 커피, 접시, 케이크 받침대에 크로테카케(krotekake)가 놓여있다. 농장 주인이 쿠키의 레시피를 설명하면서 먼저 구워둔 견본 쿠키를 직접 맛 보게 하면서 모든 맛을 좌우하는 것은 반죽이라고 강조한다.

7단계

노르웨이 쿠키 전문가가 쿠키에 대하여 자신의 이야기를 하면서 커피 타임을 마치자 모두 앞치마를 걸치고 작업 준비에 들어 갔다. 쿠키 성형을 마친 반죽들을 오븐에 투입하고 나서 다시 담당 조를 바꾸어 2차분 제과 준비에 들어갔다.

1차 쿠키가 완성되어 오븐에서 꺼내자 모두 자신의 작품에 관심이 많았으며 농장주는 프로그램 참석자들에게 쿠키를 나누어 주었다.

참석자 중 여러 여성은 여성인 농장주가 혼자 할 수 없는 일을 도와줄 수 있어 좋았다며 흐뭇한 표정들을 지었다. 또 다른 남성들의 경우 평소에 도시의 센터에 시설에 있을 때 보다 이 치유농업프로그램에 참석 후 나도 무언가를 할 수 있었던 오늘이 재미있고 흥미가 생겼다고 말하기도 한다.

오후 4시경 차 한잔을 하면서 일과, 작업복, 손 씻기 등을 하면서 프로그램을 정리하는 수순으로 들어갔다.

8단계: 프로그램 결과 평가

전체적으로 보았을 때, 전통적으로 노르웨이 농촌에서는 아주 바쁜 파종기와 수확기에는 계절제 고용을 통하여 부족한 인력을 보충하고 있다. 이와 같은 현상은 체험사례 농장 A, B, C 경우 공통적으로 적용되는 경우이다.

A, B, C 사례의 경우 모두들 적극적으로 참여하는 것은 아니었다. 특히 사례 B의 경우, 한 여성이 제과하는 과정 초기에 머뭇거리며 다른 사람들의 실습을 지켜보다 결국 참여하게 된 경우도 있었다. 또한 사례 C의 경우도 축사 작업에 참여를 망설이는 사람이 2명 있었지만 나중에 적극적으로 참여하게 되었다.

참여자들은 농장에서 사람들과 어울리며, 집에서 혼자 있을 때 느끼는 외로움을 덜 수 있어서 좋았다고 하였다. 특히 남성 참가자는 "집에서는 아무것도 새로운 일을 할 수 없어 무력감을 느끼는데 농장에서 가축이나 채소를 돌보는 일은 활력을 불어넣어 주어 참으로 보람 있었다."라고 말한다.

결론적으로 주당 3회 이상 방문한 사람들의 치유농장 경험은 치매, 정신질환, 우울증을 겪고 있는 사람들 중 시설에 있던 개인 가정에 살던 모두에게 자존감, 자신감, 정체성을 제고하는 데 적지 않은 효과가 있는 것으로 재확인되었다.

특히 노르웨이의 겨울은 춥고 일조시간이 짧은 기간에는 외출을 꺼리는 습관이 생겨 정신 및 신체 예방건강과 치유에 치명적이다. 또한 치유농장 체험은 처음 오는 사람들보다 과거에 방문한 경험이 있는 사람들이 방문하는 것을 적극적으로 희망하고 있으므로 재방문율이 높은 프로그램이다.

따라서 처음 방문을 잘 유도하는 것이 관건이며 한번 방문이 이루어지면 자진하여 참여를 적극 희망하므로 최초 방문에 계획적으로 안내, 독려하는 것이 중요하다.

4 치유농업 프로그램: 벨기에(Belgium)

프로그램 배경

벨기에의 치유농업은 2005년 농촌개발프로그램법(Rural Development Programme)이 제정되면서 이용자의 경비 부담이 줄고 농장에 농업생산 외의 수입이 발생하면서 급속하게 활성화 단계를 거치게 되었다. 사회복지 센터, 건강관리와 보건 관련 기관들과 공동으로 운영하며, 단기와 장기프로그램 과정이 있고 대체로 소규모 단위로 진행하는 것이 특징이다.

벨기에에서 개발된 프로그램 중 휴식, 자기 계발, 사회성 개발을 치유하는 목적으로 구성되어 있는 것이 적지 않다. 치유농업 광역활성화 사업(SoFAB)의 일환으로 운용되고 있으며 벨기에 가축농장의 소, 양, 말, 돼지, 닭을 대상으로 인기 있는 가축 프로그램 농장들도 성행한다.

벨기에의 치유농업 활성화 사업에서 관리하는 농장은 아래의 3개 형식으로 운영, 관리, 지원되고 있다.

전용 치유농장(professional care farm)

일반 생산농장에서 완전히 혁신하여 농작물, 원예, 가축 등 치유 전문 프로그램을 개발하고 자체 치유농업 전문교육을 기관으로부터 받고 자격을 가지고 치유농업 사업을 전문적으로 운영하는 농장

참여 치유농장(Active care farm)

일반적인 생산 농장이지만 치유농업 개념을 수용하여 농장 일부 구간을 할애하여 치유농업 프로그램을 농장에 주도적으로 운영하지는 않고 치유관련 기관에 농장 공간을 이용할 수 있도록 공간을 제공하는 제한적인 치유농장

기관 치유농장 (Institutional care farm)

사회복지, 헬스케어 등 국가에서 운영하는 보건 치유관련 기관에서 농장을 임대 혹은 자체 개설하여 치유농장을 직접 기관에서 운영하는 농장

때로는 농장이 치유 프로그램 운영 외에 사회복지 시설, 보호시설 등으로 활용되는 예도 있는 성격의 정부 기관 치유농장

본 장에서는 벨기에 북부에 위치한 플랜더(Flander) 지역 시범 농장의 치유농업 프로그램을 사례화하였다.

| CS·ASSURE 긍정심리교육: 벨기에 치유농업 프로그램 구성원리 (Positive Psychotherapy 이론 적용프로그램)

회기	핵심요소	프로그램 회기	세부내용
1	긍정적인 정서의 경험	• 라포(rapport) 구축 • 강점 찾기 • 긍정 감정 활용	• 내담자와 긍정적 라포 구축 • 프로그램 소개와 만남
			• 벨기에의 치유농업 영상물을 시청하며 치유농업의 일상을 이해하는 단계
2	삶의 참여와 몰입을 통한 즐거움	• 용서(수용)하는 마음 갖기	• 농작을 통한 삶에 대한 친근감으로 부정적인 생각 탈피하고 농작물과 이웃을 받아들이는 수용성 함양
		• 감사하는 마음 갖기	• 농장의 존재와 프로그램에서 만난 인연에 대한 감사하는 마음
3	삶의 의미 발견을 통한 자기실현	• 내 안의 낙관성 증진	• 벨기에 농장 동식물을 보며 나의 삶의 낙관성 증진
		• 인생을 음미	• 농작 활동을 통하여 자신의 삶 음미
		• 사회 기여 • 사회 봉사	• 농작물과 참여자들을 배려하며 좋은 관계를 유발하는 기여 봉사
		• 행복한 인생을 위한 서약서 작성, 자기다짐	• 채소, 가축에게 아무련 대가없이 도움줌을 통하여 나도 필요시 도움을 요청하는 것을 행복으로 승화하는 마음

프로그램 진행

1단계

본 치유체험은 벨기에 특징인 전용치유농장에서 진행된 프로그램 사례이다. 아침 시간에 맞추어 승합차로 농장에 단체로 도착한 프로그램 참석자와 농장관리인, 사회복지 서비스 전문가와 당해 농장의 강의공간에 모여, 차를 한잔하며 우선 상호 간에 친교를 갖는다. 그리고 축산 농가의 경우 다음 순서로 가축을 쓰다듬어 주고 손을 내밀어 냄새도 맡게 하여 가축과도 부드러운 라포를 조심스럽게 형성한다.

2단계

실제 체험에 앞서 돼지, 말 등 가축의 외모나 행동에 대한 선입견을 갖지 않고 수용하는 마음으로 가축을 받아들인다. 또한 1단계에서 형성된 가축이 경계심 없이 친밀감과 편안함이 인지되면 축사에서 나오게 하든지 아니면, 프로그램 참여자가 치유농업사의 안내를 받아 직접 축사로 들어간다. 특히 축사로 직접 들어갈 경우 가축의 시각에서 보면 자신들의 공간에 외부인의 침입으로 인식하여 불안감을 가지고 공격적인 행동을 할 수 있으므로 개인 안전에 각별히 유념하여 행동하여야 한다.

3단계

농장 현장에서 프로그램을 진행할 때 너무 적극적인 참여자들이 가끔 사고를 일으키는 경우가 적지 않다. 그러므로 이를 피하기 위하여서는 마음가짐이 중요하다. 따라서 오늘 만나는 농장 가축이 사람에게 식량을 제공하여 준 것에 대한 감사하는 마음과 생명체 자체를 부드럽게 대하는 진솔한 마음과 감사하는 마음으로 오늘 담당된 활동을 시작하는 시간이 3단계 과정이다.

4단계

축사나 가축의 분변, 파리, 등 지저분한 공간을 보면서 부정적인 생각이 들지 않도록 자기 마음관리가 우선이다 따라서 가축의 건강한 모습과 자신의 건강한 모습에 낙관성을 갖고 상황, 가축을 둘러싼 공간과 여건을 긍정적인 시각으로 보면서 축사 작업을 대하는 단계이다.

5단계

가축의 사료공급, 축사청소, 정리정돈은 반드시 농장에서 안내하는 전문 방식으로 준수하여 실시한다. 자신의 임의대로 일방적인 처리를 삼가야 한다. 또한 가축 긁어주기, 손질을 직접 체험하면서 통하여 가축의 세상에 대한 존재가치를 인정하고 평소에 자신이 가진 특정 가축에 대한 선입견을 버리고 사랑과 수용을 통하여 자신이 치유됨을 인지할 단계이다.

6단계

전 단계에서 간단한 가축과 간단한 교감적인 프로그램을 하였다면 6단계에서는 보다 적극적인 젖 짜기, 달걀수집, 털깎기 등의 동물치유농업 프로그램을 활용하여 농장 생산 활동을 도움을 주며 가축의 농장의 구성 동물 가축 역할을 깊이 생각하며 자신의 세상에서의 존재가치에 대하여서도 다시 생각하는 인생의 의미 느껴보는 단계다.

7단계

이번 단계의 경우 농장에서 하루 일과는 정리하는 바로 전 단계로서 오후 4시 정도에 해당된다. 따라서 축사 정리, 사료 이동, 축사청소, 정리정돈 등의 활동을 통하여 동물 치유농업이 농장운영 활동에 가축에게도 도움을 주며, 건전한 노동을 가축을 매개로 함으로써 스스로 치유되는 경험을 하게 된다.

8단계

오늘 치유농장 프로그램을 계획대로 안전하게 마친 것을 안도하여 프로그램을 준비하여 준 사회복지 담당, 농장관리인, 치유농업사 등에 감사하는 마음으로 마무리한다.

프로그램 사전 평가와 사후평가에도 적극 참여하여 치유농업 과학화 활성화에 적극 일조한다.

그리고 1~7단계까지의 전 과정을 반드시 기록하며 전체의 과정이 나의 삶에 치유적인 작용을 하는 것을 체험을 통하여 느껴보고 치유농업 프로그램 참여 감상의 글을 기록하여 차기 방문 때 느낀 점과 오늘의 것을 비교하거나 후속 프로그램 조정에 적극 활용토록 한다.

5 치유농업 프로그램: 미국(USA)

프로그램 배경

거대한 농장에 기계화 농작으로 구성된 미국의 농업의 특성상 치유농장은 주로 목장, 원예농장, 개인 소규모 정원에서 치유농업 진행되고 있는 것이 유럽이나, 아시아 지역의 치유농장과 환경적으로 상이한 상황이다.

미국의 치유농장은 인구에 비례하여 아직 초보단계이며 인디아나주 9개, 미시건 10개 등 전체 200개 정도로 추산하고 있으며 광대한 미국 영토를 감안할 경우 아직 초기 단계로 판단된다.

다만, 미국 치유농장은 효시는 골울드 부부가 1913년에 메사추세스주에서 개설하여 대성공을 이룬 골올드(Gould Farm) 치유농장으로 우울증, 외로움, 다소의 정신적 질환 회복자들을 위하여 만든 80만 평 규모의 치유농업마을이 유명하다.

그리고 후일 골올드 치유농장을 참고하여 오하이오주에서 만든 호프웰(Hopewell) 농장은 주거용 치유농장으로 장기간 치유목적 혹은 가족 동반하여 체류할 수 있는 대표적인 미국 치유농장이다.

현재 미국 내에 치유 관련 농장들은 협업하여 치유농장 커뮤니티(Therabutic Farm Community)를 결성하고 상호 정보 공유와 치유농업 활성화에 힘쓰고 있다.

또한 미국에서는 동물 매개 프로그램(AAI:Animal Assisted Interventions)은 동물과 사람 간의 상보적 관계에서 건강과 웰니스의 증진이 이루어지는 치유 프로그램으로 정의된다(Flynn et al., 2020).

가령, 케네디 K. 연구원(Kennedy Krieger Institute)에서 미국 볼티모어(Baltimore, Maryland) 가축농장 특성상 동물매개형 치유농업 프로그램 중심을 구성된 지역 전문가 훈련용으로 개발된 치유농업 프로그램이다.

| CS·ASSURE 긍정심리교육: 미국 치유농업 프로그램 구성원리
(Positive Psychotherapy 이론 적용프로그램)

회기	핵심요소	프로그램 회기	세부내용
1	긍정적인 정서의 경험	• 라포(rapport) 구축 • 강점 찾기 • 긍정 감정 활용	• 내담자와 긍정적 라포 구축 • 프로그램 소개와 만남
			• 미국의 치유농업 영상물을 시청하며 치유농업의 일상을 이해하는 단계
2	삶의 참여와 몰입을 통한 즐거움	• 용서(수용)하는 마음 갖기	• 농작을 통한 삶에 대한 친근감으로 부정적인 생각 탈피하고 농작물과 이웃을 받아들이는 수용성 함양
		• 감사하는 마음 갖기	• 농장의 존재와 프로그램에서 만난 인연에 대한 감사하는 마음
3	삶의 의미 발견을 통한 자기실현	• 내 안의 낙관성 증진	• 미국에서 농장 동식물의 모습에서 나의 삶의 낙관성 증진
		• 인생을 음미	• 농작 활동을 통하여 자신의 삶 음미
		• 사회 기여 • 사회 봉사	• 농작물과 참여자들을 배려하며 좋은 관계를 유발하는 기여 봉사
		• 행복한 인생을 위한 서약서 작성, 자기다짐	• 채소, 가축에게 아무련 대가없이 도움줌을 통하여 나도 필요시 도움을 요청하는 것을 행복으로 승화하는 마음

프로그램 진행

1단계

미국에서 우울증, 정신질환 회복자들을 위한 프로그램을 진행하는 농장에서는 한국처럼 치유농업사 제도가 마련된 상황은 아니며 심리치유 상담사가 동행하여 프로그램을 운용하는 환경이다.

농장에 도착하면 농장을 둘러 보기 전 간단한 설명이 우선적으로 행해진다.

2단계

미국의 농장들은 규모가 크므로 농장관리인이 오리엔테션을 구두 혹은 영상자료를 통하여 전체 농장에 대한 개괄적인 파악을 할 수 있도록 안내한다.

3단계

전체가 공동으로 프로그램에 참여하는 경우보다는 개인 혹은 2, 3명씩 그룹으로 나누어 농작 혹은 가축과 접촉할 수 있도록 프로그램을 주문식으로 제공하고 있다. 오전 시간에는 각자 축사에서 젖소, 말들에게 먹이를 주고, 솔로 긁어주거나 어린 새끼 가축들에게 이유식을 먹여주고, 수돗물로 목욕시켜 주는 체험(hands-on activities)도 직접 하게 한다.

4단계

11시 10분경 오전 일과를 마치고 모두 주방에 샐러드 다듬기, 드레싱 만들기, 수프우 끓이기 등 1~2명씩 조를 나누어서 점심을 준비한다. 모든 과정의 안내 지도는 농장 관리인의 지도하에 안전, 위생 등을 유념하면서 이루어진다.

5단계

점심 식사 중에 대화를 하면 교류의 시간을 병행하는데 특히 기관시설에서 온 참여자들은 모두들 해방감과 호기심으로 모든 과정에 흥미를 가지고 적극적으로 참여하는 모습이 인상적이었다.

6단계

일부 참여자들은 오전 프로그램 후 귀가하는 사람들도 있으나 대부분은 오후에는 오전에 하던 농작 프로그램을 마치고 새로운 목장의 가축들과 함께하는 프로그램을 교체하여 진행하고 있다.

7단계

오후 현장 치유농업 프로그램은 주로 당일 일정에 따라서 3시에서 4시경에 종료하고 전체가 모여서 치유 프로그램 체험에 대한 소견을 공유하여 자신이 느낀 점 외에 타인을 통한 간접 치유경험을 할 수 있는 시간을 보내면서 전체 과정에 대한 환류(feed back)하는 과정이 있어 트라우마 치유에 큰 도움이 되었다고 치유농장 치유 프로그램 참여자 질버스테인은 밝혔다.

8단계

1일차로 과정을 종료하는 사람들은 드물고 치유농장에서 1박한 후 치유로 유명한 세도나(Sedona) 지역의 바위산이나 선인장이 있는 명상 정원 등을 방문하여 2, 3일 머물면서 농촌문화 체험 같은 과정을 경험하는 경우 만족도가 대단히 높다. 특히 영화 '러브힐스(Love Hills)'로 유명해진 마고 리트릿센터(Mago Retreat Center) 등에서 심신치유 명상, 걷기, 마음챙김 등의 프로그램을 추가로 체험하는 경우가 많아 만족도 최고이다.

6 곤충활용 치유농업 프로그램(참나무하늘소)

프로그램 배경

곤충활용 치유농업 프로그램은 생명체이면서 사육하는 데 많은 공간과 비용이 들지 않고 사람에게 반려감을 줄 수 있어서 점점 보편화되는 치유대상이다. 정서적으로 사람에게 친근감을 주는 곤충을 키우면서 곤충과 교감이 이루지고 그 결과 정서적 안정과 정서능력이 증진되며 정서곤충에 먹이를 주면서 키우는 과정에서 생명존중 의식이 향상되는 프로그램이다.

| CS·ASSURE 긍정심리교육: 곤충치유농업(참나무하늘소) 프로그램 구성원리
(Positive Psychotherapy 이론 적용프로그램)

회기	핵심요소	프로그램 회기	세부내용
1	긍정적인 정서의 경험	• 라포(rapport) 구축 • 강점 찾기 • 긍정 감정 활용	• 내담자와 긍정적 라포 구축 • 프로그램 소개와 만남
			• 참나무하늘소 삶이 영상물을 시청하며 곤충의 일상을 이해하는 단계
2	삶의 참여와 몰입을 통한 즐거움	• 용서(수용)하는 마음 갖기	• 곤충의 삶에 대한 친근감으로 부정적인 생각 탈피하여 곤충을 생명으로 받아들이는 수용성 함양
		• 감사하는 마음 갖기	• 곤충의 존재와 인연에 대한 감사하는 마음
3	삶의 의미 발견을 통한 자기실현	• 내 안의 낙관성 증진	• 참나무하늘소의 천연한 모습에서 나의 삶의 낙관성 증진
		• 인생을 음미	• 곤충에게 이름을 지어주며 자신의 삶 음미
		• 사회 기여 • 사회 봉사	• 곤충의 집을 지으며 곤충을 배려하고 좋은 관계를 유발하는 기여 봉사
		• 행복한 인생을 위한 서약서 작성, 자기다짐	• 참나무하늘소에게 아무런 대가 없이 도움줌을 통하여 나도 필요시 도움을 요청하는 것을 행복으로 승화하는 마음

프로그램 진행

• **프로그램 대상**: 초등학생, 유치원생, 어르신(우울증, 강박불안감) 10여 명

• **준비**: 사전 심리상태 평가(pre test)

준비단계에 곤충을 관찰하는 즐거움을 갖게 하고 이에 대한 흥미를 유발하기 위하여 프로그램 오리엔테이션에서 본 과정 즉, 자연에서 사는 생물을 관찰할 때 친밀감을 갖도록 영상자료를 미리 준비한다.

1회기: 곤충학습

• **1단계**: 우선, 곤충 영상자료를 시청하게 한다. 특히 영상을 통하여 단시간에 곤충

의 일대기를 관찰할 수 있어 호기심을 유발할 수 있고, 치유 프로그램 참여자들에게 곤충에 대한 라포를 형성하는 시간을 갖게 한다.

- **2단계:** 참나무하늘소를 관찰한 지식을 근간으로 치유 프로그램 참여자 간에 상호 대화하며 곤충의 살이에 대하여 교감 갖고 자신의 삶도 돌아보는 여유의 시간을 갖는 단계
- **3단계:** 처음의 곤충의 둥지 밖에서 관찰하다 익숙해지면 직접 곤충을 만나게 하고 곤충 실물에 조심스럽게 손가락을 대어보게 하여 곤충과의 친밀감을 갖게 한다.

2회기 (곤충교감)

- **4단계:** 곤충의 이름을 지어주고 먹이, 관리에 대하여 설명해 준 다음 각자 직접 곤충의 집을 지어준다. 참나무하늘소가 사는 환경을 영상을 통해 자세히 배우고 직접 관찰한 후 곤충 집을 짓는다.
- **5단계:** 배려하는 마음을 가꾸기 위하여 참여자들에게 재료를 제공하여 준다. 그리고 각자의 아이디어에 따라 창작적인 곤충 집을 직접 공작하게 한 후 완성된 사람부터 참나무하늘소와 인사를 하고 새로 만든 집에 하늘소를 자리잡게 한다. 스스로 배려를 통한 삶의 낙관성을 학습하는 치유 프로그램으로 운영한다.
- **6단계:** 참나무하늘소의 사육환경을 공부하고 직접 사육할 수 있도록 친근하게 하고 원하는 참여자에게 한 마리씩 분양하여 주고 이를 돌보면서 느낀 점과 사육경험을 중심으로 관찰일지를 쓰게 한다.

3회기 (창의활동)

- **7단계:** 프로그램 참여를 통하여 배우고 관찰한 곤충에 대한 지식으로 곤충 조각을 다양한 방식으로 만들고, 곤충에 관련된 시와 동요를 짓는 인문활동을 하도록 동기부여를 하며 봉사정신을 학습하게 한다.
- **8단계:** 창의활동 공유를 위하여 각자 제작한 곤충동요, 곤충시를 한 사람씩 발표하여 곤충에 대한 친근감이 싹트게 하여 정서능력이 증진되며 정서곤충을 키우는 과정에서 생명존중의식이 향상되는 프로그램 목적을 최대한으로 살린다. 그리고

과정에 대한 사후 평가를 한다.

- 참나무하늘소 프로그램의 진행과정을 근간으로 물에 사는 수서곤충(물방개), 누에, 등 여타 정서곤충을 매개로 하는 치유 프로그램을 창작하여 활용한다.

프로그램 평가

- 사전단계에서 실행하였던 동일한 설문을 사용하여 사후 평가를 실시하고 사전 사후 평가치를 상대 비교하여 치유효과 유효한 부분과 아닌 부분을 토의하고 향후 프로그램에 반영한다.
- 치유 효과가 미진한 항목의 경우, 재차 동일 프로그램을 실시하되 2차에서도 변화가 없을 경우 대상자 맞춤형 방향으로 프로그램을 재구성하는 것을 전문가와 검토할 수 있다.

7 동물매개 치유농업 프로그램(어린 양)

프로그램 배경

축산동물을 활용하여 예방건강과 행복한 생활을 원하는 사람들과 정서적 사회적 신체적 · 정신적으로 치유가 필요한 사람들을 대상으로 치유 프로그램을 이용하는 것을 동물매개 치유라고 한다.

동물매개 치유농업에 투입되는 축산동물은 사람 동물 간에 전염될 수 있는 인수전염병이 없고 성질이 온순하며 고약한 냄새나 울음소리 같은 소음이 없고 관리사육이 간

편한 동물을 그 대상으로 한다.

동물매개 치유에 활용되는 프로그램은 연구를 통하여 과학적으로 근거중심(evidence based)으로 개발 검증된 프로그램을 대상자의 요구에 접합한 프로그램을 선택하고 동물복지에 관한 사항도 프로그램 운용 시 각별히 유념하여야 한다.

농장의 자연환경, 농작활동이 아닌 동물을 매개로 이루어지는 프로그램 과정의 특성상 안전사고의 예방을 위한 응급조치나 예방 조치를 반드시 갖추고 진행한다. 특히 어린 아동이나 노약자를 대상으로 프로그램을 진행할 경우 추가적인 안전사항을 필히 점검하여야 한다.

사전 검사

인성, 사회성, 생명존중, 자아존중감을 제고하여 주는 목적형 프로그램이므로 프로그램 진행 전에 관련 설문지를 활용하여 개인별, 항목별 스케일에 대한 데이터를 사전에 확보하고 진행한 후 프로그램 결과를 평가할 때 설문결과와 상대 비교할 수 있도록 준비한다. 또한 프로그램의 진행은 최대한으로 농장환경에서 진행될 수 있도록 준비한다.

| CS·ASSURE 긍정심리교육: 동물매개 치유농업(어린 양) 프로그램 구성원리 (Positive Psychotherapy 이론 적용프로그램)

회기	핵심요소	프로그램 회기	세부내용
1	긍정적인 정서의 경험	• 라포(rapport) 구축 • 강점 찾기 • 긍정 감정 활용	• 내담자와 긍정적 라포 구축 • 프로그램 소개와 만남
			• 어린 양에 대한 영상물을 시청하며 양의 일상을 이해하는 단계
2	삶의 참여와 몰입을 통한 즐거움	• 용서(수용)하는 마음 갖기	• 어린 양의 삶에 대한 친근감으로 부정적인 생각 탈피하여 어린 양을 생명으로 받아들이는 수용성 함양
		• 감사하는 마음 갖기	• 어린 양의 존재와 인연에 대한 감사하는 마음

3	삶의 의미 발견을 통한 자기실현	• 내 안의 낙관성 증진	• 어린 양의 태연한 모습에서 나의 삶의 낙관성 증진
		• 인생을 음미	• 양에게 이름을 지어주며 자신의 삶을 음미
		• 사회 기여 • 사회 봉사	• 어린 양에 집을 지우며 어린 양를 배려하며 좋은 관계를 유발하는 기여 봉사
		• 행복한 인생을 위한 서약서 작성, 자기다짐	• 어린 양에게 아무런 대가없이 도움줌을 하여 나도 필요시 도움을 요청하는 것을 행복으로 승화하는 마음

프로그램 진행

1회기 프로그램

1단계

어린 양이 선호하는 음식, 피하는 사료, 위생관리, 주의할 점 등에 대한 사전 교육을 통하여 친밀감을 형성하게 하고 생명존중의 의식과 사회성, 인성을 좋게 하는 효과를 볼 수 있도록 동물과 참여자 모두에게 라포를 형성하는 단계를 프로그램 1단계에서 계획한다.

2단계

친밀감 형성과 사교성을 증진하기 위하여 참여자에게 어린 양의 모양, 성향, 생김새를 관찰하고 어린 양의 특징에 맞는 이름을 지어 주게 하고 나뭇잎, 종이, 나무조각 등 다양한 모양의 이름표를 달아준 다음, 어린양의 집을 정리하고 꾸며주게 한다. 양을 돌보면서 자연스럽게 체험 교육 과정을 거쳐서 사회성과 인성을 함양할 수 있도록 유도한다.

2회기 프로그램

3단계

어린 양을 만나서 만져보고, 특징, 성질, 소리 등 어린 양의 습성을 익히도록 한다. 필요시 브러시로 어린 양의 등을 긁어 주게 하여 자신감 향상, 주도성 증진, 사회참여도가 증진될 수 있도록 체험과정을 자연스럽게 유도한다.

4단계

어린 양의 먹이용 풀을 참여자들이 직접 농장, 들판에서 구하고 부족하면 농장의 사료 등을 자신의 손으로 양에게 주어서 베풂과 배려를 통한 인성 함양 교육과 치유를 할 수 있도록 프로그램을 운영한다. 그리고 어린 양이 선호하는 건초의 경우 따로 포장하여 어린 양와 교감할 때 보상용으로 활용하게 한다.

5단계

인문 창작활동을 위하여 어린 양을 주제로 한 동요와 창작시를 구상하고 스스로 작사하여 이를 어린 양 앞에서 불러 주게 하고 칭찬하여 줌으로써 자기 존재감, 자아인식, 자존감 제고에 도움이 되도록 프로그램을 구성한다.

6단계

어린 양의 몸 상태를 관찰하고 지금은 어떤 상태인지 감정과 기분을 생각하며 사전에 준비한 동물 그림을 이용하여 나의 감정과 어린 양의 감정을 비교하게 하고 동참자들과 각자 느낀 점에 대하여 대화하게 하여 사회성과 배려에 대한 마음을 기르게 한다.

3회기 프로그램

7단계

어린 양의 특징, 성질, 모양 등을 관찰한 지식을 근간으로 어린 양 롤 플레이(role play) 게임을 한다. 우선 어린 양을 그림으로 그려서 가면으로 쓰거나 자신의 얼굴 앞에 들고 어린 양의 흉내를 낸다. 준비물이 완성되면 친구들과 역할놀이를 하는데 어린 양과 거북이, 어린 양과 호랑이 등 역할을 분담하여 연극을 연출한다. 이를 통해 연극을 연출하게 하여 이타심과 자아존중감이 치유될 수 있도록 과정을 진행한다.

8단계

마무리하는 단계에서는 그동안 프로그램에 참여하면서 정든 어린 양에게 하고 싶은 말, 부탁의 말 등을 글로 써서 친구들과 발표, 대화, 공유하게 하여 자기 표현력, 타인의 관점을 존중하는 교육이 체험 프로그램을 통하여 증진되고 부족한 부분은 치유되게 한다.

프로그램 평가

사전검사에서 사용하였던 동일한 설문지를 이용하여 사후 평가를 실시하고 상호 비교하여 부문별 차이점을 확인하고 차후 프로그램 구성의 기본 자료로 활용한다.

8 휴양치유형 농업프로그램

프로그램 배경

도시민이 일상에서 탈피하여 농촌의 여유로운 문화와 환경을 즐기면서 휴양치유할 목적을 가지고 농촌마을을 방문하는 사람을 위한 프로그램이다. 주요 대상자는 수험생, 지친 직장인, 수술 후 회복 중인 사람, 일반적인 관광활동에 제약이 있는 신체 불편한 사람, 퇴직 후 휴양과 재충전을 희망하는 퇴직자다.

사실, 프로그램의 기본 개념은 휴양을 통한 치유이지만, 핵심활동은 정서적 · 정신적 · 신체적 휴양을 통한 치유이며 사후에 과학적인 효과측정을 위하여 회복력 증진지수, 행복지수, 지각된 회복력, 치유탄력성(resilience) 제고를 지향점으로 프로그램이 증거 중심으로 구성되어야 한다.

본 프로그램은 긍정심리교육모형(CS · ASSURE)을 근거로 개발된 프로그램으로 1회기부터 3회기까지 전체 8단계의 프로그램 진행을 단계화하여 구성되었다.

| CS·ASSURE 긍정심리교육 휴양치유형 농업 프로그램 구성원리 (Positive Psychotherapy 이론 적용프로그램)

회기	핵심요소	프로그램 회기	세부내용
1	긍정적인 정서의 경험	• 라포(rapport) 구축 • 강점 찾기 • 긍정 감정 활용	• 내담자와 긍정적 라포 구축 • 프로그램 소개와 만남
			• 마을 영상물을 시청하며 마을의 일상을 이해하는 단계
2	삶의 참여와 몰입을 통한 즐거움	• 용서(수용)하는 마음 갖기	• 농촌의 삶에 대한 친근감으로 부정적인 생각 탈피하여 농촌을 생명으로 받아들이는 수용성 함양
		• 감사하는 마음 갖기	• 농촌의 존재와 인연에 대한 감사하는 마음
3	삶의 의미 발견을 통한 자기실현	• 내 안의 낙관성 증진	• 농촌마을의 한가한 모습에서 나의 삶의 낙관성 증진
		• 인생을 음미	• 농촌의 일상 가까이에서 체험하며 자신의 삶 음미 탐색
		• 사회 기여 • 사회 봉사	• 마을에 필요한 일 거들어 주어 배려하며 좋은 관계를 유발하는 봉사
		• 행복한 인생을 위한 서약서 작성, 자기다짐	• 마을에 아무런 대가없이 도움을 주며 나도 필요시 도움을 요청하는 것을 행복으로 승화하는 마음

프로그램 준비

- 프로그램 효과를 과학적으로 평가하기 위하여 프로그램 시작 전에 대상자들에게 준비된 설문지 받아서 데이터를 확보하고 프로그램 사후 평가 시 대비자료로 활용한다.
- 마을을 선택할 때에는 정취가 물씬 나는 고즈넉하고 자연환경 속에 위치한 마을를 정하되 대형 도로변 마을, 공장이나 시설단지 가까운 마을, 공항, 항만 등 기간 시설 주변 마을, 그리고 대형 축사 등 악취가 있는 마을은 피하는 것이 휴양치유 프로그램 운영 효과를 최적화할 수 있다.
- 마을 내에 정자, 의자, 그늘막 등 휴식과 소통의 공간이 설비된 곳은 최상의 마을
- 일단 예비마을이 선정되면 마을대표 마을주민과 교감하여 우호적인 분위기에서 프로그램이 진행될 수 있도록 배려하여야 한다.

프로그램 진행

휴양과 치유라는 프로그램 특성상 1회 방문 시 3회기를 모두 진행할 수도 있으나 프로그램 실행 효과 증진을 위하여 한 번에 1회기만 운영하는 안을 추천한다.

1회기 프로그램

1단계

마을 형성의 배경, 역사, 인물, 환경, 거주민과 자연생태에 대하여 자세한 배경 설명을 마을 지도를 보면서 오리엔테이션 한다. 또한 마을 내 휴식공간 편의시설에 대하여서도 언급하고 주민에게 피해 없도록 철저히 당부한다. 필요시 주민 모임에 한 번 정도는 참석하여 마을 주민 교감을 형성하는 것이 프로그램 진행에 무리가 없다.

2단계

기본적인 주의 사항을 고지하고 대부분의 시간은 참여자가 자율적으로 마을 공간을 활용하고 휴양 치유할 수 있도록 배려한다. 다만 마을 주민들의 사생활에 방해가 되거나 침해될 수 있는 행동, 언어는 각별히 유의하도록 사전에 충분히 안내하여 단계별 운용하는 것을 원칙으로 한다.

3단계

마을 산책이나 정자 등 휴식 공간을 활용하는 경우 완전한 자율보다는 몇 가지 상황과 여건에 맞는 모범코스를 만들어 과정을 돕도록 한다. 특히 어르신 참여자 혹은 아동들의 경우, 다양한 참여자의 취향에 맞춤형으로 선택할 수 있는 코스 혹은 세부 프로그램을 구성하여 휴양 치유 효과를 극대화할 수 있도록 배려한다.

● 2회기 프로그램

4단계

휴양과 휴식이 치유적인 효과를 보일 수 있도록 완전히 방임하지 않고 재충전할 수 있는 의미있고 부담없는 단기 목표나 과정을 설정하여 제공할 수도 있다. 일부의 경우 마을 농촌체험 과정을 만들어 마을 일도 돕고 과거의 경험을 회상하는 것을 통하여 더욱 치유적인 효과를 꾀할 수 있도록 안내한다.

5단계

마을 주민이 참여를 희망할 때 마을대표와 상의하여 프로그램 참여자와 마을 주민에 호혜적인 과정을 운영하여 상생할 수 있도록 마을 주민 참여를 긍정적으로 포용한다.

이 경우, 프로그램 참여자들 역시 마을 주민과의 건전한 교류를 통하여 사회성을 증진하고 삶의 만족도를 높일 수 있다.

3회기 프로그램

6단계

특히 당해 마을에서 전수되어 오던 토착음식이나 향토음식이 있을 경우 이를 치유과정으로 프로그램화하여 활용할 수도 있다. 또한 다도와 향토음식을 융합하여 음식치유과정을 운영하면 한가한 마을 휴양에 다소 지루함을 느낄 때 유용한 대안이 될 수 있다.

7단계

농업활동과 치유를 연계하여 공동 농기구 보관시설, 마을 텃밭, 과수원 등 마을의 기존 설비들을 활용하여 당해 마을에 특화된 치유자원을 근간으로 차별화된 프로그램을 운용할 수 있다.

8단계

마을의 경로당, 회관 공간을 활용하여 요가, 명상, 스트레칭 프로그램을 개설하여 주민과 방문자가 상호 이용할 수 있는 유익한 치유 프로그램을 구성하면 창의적이다. 마을 뒷산의 풍광이 수려할 경우, 풍욕과정이나 숲 치유과정을 적용하여 휴양치유효과를 극대화하는 창의적인 프로그램 운영도 필요하다.

프로그램 평가

- 일정 기간(주 1회 빈도) 농촌 휴양치유 참여자의 치유효과를 평가하기 위하여 준비된 설문지를 주기적으로 회수 통계하여 잘된 부분과 미흡한 부분에 대한 토론을 하고 참여자들과 공유하며 치유효과를 높일 수 있도록 지원하여 준다.
- 금번 농촌휴양치유형 프로그램의 평가결과와 선행결과를 비교하거나 타 지역의 유사프로그램의 결과치를 비교하여 프로그램의 객관성, 타당성을 분석하여 본다.

	강사	센터장

휴양치유형 프로그램

심리교육 생활습관치유 계획안

회기	1, 2, 3	대상	퇴직자
활동주제	농촌의 자연환경, 생활문화, 자연공간에서 휴양치유	소주제	휴양치유농업
목표	심리치유 이론 CS·ASSURE 적용, 바쁜 일상에서 탈피하여 스스로의 마음챙김	활동형태	농촌마을 문화 프로그램 체험
활동명	나의 라이프스타일 개선 휴양치유 프로그램 체험		

시간	활 동 내 용	준비물·유의점	실행·평가
▷ **도입단계** 15분 학습 목표	• 농촌마을 휴양치유 배경 설명 • 당일 자유로운 일과 대화 마을 안내 • 휴양치유 선행 프로그램 공유 (PPT, 영상자료) • 사전평가	• PPT, 영상자료 • A4 용지 • 화이트보드	사전평가
▷ **전개** 25분 체험활동	• 휴양치유 프로그램 실행 - 편한 복장, 채비 준비 - 휴양을 위한 마음챙김 - 프로그램 진행 	• 실천계획 근거하여 휴양치유 활동을 하며 휴식 시간 활용하여 • 활동사진, 일지 작성	미션완성 여부 확인
▷ **과정정리** 15분 습관개선	• 심리 치유모델 원칙을 적용하여 휴양을 통한 치유체험 • 전체 프로그램 운영 과정에서 도시민들의 심신을 치유할 "지금 여기(here & now)" 마음으로 프로그램 진행	마음챙김으로 정리 (mindfulness)	사후평가

참고 문헌

[학술논문] [P3-211118] 소년원 청소년의 정서안정과 진로탐색을 위한 자생식물활용 치유농업 프로그램 개발 및 효과검증. 인간식물환경학회. 2021년 11월 18일.

[학술논문] [P1-210603] 박은지, 박수진, 유용권. 장애인을 대상으로 한 치유농업 프로그램 현장적용 효과. 인간식물환경학회. 2021년 06월 17일.

[학술논문] 오가영, 강원국. 치료도우미견을 매개로 한 치유농업 프로그램이 농촌 지역 저소득층 아동의 정서지능에 미치는 영향. 한국문화융합학회. 2021년 07월 30일.

[학술논문] 박은실, 이숙, 임금옥. 치유농업 프로그램이 지역아동센터 이용 아동의 자아존중감에 미치는 영향. 인간식물환경학회 2023년 06월 15일.

[학술논문] 유은하, 정순진, 강용구, 문지원, 안소현. 성인 발달장애인의 손기능, 장악력, 신체 균형 및 기능적 독립수행에 미치는 치유농업 프로그램의 효과. 인간식물환경학회. 2022년 10월 27일.

[학술논문] 김소윤, 김선영, 최현며으, 지상민. 곤충자원을 이용한 농가형 치유농업프로그램의 치유효과 분석. 한국농촌지도학회. 2023년 03월 31일.

[학술논문] 김미진, 최혜정, 김종혁, 이가윤, 유지승, 이애경, 윤숙영. 치유농업 프로그램의 효과성 검증을 위한 전문가 델파이 조사. 인간식물환경학회. 2023년 06월 15일.

https://www.countrysideclassroom.org.uk/care-farms

https://www.countrysideclassroom.org.uk/care-farms/case-studies/densholme-care-farm

https://cultivatinghopefarms.org/about/

https://www.sciencedirect.com/science/article/abs/pii/S0149718919301089

https://carefarmingnetwork.org/the-network/

https://koreascience.kr/article/JAKO202021741260969.page

https://www.sciencedirect.com/science/article/abs/pii/S0149718919301089

https://www.mdpi.com/2071-1050/15/4/3854

https://www.ncbi.nlm.nih.gov/pmc/articles/PMC1580179/

https://www.sciencedirect.com/science/article/pii/S1573521412000024

산림치유는 숲의 향기, 경관 등 자연의 다양한 요소를 활용하여 건강을 유지하고, 심신 회복과 휴양, 신체적, 정신적 건강을 회복시켜 인체의 면역력을 높이는 치유활동으로 질병을 치료하는 행위와는 구별된다. 약물치료와 같은 생물학적 치료에 비해 산림치유는 자연의 치유 요소를 활용하는 것으로 부작용의 위험이 적고, 일상생활에서 쉽게 접근할 수 있어 심리적 부담이 덜한 이점이 있다. 자연이 제공하는 치유 요소로는 자연 경관뿐만 아니라 식물, 향기, 자연의 소리, 피톤치드, 물, 음이온, 산소, 먹거리, 온습도, 햇빛 등으로 다양하다.

5장

산림치유

Forest Healing

5장 산림치유

산림치유의 이론적 배경

산업체계가 정보화 사회로 급속도로 변환되고 생활습관이 변화되면서 자연 속에 머무는 시간은 점차 줄어들고 스트레스와 탈진, 불안과 우울증, 기타 만성 질환 등이 늘어나고 있다. 정보화의 진전에 따라 초연결 시대에 살아가고 있지만 정작 사람들과의 관계는 멀어지고 무관심과 외로움을 느끼는 사람들은 늘어가고 있다. 이러한 사회적 환경에서 개인이 겪고 있는 신체적, 정신적 질환을 자연과 연계하여 예방하고, 타인과의 관계 및 사회적 유대감을 강화하여 긍정적인 자기실현과 웰빙을 촉진함으로써 전체적인 건강을 향상시키려는 산림치유가 주목을 받고 있다.

산림치유는 산림의 향기, 경관 등 자연의 다양한 요소를 활용하여 인체의 면역력을 높이고 건강을 증진시키는 활동을 말한다. 우리나라는 산림치유에 적합한 곳을 '치유의 숲'으로 지정하여 운영하고 있으며 산림치유와 관련된 다양한 연구와 프로그램을 통해 산림 환경을 이용할 수 있도록 「산림문화 · 휴양에 관한 법률」로 정하고 있다.

산림치유는 숲의 향기, 경관 등 자연의 다양한 요소를 활용하여 건강을 유지하고, 심신 회복과 휴양, 신체적, 정신적 건강을 회복시켜 인체의 면역력을 높이는 치유활동으로 질병을 치료하는 행위와는 구별된다. 약물치료와 같은 생물학적 치료에 비해 산림치유는 자연의 치유 요소를 활용하는 것으로 부작용의 위험이 적고, 일상생활에서 쉽게 접근할 수 있어 심리적 부담이 덜한 이점이 있다. 자연이 제공하는 치유 요소로는 자연 경관뿐만 아니라 식물, 향기, 자연의 소리, 피톤치드, 물, 음이온, 산소, 먹거리, 온습도, 햇빛 등으로 다양하다.

사이언티픽 리포트(Scientific Reports)에 발표된 연구에 따르면 일주일에 최소 120분을 자연에서 보내는 사람들은 자연을 방문하지 않는 사람들보다 건강 상태가 좋고 심리적 웰빙이 더 높은 것으로 보고되었다(White, et al., 2019). 산림환경은 크게 물리적 요소, 화학적 요소, 심리적 요소 세 가지로 구성되어 있다. 이러한 다양한 요소들로 인해 뇌가 이완되고 부교감신경계가 활발해지며, 스트레스 호르몬의 분비는 억제되고 면역기능이 강화된다. 증가된 면역 반응은 자율신경계로 피드백되어 스트레스 반응을 더욱 감소시킨다고 한다(Li, 2012).

산림의 풍경과 녹색, 나무와 꽃의 냄새와 향기, 숲의 소리, 숲의 분위기와 나무의 감촉, 그리고 숲의 신선한 공기와 과실은 우리 오감을 통해 마음을 편안하게 하고, 스트레스를 완화시켜주며 질병을 예방하여 준다. 이러한 과정에서 숲의 중요성을 이해하게 되고 환경을 더욱 잘 보전하고자 하는 마음이 우러나게 되어 산림을 건강하게 할 수 있다. 또한 국민 건강과 지역경제 발전에도 기여하여 사회를 더욱 건강하게 한다.

산림치유의 효과에 대한 과학적 근거가 밝혀지면서 산림 치유의 중요성이 커지고 있다. 이에 따라 산림을 활용하여 스트레스를 해소하고, 신체적 건강과 면역력을 증진시켜 심리적인 안정감과 만족감을 얻으려는 수요 또한 증가하고 있다. 이 프로그램은 산림이 가지고 있는 치유 요소를 활용하여 건강 유지, 회복 탄력성 및 활력을 촉진하고 개인적, 사회적, 전반적인 웰빙을 실현하는 데 도움을 주고자 설계하였다. 과부하되고 피로한 몸과 마음에 조금이나마 도움이 되기를 기대한다.

산림치유 프로그램의 차별화

심리치유 산림 프로그램은 기존 ASSURE 모형에 긍정주의 심리치료 요소를 결합하였다. 내담자의 긍정적인 심리적 경험과 강점을 활용하여 자기실현에 중점을 두는 CS-ASSURE 모형을 산림치유 프로그램에 적용하였다. 산림치유 프로그램은 크게 긍정적 정서의 경험, 삶의 참여와 몰입을 통한 즐거움, 삶의 의미 발견을 통한 자기실현으로 구성되어 있고 이를 8단계로 구분하였다. 그리고 이를 내방자에게 적용할 수 있도록 과학적으로 심리치유를 위한 기본 틀을 마련하였다는 점에서 이론적 차별성이 있다.

CS-ASSURE 모형은 이러한 단계별 프레임에 따라 내방자와 산림과의 유대감을 촉진시키고, 내 안의 낙관성 증진, 감사하는 마음 갖기, 그리고 사회 기여와 봉사로 이어지도록 과학적 증거에 기반한 실용적 방법이다. 심리치유 산림 프로그램은 CS-ASSURE 모형을 적용하여 단계별로 프로그램을 운영하고, 그에 따라 내방자의 신체적, 정신적 치유효과를 증거에 기반하여(evidence based) 치유 상태를 모니터링함으로써 즐거움과 자기실현을 하도록 한다.

「산림문화 · 휴양에 관한 법률 시행규칙」 제12조의2는 산림치유 프로그램을 자연의 다양한 요소와의 접촉 · 관찰 등 체험행사, 보행 · 등산 · 체조 등 운동 프로그램 및 휴식 · 놀이와 같은 여가 프로그램으로 정의하고 있다. 이러한 범위 내에서 산림치유 프로그램을 소개하고자 하였다.

산림 치유 프로그램 중 스노슈잉(snowshoeing)과 비전 퀘스트(vision quest)와 같은 일부 사례는 국내에서 아직 잘 알려지지 않았지만 치유 프로그램으로 시사하는 의미가 있어 다른 치유 프로그램에 응용하여 적용하여도 좋을 것 같다. 그 밖의 산림욕, 산림 산책, 산림 어드벤처는 많은 사람들이 이용하고 있지만 긍정심리를 토대로 삶의 의미와 웰빙을 탐구할 수 있도록 단계별로 치유의 의미를 부여하였다. 각 프로그램은 개별적으로 실행할 수도 있지만 프로그램 목적에 부합하는 다른 프로그램을 혼합하거나 교차하여 운영하면 산림 치유 프로그램을 다양화하고 활성화하는 데 도움이 될 것으로 보인다.

1 산림치유 프로그램: 산림욕

프로그램 배경

숲에는 심신을 회복하고 인체의 면역력을 높이는 치유요소가 풍부하다고 한다. 아름다운 경치와 소리, 냄새, 촉감(textures), 그리고 숲이 주는 미각은 우리의 오감을 자극하고 숲이 품어내는 치유요소는 숲에 머물기만 하여도 우리의 몸과 마음을 편안하게 하고 심신을 안정시킨다. 패트리스 부샤르동(Patrice Bouchardon)은 『나무의 치유력(2003)』에서 나무와의 교감은 건강과 행복을 줄 수 있다고 하여 자작나무, 너도밤나무, 전나무, 소나무, 산사나무, 야생장미, 회양목, 호두나무, 양골담초(금작화) 등 9종의 나무를 소개하였다.

실제로 오늘날 사용되고 있는 상당수 의약품이 나무에서 나온다고 한다. 아스피린은 버드나무 껍질에서, 일부 암 치료에 사용되는 탁솔(Taxol)은 주목(yews)에서 나온다. 은행나무는 혈액 순환을 개선하고 차나무 오일은 피부 감염에 유익하다고 하며, 침엽수에서 생산되는 테르펜(terpene)은 방향성 유기 화합물로 항염증제, 항산화제, 진통제(analgesic), 심지어 항종양 특성도 가지고 있다고 한다. 삼나무, 자작나무 등의 식물은 백혈구의 수를 증가시키는 피톤치드를 생산한다.

산림욕(forest bathing) 또는 산림치유(forest therapy)는 산림에 서식하는 수목이 발산하는 다양한 물질을 호흡하고 접촉하면서 심신을 단련시키고 안정을 가져오는 자연 건강법이다. 자연에 묻혀 자연과 직접 상호작용을 함으로써 신체적, 정신적, 정서적, 사회적인 건강도 얻고 몸과 마음을 치유할 수 있어 스트레스가 많은 현대인들에게 큰 안식처가 될 것으로 보인다.

산림욕의 효과로는 나무들이 발산하는 방향성 유기 화합물인 테르펜류가 유해한 물질을 물리치고, 아토피성 피부질환 및 스트레스 완화, 면역력 등을 강화시킨다고 한다. 그리고 숲 속에서의 산책은 신체 리듬 회복과 운동신경 단련 및 인체의 심폐기능을 강화시켜 기관지 천식, 폐결핵 치료에도 도움을 준다. 또한 부상이나 수술 후 회복을 촉진시키는 것으로 알려져 있다. 산림욕은 신체뿐만 아니라 정신적 측면에도 긍정적인 영향을 미쳐 우리 몸의 긍정적인 호르몬을 분비시키고 스트레스 호르몬인 코티솔(cortisol) 수준은 낮추어 준다고 한다. 또한 탈진, 불안, 우울, 분노, 피로를 이완시키고 뇌 기능을 증가시켜 집중력과 기억력을 향상시키는 것으로 알려져 있다.

산림욕은 건강한 심신을 유지하기 위한 예방의 한 형태로 어린이부터 노인까지 전 연령층이 즐길 수 있다. 가족과 친구와 함께 할 수도 있고 직장인들을 위한 휴양, 정신건강 관리, 교육 등과 연계하여 기업복지 프로그램의 일환으로도 활용할 수 있다.

숲 속의 피톤치드는 수목의 생리적인 활동이 왕성한 한여름에 가장 많이 발산된다고 한다. 따라서 한여름이 바람직하겠지만 사계절 어느 때든 오전이면 적합하다고 하며 겨울인 경우에는 햇빛이 비출 때를 권장한다. 산림욕 장소로는 경관이 아름답거나 편안함을 느낄 수 있고 시야가 확보되어 있어서 상쾌하고 공기가 맑은, 음이온 발생이 많은 곳을 추천하고 있다.

● 산림욕 기본 단계

산림욕은 의도적으로 산림에 몰입하는 것이 중요하다. 가능하면 산림욕을 할 때에는 시간제한을 두지 말고 편안하게 오래 머물면서 산림욕을 경험하도록 한다. 일상의 바쁜 생각과 감정에서 벗어나 자연과 감각적으로 접촉해 보도록 한다. 자연이 품어내는 상큼한 향기를 느끼면서 숲의 소리에 귀를 기울이고 자연에 몰입하도록 한다.

산림욕은 자연의 특정 대상에 집중하고 자신의 생각과 감정을 통제하는 주의와 숲에서의 자연스러운 삶의 과정을 생각해 보는 인식, 그리고 새로운 에너지를 받아들이고 충분한 휴식을 취하면서 창의적인 해결책을 생각해 보는 답변의 단계로 나누어 볼 수도 있다. 산림욕은 최소 2시간 이상이 권장된다.

● 준비사항

- 숲 속에서 휴식하면서 자연의 경험을 즐길 수 있도록 예방 조치를 취한다.
- 편안하게 활동할 수 있는 옷차림을 한다. 일교차가 심한 계절에는 겉옷을 준비한다.

- 밖으로 나가기 전에 적절한 자외선 차단제를 사용한다.
- 산림욕에 방해가 되지 않도록 벌레 퇴치제를 사용한다.
- 특정 계절의 꽃가루로 인한 알레르기에 유의한다.
- 스마트폰과 같은 장치의 전원은 끄도록 한다.
- 시간을 갖고 여유 있게 천천히 한다.
- 자연의 색상을 즐긴다. 녹색은 마음을 안정시켜 주고 긴장을 완화시켜준다고 한다.

CS·ASSURE 긍정심리교육 산림욕 프로그램 구성원리 (Positive Psychotherapy 이론 적용 프로그램)

<table>
<tr><th>회기</th><th>핵심요소</th><th>프로그램 회기</th><th>세부내용</th></tr>
<tr><td rowspan="2">1</td><td rowspan="2">긍정적인 정서의 경험</td><td rowspan="2">• 라포(rapport) 구축
• 강점 찾기
• 긍정 감정 활용</td><td>• 내담자와 긍정적 라포 구축
• 프로그램 소개와 만남</td></tr>
<tr><td>• 산림 환경을 이해하고 긍정적인 면을 찾아 산림욕 경험으로 활용</td></tr>
<tr><td rowspan="2">2</td><td rowspan="2">삶의 참여와 몰입을 통한 즐거움</td><td>• 용서(수용)하는 마음 갖기</td><td>• 산림의 다양한 구성요소들과 서로 공생하면서 받아들이고 수용함</td></tr>
<tr><td>• 감사하는 마음 갖기</td><td>• 산림욕을 할 수 있는 환경을 제공해 준 자연에 감사하는 마음으로 프로그램 체험</td></tr>
<tr><td rowspan="4">3</td><td rowspan="4">삶의 의미 발견을 통한 자기실현</td><td>• 내 안의 낙관성 증진</td><td>• 산림을 오감으로 느끼면서 낙관적인 면을 탐색함</td></tr>
<tr><td>• 인생을 음미</td><td>• 산림욕을 하면서 산림과 나의 삶을 비교하면서 인생의 의미 찾음</td></tr>
<tr><td>• 사회 기여
• 사회 봉사</td><td>• 산림욕으로 생성된 상호관계와 자기성찰을 통해 사회에 기여하고 봉사하는 마음을 가짐</td></tr>
<tr><td>• 행복한 인생을 위한 서약서 작성, 자기다짐</td><td>• 산림의 체험을 글로 남기거나 차를 마시면서 일상생활 습관에 치유적으로 활용</td></tr>
</table>

프로그램 진행

1단계

프로그램 참가자들에게 산림욕을 소개하고 방법과 진행과정, 그리고 시설이용 등을 안내한다. 숲속 쉬기, 숲속 걷기, 스트레칭, 자연과의 대화 등 산림 치유 프로그램을 개인별 또는 그룹별로 어떻게 구성할지 결정한다. 산림욕에 필요한 최소한의 시간(2~4시간)을 확보하고 산림에 2시간 이상 지속적으로 노출되도록 한다.

전반적으로 산림 환경이 몸과 마음에 미치는 영향을 설명하고 다른 운동과 마찬가지로 일회성으로 치유가 되는 것이 아니고 지속적으로 실행하는 것이 필요하다는 것을 알려준다. 산림욕장은 느긋하게 휴식을 취할 수 있고, 호흡하고 관찰하면서 몰입할 수 있는 숲이 우거진 환경이면 적합하다. 산림욕 장소는 시각적으로 쉽게 식별할 수 있고 편안히 오랫동안 앉아 있을 수 있는 나무 그루터기나 편평한 바위 등을 선정하도록 한다.

2단계

프로그램 참가자들 간의 산림욕 실행 장소는 적정하게 간격을 두고 산만하지 않도록 한다. 숲에 들어가면 습관적으로 길을 찾기보다는 각자 자리 잡은 장소에서 최소 20분 동안은 편안하게 주변을 조용히 관찰하게 하여 몰입을 할 수 있는 분위기를 조성한다. 숲과 나무를 바라보면서 스트레칭을 하고 향기를 맡으면서 자연을 느끼도록 한다.

개천이나 시냇물 소리, 만발한 꽃향기, 물 내음, 이끼 등으로 우거진 산책로나 숲의 공간은 자연스럽게 자연으로 빠져들게 하는 최적의 유인 요소가 될 수 있다. 시각, 소리, 냄새, 미각, 질감 등 모든 감각 감정을 활용하여 숲이 주는 모든 것을 느낄 수 있도록 차근차근 안내한다. 이를 위해 명상이나 문학작품, 예술 활동을 활용할 수도 있다. 산림욕을 최대한 활용하기 위한 방법을 배우고 연습하는 데 약간의 시간이 걸릴 수 있음을 이해시키도록 한다.

3단계

우리의 시각, 청각, 후각, 미각, 촉각 등 오감을 활용하여 숲이 제공하는 모든 것을 하나하나 음미해 보도록 한다. 주위에 있는 나무나 바위 표면, 꽃과 식물의 향기, 나뭇잎이나 가지의 독특한 디자인과 질감이 자신의 감각과 신경에 연결되어 전달되는 것을 느껴보게 한다. 나무 사이로 비치는 햇빛을 올려보거나 눈을 감고 숲의 나뭇잎 소리와 여러 다른 소리를 들어본다. 나무에 기대어 나무와 함께 호흡하면서 자연의 생명체들은 어떻게 서로 의지하며 성장해 왔는지 상상해 보도록 한다. 이러한 과정에서 자신의 생각과 감정을 통제하면서 자신이 겪은 경험과 추억을 소중하게 받아들이도록 한다.

4단계

눈을 감고 편안하게 복부 깊이 숨을 들이쉰다. 숨을 내쉴 때는 들숨 길이의 두 배로 하여 긴장을 풀도록 한다. 숨을 들이쉬고 내쉬는 것을 천천히 10회 실행하고 가만히 자신의 몸을 인식하게 한다. 우리의 감각에 주의를 기울이고 숲이 우리에게 전달해주는 다양한 흐름과 마음이 평안해지는 것을 느끼게 한다. 우리가 내쉬는 숨을 나무가 흡수하고, 나무가 품어내는 산소를 우리가 호흡하는 상호 의존하는 공생관계를 느껴보게 한다. 이렇게 자연과 교류하면서 얻어지는 심신의 회복과 자연과 연결에 대해 감사하고 숲이 주는 축복에 대해 자연에 감사한다.

5단계

자신이 자연과 함께 하고 있는 것을 오감으로 느껴보고 자신을 곰곰이 성찰하게 한다. 숲의 향기를 맡아 보게 하고 자신의 취향에 맞는 숲의 향기를 찾아보도록 한다. 나무마다 특유의 특성이 있어서 품어내는 성분이 다르기 때문에 이를 염두에 두고 선호에 맞는 나무를 선정하도록 한다. 숲에서 들리는 소리에 주목하도록 한다. 새가 지저귀는 소리, 물 흐르는 소리, 바스락거리는 나뭇잎 소리 등 눈에 잘 띄지 않지만 어디선가 들려오는 자연스러운 소리에 귀를 기울이도록 한다.

숲의 촉감을 공기로 인식해 본다. 숲의 소리와 자신의 호흡이 섞여서 피부에 와 닿고 몸과 함께 되는지, 그리고 천천히 숨을 들이쉬고 내쉬면서 자연의 숨결을 느끼게 한다. 나무를 만지거나 기대어 보고 나무나 나뭇가지, 나뭇잎과 접촉하는 질감으로 나무가 겪은 경험을 생각해 본다. 숲에 있는 바위나 시냇물 등 다양한 자연 물체도 손으로 느껴보고 이들에게 말을 해보게 한다. 이 모든 것을 오감으로 느끼며 현재 순간을 즐기도록 한다.

6단계

자연이 주는 편안함을 만끽하며 긴장을 풀고 삶의 활력을 되찾도록 한다. 그동안 자신을 회피해왔던 문제에 대한 명쾌한 해결책이 떠오를 수 있고 부정적인 생각이나 스트레스가 완화되고 일상으로 복귀할 수 있는 무언가가 내면 깊은 곳에서 솟아오르는 힘을 얻도록 한다.

자연과 교류하면서 자연과의 공생관계를 느끼게 되고 숲에서 어떠한 것도 하지 않았다고 생각했는데 자신이 내쉬는 숨이 숲에 도움을 주는 자신의 역할을 음미해 본다. 이에 따라 자신감을 회복하게 되고 부정적인 생각을 극복하게 하는 자연이 주는 긍정적인 힘을 헤아려 본다. 뿐만 아니라 숲이 주는 영감을 통해 삶의 가치관을 다시 생각해 보고, 내가 누구인지, 무엇을 하고 싶은 것인지 탐구하면서 계속 성장해 나아갈 것을 다짐하도록 한다. 자신의 내면을 자연스럽게 더 깊이 탐구하고 자신이 누구인지를 더 이해하면서 또 다른 힘을 얻을 수 있는 계기가 되도록 한다.

7단계

숲에 있는 작은 씨앗이 싹을 트고 자라서 큰 나무가 되기까지 겪는 상처와 새로 돋아나는 가지를 찾아보게 한다. 그 과정에서 여러 생명체가 서로 의존하면서 연결해 가는 것을 생각해 본다. 이와 같은 자연의 생명체와 연결되고 생명체에 대한 인식을 통해 긍정적인 삶의 의미를 찾아보고 자신의 긍정적인 역량과 사회에 대한 기여를 모색해 본다.

자연에 대한 감각인식과 자연과의 관계를 심화시키고 자연이 주는 경이로움에 빠져들어 자연에 더욱 몰입하게 한다. 그리고 치유와 웰빙을 촉진하는 다양한 기술을 탐구한다. 이를 통해 자기 성찰과 개인의 성장, 그리고 사회에 기여할 수 있는 소중한 계기가 되도록 한다. 숲에서 얻은 영감과 경험, 소감을 그룹끼리 공유하고 성찰하게 한다.

이러한 경험을 공유하면서 형성한 네트워크와 커뮤니티는 개인의 잠재력인 역량을 넓혀주고 사회에서 협력적인 신뢰관계를 구축하는 데 도움이 된다. 자연과 연결되는 상호 공생관계가 지역사회로 확대되고 자연이 주는 다양한 혜택을 지역사회가 인식함으로써 숲의 환경을 더욱 잘 보전하고자 하는 공동체로 발전해 나아가도록 한다.

8단계

산림욕은 삶에 대한 깊은 이해를 하게 해주고 새로운 통찰력과 배움을 촉발할 수 있다. 산림욕을 마치고 즉시 일상생활로 복귀하기에 앞서 산림욕의 실행경험을 일상습관으로 만들기 위한 의식 활동을 해본다. 숲에서 받은 영감이나 마음챙김 등을 글로 적어두거나 차나 물을 마시면서 음미해 본다. 그리고 자연의 몰입에서 벗어나 일상생활로 전환하도록 한다.

산림욕을 진행하기 위한 일정을 차트로 작성하고 측정도구를 활용하여 산림욕 전후의 효과를 측정하도록 한다. 생체 인식 측정에는 심박수, 맥박수, 혈압, 수면 추적 및 코티솔 수치 등이 있다. 이러한 자료는 직접 모니터링할 수는 없겠지만 웨어러블 장치를 이용할 수도 있다.

2 산림치유 프로그램: 산림 산책

프로그램 배경

자연환경은 육체적, 정신적으로 집중하게 하는 통제된 주의(directed attention)에서 벗어나 피로를 감소시켜주는 환경을 제공해 준다. 특히 자연환경이 매혹감이나 벗어난 느낌, 충분히 보고 경험할 수 있는 범위, 그리고 환경과 개인의 목적과 성향 사이에 적합성을 갖추고 있으면 피로 회복을 촉진시켜 줄 수 있는 여건을 더욱 충족하게 된다(Kaplan & Kaplan, 1989). 이러한 요소가 갖추어진 숲속에서 산책을 하게 되면 근심, 걱정 등 스트레스를 유발하는 부정적인 환경이나 바쁜 일과에서 자연스럽게 벗어나 삶에 도움이 되는 영감이나 통찰력을 얻을 수도 있다.

산림에는 다양한 치유 요소가 있어서 숲속에 산책하거나 머무는 것만으로도 스트레스를 완화시키고 정서적인 안정과 면역력 강화 효과가 있으며, 산책은 체력을 증가시킬 뿐만 아니라 감각기관을 자극시켜 두뇌가 활성화된다고 한다. 1일 30분 매주 5회 산림 산책으로 체질량지수를 적당히 유지할 수 있고 성인병 예방효과가 있다는 보고도 있다.

산림 산책은 경제적 부담이 적고 산책하는 동안에 산림의 가치와 중요성을 체험하게 되고 더욱 자연을 보호하는 친환경 활동으로 이어질 수도 있다. 산림 산책은 건강한 생활 습관을 형성하기 위한 목적으로 활용할 수 있고, 환자들이 산책로를 따라 산책을 하거나 휠체어를 타는 등의 신체 활동을 증가시켜 치료에 도움을 주기 위한 목적으로도 이용되고 있다. 녹지 공간에서의 신체활동은 환자들에게도 신체적, 정신적 건강과 웰빙을 증진시키고 사람들과의 관계 개선에도 도움이 된다고 하여 녹지 공간을 확보하여 환자들의 녹지 접근을 유도하는 병원도 생겨나고 있다. 해외에서는 산책로를 활용하는 자연 처방전을 병원에서 제공하기도 한다.

산림 산책은 어린이에서 치매노인에 이르기까지 다양한 연령층을 대상으로 할 수 있고, 참여하는 사람들의 개인적인 성향이나 신체적, 정신적 상황을 고려하여 신체활동,

자연 속 명상하기, 시 감상하기, 숲 체험 교육, 정원 가꾸기 등 다양한 프로그램과 연계하여 쉬운 단계에서부터 어려운 단계까지 설계할 수 있다.

● 산림 산책 유의사항

산림 산책 프로그램을 실행 할 장소를 선정할 경우 안전을 최우선으로 고려한다. 위험한 지형이나 독성 식물이 분포한 곳은 코스에서 제외하거나 각별히 주의하도록 하고 숲속 산책 시 안전사항에 대하여 설명한다.

- 편안한 복장(등산복)과 운동화 착용
- 숲에서 불법으로 임산물 채취 금지
- 숲에서 소란행위, 음주행위 금지 등 에티켓 준수
- 날씨가 좋지 않은 경우에 대비하여 실내에서 할 수 있는 프로그램 준비

| CS·ASSURE 긍정심리교육 산림 산책 프로그램 구성원리
(Positive Psychotherapy 이론 적용 프로그램)

회기	핵심요소	프로그램 회기	세부내용
1	긍정적인 정서의 경험	• 라포(rapport) 구축 • 강점 찾기 • 긍정 감정 활용	• 내담자와 긍정적 라포 구축 • 프로그램 소개와 만남
			• 산림 환경을 이해하고 긍정적인 면을 찾아 산림 산책 경험으로 활용
2	삶의 참여와 몰입을 통한 즐거움	• 용서(수용)하는 마음 갖기	• 산림의 다양한 구성요소들과 서로 공생하면서 받아들이고 수용함
		• 감사하는 마음 갖기	• 삼림 산책을 할 수 있는 환경을 제공해 준 자연에 감사하는 마음으로 프로그램 체험
3	삶의 의미 발견을 통한 자기실현	• 내 안의 낙관성 증진	• 산림을 오감으로 느끼면서 낙관적인 면을 탐색함
		• 인생을 음미	• 산림 산책을 하면서 산림과 나의 삶을 비교하면서 인생의 의미 찾음
		• 사회 기여 • 사회 봉사	• 산림 산책으로 생성된 상호관계와 자기성찰을 통해 사회에 기여하고 봉사하는 마음을 가짐
		• 행복한 인생을 위한 서약서 작성, 자기다짐	• 산림 산책의 체험을 평가하여 일상생활 습관에 치유적으로 활용

프로그램 진행

1단계

산림 산책 실행에 적합한 산림 장소를 찾아본다. 그 지역 거주민과 방문객들의 성별, 연령 등 인구통계학적 특성과 방문 행태, 그리고 이들이 추구하는 치유 요소를 탐색하여 대상자를 결정한다. 참가자들의 신체적, 정신적 건강 상태 등을 고려하여 산책로를 선정한다.

치유나 건강관련 프로그램을 제공하는 자연휴양림, 치유의 숲, 산림치유사, 사회복지센터, 다이어트 영양사 등 잠재적인 치유, 건강 관련 이해관계자 등과 치유 프로그램을 통합하여 운영하는 방안을 찾아보도록 한다. 통합 운영을 할 의향이 있는 이해관계자들이 있으면 양해각서나 협약을 체결한다. 그리고 산책 프로그램을 실행하는 데 필요한 자원을 확보하도록 한다. 공동으로 수행할 경우 이해관계자들과의 역할 분담, 프로그램 운영에 필요한 자금이나 현물지원, 프로그램을 도와줄 자원봉사자 등을 파악해 본다.

2단계

치유 파트너가 있으면 같이 협력하여 프로그램을 통해 달성하고자 하는 신체적, 정신적, 정서적 건강 목표를 명확하게 설정하고 우선순위를 정한다. 이 과정에 참가자들을 참여시켜 만성 질환 예방, 혈압 관리, 신체 활동 10% 증가, 사회적 고립 감소, 사회성 제고 등과 같이 개인 및 그룹의 목표를 명확히 설정하도록 한다. 목표가 결정되면 이에 적합한 측정 및 평가항목을 선정하고 프로그램 개입 단계나 마무리 한 후 참가자로부터 측정 자료를 수집한다.

3단계

이해관계자와 협력하여 참가자들의 특성에 맞는 프로그램을 설계하고 이를 프로그램 운영 표준 매뉴얼이 될 수 있도록 문서화해서 체계적으로 운영하도록 한다. 이에 따라 참가자들이 직면할 수 있는 장벽이나 어려움을 살펴보고 이를 극복할 수 있는 솔루션을 마련한다.

프로그램 참가자 모집, 운영, 교육, 측정자료 수집, 참여자 간의 의사소통 등 프로그램 실행을 위해 필요한 이해관계자와 참여자 간의 역할을 명확히 하고 의사소통의 장애가 생기지 않도록 한다. 이해관계자와 프로그램 구성, 운영 프로그램, 운영시간 등의 정보를 공유하고 공동으로 마케팅 한다.

4단계

산림 산책 프로그램을 전체적으로 개괄 설명하고 프로그램을 통해 얻을 수 있는 체력 증진, 정신적, 정서적 안정, 면역력 증진 효과 등을 소개한다. 산림 산책을 시작하기 전에 3~5분 정도 가볍게 몸을 움직여서 긴장과 스트레스를 완화하도록 한다.

올바르게 걷는 자세에 대해 설명해 준다.

- 허리를 곧게 세우고 등을 편 상태에서 걸음을 내딛는다.
- 발이 땅에 뒤꿈치부터 닿도록 하고 발바닥, 발가락 순으로 천천히 내딛는다.
- 몸을 5도 정도로 약간 앞으로 기울이고 시선은 10~15m 앞을 주시한다.

산림 산책을 실행한다. 산책 출발 지점에서 잠시 머물고 천천히 숨을 쉬면서 자연과 하나가 되는 느낌을 가져보도록 한다. 오로지 숲속 자연에 집중하도록 하고 모든 감각을 이용하여 자연을 느끼면서 천천히 걷는다. 15~20분 정도 걸은 후에 잠시 머물면서 자연을 감상한다. 쉬는 시간은 참가자의 신체적 여건을 감안하여 결정하고 이 과정을 반복해서 실행한다. 근골격계 질환이나 신체적 장애 유무를 확인하여 무리하지 않는 범위 안에서 진행하도록 한다.

5단계

참가자 몸 상태에 맞게 휴식을 하게 한 후 다시 산책을 진행한다. 산책하면서 모든 감각을 이용하여 자연과 함께 호흡하는 것을 느껴보도록 한다. 팔, 다리와 발바닥, 스치는 바람, 자연과 교차하는 숨소리, 물소리, 새소리, 나뭇잎 소리 등에 집중하며 산책

한다. 완보와 속보를 번갈아 가면서 호흡을 조절하고 발의 보폭도 넓거나 좁게 하면서 걸어 본다. 뒤꿈치, 발바닥, 발가락 순서로 지면에 닿는 촉감을 느껴본다. 자연과 하나가 되어 몰입되도록 유도한다.

6단계

산림 산책은 신체적 운동보다는 조용히, 천천히, 차분하게 감각에 집중하면서 바쁜 일상의 틀에서 벗어나 우리 내면을 채우는 것이다. 자연이 주는 경이로움과 영감, 경외심으로 자신을 가득 채우도록 한다. 천천히 걸으면서 감각을 집중하여 발이 자연과 접촉하는 것을 느끼도록 한다. 시각, 청각, 후각, 미각, 촉각을 번갈아 가면서 집중하고 천천히 걷고 편안하게 쉬면서 숲이 전해주는 자연의 혜택을 느껴본다. 눈을 감고 바람이나 물, 새소리 등 숲속의 소리에 집중해 보고 눈을 뜨고 숲이 제공해주는 꽃과 식물 등의 색깔을 즐겨 보도록 한다.

7단계

가볍게 팔과 다리, 전신의 긴장을 풀어주는 동작으로 프로그램 일정을 마무리한다. 바르게 걷는 자세를 일상에서도 지속적으로 하도록 하여 건강한 몸을 유지하고 고혈압 등 성인병 예방에 도움이 되는 습관을 갖도록 한다. 숲속 산책을 통해 얻은 영감이나 경험을 참가자들과 공유한다.

프로그램을 설계하고 실행한 후에는 참가자가 추구하는 치유나 건강 회복, 사회성 제고 등을 충분히 지원하였는지 프로그램 진행자의 역량과 지식을 점검해 본다. 그리고 프로그램을 운영하면서 산책에 방해가 되는 여러 가지 물리적, 사회적 장벽을 파악해 본다. 참가자와의 신뢰성 있는 관계구축은 참가자들에게 보다 결실 있는 경험을 지원해 줄 수 있고 참가자에게도 사회적 기술을 얻을 수 있는 기회가 될 수 있기 때문이다.

8단계

산림 산책 프로그램을 마무리하고 평가한다. 일반적으로 프로그램 참가 전 · 후의 상태를 평가하기 위해 참가한 그룹을 대상으로 리커트(Likert) 척도를 사용한 설문지를 작성한다. 평가지표는 목표에 따라 달라 질 수 있기 때문에 반드시 산책 프로그램을 실행하기 전에 참가자들에게 프로그램을 통해 달성하고자 하는 목표를 분명히 알려주고 동의를 얻어야 한다. 참가자들과 신뢰를 형성하는 커뮤니케이션은 효과적인 자료를 얻는데 도움이 된다. 신체 활동 수준이나 정서적인 감성의 변화 등을 평가하는 데는 시간이 많이 소요되지 않을 수 있으나 체중이나 체지방, 혈압 등 생체 데이터는 한 번의 프로그램 시행으로 평가하기에는 한계가 있기 때문에 더 많은 시간과 회기가 소요될 수 있다.

참가자들이 가지고 있는 모든 문제를 포괄할 수 있는 광범위한 평가지표는 수집하기가 어렵다. 수집할 수 있다 하여도 이를 통해 모든 문제에 대한 처방을 제시해 주기가 어렵기 때문에 참가자들을 그룹별로 잘 선별하거나 참가자의 상태를 정확히 파악하는 것이 중요하다. 마지막으로 다양한 파트너와 협력하여 프로그램을 설계하고 실행할 경우 각 파트너와 공유한 정보는 개인정보 보호에 유의하도록 하고 각 파트너에게 특정 평가 역할을 할당하도록 한다.

3 산림치유 프로그램: 산림 모험치유

프로그램 배경

산림 모험치유는 산림환경을 활용하여 숲에서 모험적인 체험 활동을 함으로써 행동의 변화를 유도하여 개인의 신체적, 정서적, 심리적 성장을 도모하는 치유방식이다. 프로그램 참가자는 일상의 생활환경을 떠나 낯선 산림환경에서 모험적인 체험활동을 하면서 다양한 도전에 직면하게 된다. 이러한 과정에서 자연을 이해하고 새로운 기술을 습득하게 되며 몰입하는 상태를 경험함으로써 교육적인 목적뿐만 아니라 모험심을 길러주고 도전을 극복할 수 있다는 자신감과 자존감, 인내심, 성취감, 그리고 의사소통과 사회성 개선 등 다양한 행동 변화를 가져오는 데 도움이 될 수 있다.

이러한 모험활동에는 하이킹, 스노슈잉(Snowshoeing), 급류 래프팅, 카누/카약, 암벽 등반, 산악자전거뿐만 아니라 집와이어(zipwire), 로프 어드벤처, 에코라이더, 출렁다리 등의 산림 레포츠 시설이 포함된다. 이 외에도 위험이 수반될 것으로 인식되는 모든 야외 활동이 치료에 활용될 수 있다. 참가자는 위험해 보이는 도전적인 모험 활동에 참가함으로써 정신적 스트레스를 해소하고 도전에 대처하는 기술을 배우게 된다. 그리고 어려운 상황에서 참가자들은 각자 가지고 있는 내부 자원을 활용하여 다른 사람과 함께 도전적인 난관을 극복함으로써 도전 극복 능력에 대한 믿음을 높이고 상호 신뢰하는 관계를 구축하여 자신감과 자기효능감, 그리고 탄력회복력을 키워줄 수 있다.

대상자는 남녀노소 다양한 연령층이 가능하다. 산림 모험치료는 재미있게 즐기기 위한 여가목적으로 할 수도 있고 자존감 향상이나 중독에서의 회복, 주의력 결핍이나 분노 장애, 우울증 또는 불안 등과 같은 다양한 정신 질환이 있는 청소년이나 성인 등을 대상으로 치유하기 위한 목적으로 활용할 수 있다. 치유를 목적으로 할 경우에는 목적을 분명히 하고 이에 적합한 활동을 선택할 필요가 있다. 이 경우 개인이 겪고 있는 신체적, 심리적 문제를 진단해 보고 적합한 활용을 선택하여 실행하도록 한다.

자연을 기반으로 하는 모험치유는 만병통치약이 아닌 한계가 있다. 정신 건강이나 행동 문제는 짧은 시간 내에 그렇게 쉽게 극복되지 않는다. 따라서 치유사와 계속 협력하여 도움이 될 수 있는 방법을 잘 찾아내어 진행하는 하는 것이 중요하다. 요즈음에는 성장하는 청소년뿐만 아니라 성인들도 여러 가지 바쁜 일과로 인해 신체적, 정신적 피로가 누적되어 있고 스트레스 또한 많다. 자연에 관심이 있고 모험을 좋아한다면 모험치유가 도움이 될 수 있을 것으로 기대된다.

| CS·ASSURE 긍정심리교육 산림모험 치유 프로그램 구성원리 (Positive Psychotherapy 이론 적용 프로그램)

회기	핵심요소	프로그램 회기	세부내용
1	긍정적인 정서의 경험	• 라포(rapport) 구축 • 강점 찾기 • 긍정 감정 활용	• 내담자와 긍정적 라포 구축 • 프로그램 소개와 만남
			• 산림 환경을 이해하고 긍정적인 면을 찾아 산림모험 경험으로 활용
2	삶의 참여와 몰입을 통한 즐거움	• 용서(수용)하는 마음 갖기	• 산림의 다양한 구성요소들과 서로 공생하면서 받아들이고 수용함
		• 감사하는 마음 갖기	• 삼림모험을 할 수 있는 환경을 제공해 준 자연에 감사하는 마음으로 프로그램 체험
3	삶의 의미 발견을 통한 자기실현	• 내 안의 낙관성 증진	• 산림을 오감으로 느끼면서 낙관적인 면을 탐색함
		• 인생을 음미	• 산림모험을 하면서 산림과 나의 삶을 비교하면서 인생의 의미 찾음
		• 사회 기여 • 사회 봉사	• 산림모험으로 생성된 상호관계와 자기성찰을 통해 사회에 기여하고 봉사하는 마음을 가짐
		• 행복한 인생을 위한 서약서 작성, 자기다짐	• 산림모험의 체험을 평가하여 일상생활 습관에 치유적으로 활용

프로그램 진행

1단계

먼저 모험활동을 할 경우 치유목적인지, 비치유 목적인지를 선택할 필요가 있다. 주요 차이점은 치유 프로그램은 임상 심리학자나 자격증을 갖춘 치유사가 주도한다. 이 유형은 특정한 목표를 가지고 있어 특정한 질환과 관련된 문제나 과제를 해결하기 위한 것이다. 우울증이나 불안을 겪고 있거나, 상실을 겪었거나, 학교생활에 어려움이 있는 특정 문제 집단을 위해 운영하거나 특정 주제를 중심으로 운영한다.

비치유 프로그램은 여름 캠프나 모험 여행이 포함된다. 이러한 프로그램은 특정 임상 문제를 해결하기보다는 휴식, 일상생활에서 벗어나기, 자존감 구축, 또는 시야를 넓히기 위한 목적으로 운영된다. 팀 단위로 참가하는 모험 치유 프로그램에서 팀워크는 특히 중요하기 때문에 프로그램 실행 전 오리엔테이션을 통해 참가자들 간에 긍정적인 관계형성이 이루어지도록 한다.

2단계

모험 치유는 자연에서의 거의 모든 활동을 치유 목적으로 활용할 수 있다. 자연을 기반으로 하는 모험 활동은 신나고 재미있으나 이를 치유 목적으로 활용하여야 함을 인식하고 이러한 활동에 따른 즐거움과 치유효과를 잘 분석하기 위해 사전에 준비하는 것이 필요하다. 모험 활동으로 인한 혜택과 효과를 인식하고, 정의하고, 이를 정량화할 수 있는 표준화된 프로그램을 준비한다.

그리고 모험에 따른 심리적 부담이 있을 수 있기 때문에 참가자가 편안함을 느끼도록 잘 도와주고 안전에 유의하도록 한다. 모험 프로그램은 다양하지만 얻고자 하는 초점이 다를 수 있기 때문에 시간을 갖고 참가자에게 잘 맞는 프로그램을 찾도록 한다. 행동 장애가 있거나 사회적 기술 습득이 필요한 사람은 팀워크와 리더십 기술을 체득할 수 있는 프로그램에 중점을 둔다. 모험 프로그램은 재미는 있지만 참가자가 추구해야 하는 주목적을 잘 파악해서 이에 적합한 올바른 프로그램을 제시하는 것이 중요하다.

3단계

개인의 필요에 따라 설정된 치유 목표를 달성하기 위한 프로그램을 실행한다. 모험 프로그램 유형에 따라 이용할 자원이 다양하겠지만 산림 환경에서 진행되는 만큼 대체로 경관은 수려할 것으로 보인다. 아름다운 자연에 둘러싸인 환경에서 모험활동을 통해 각자 해결해 나아가야 할 문제에 대해 설명한다. 프로그램 진행자와 보조자는 참가자들과 일정을 같이 하면서 프로그램을 잘 마칠 수 있도록 이끌어 나간다.

모험 치료는 문제를 파악하고 이를 극복할 수 있는 프로그램을 통해 참가자들이 자신의 잠재력을 믿고 내면의 힘을 발견할 수 있으며, 서로 협력하고 격려하면 어려움이 있더라도 프로그램을 마무리할 수 있다는 확신을 주도록 한다. 이를 통해 보다 긍정적으로 자신을 인식하고 새로운 미래를 개척할 수 있다는 영감을 줄 수 있도록 안내하여 미래에 대한 희망을 갖도록 유도한다.

4단계

산림이 우리에게 주는 치유력은 아주 다양하다. 아름답고 고요한 숲속, 잔잔한 호수, 연못 등의 멋진 풍경은 치유와 자기 발견을 위한 여정을 제공해주고 개인적 성장을 위한 안식처가 될 수 있다. 모험치유는 모험 활동에 따른 장애물을 극복하는 것도 중요하지만 자연과의 교감도 중요하다.

깊은 산림 속을 하이킹하거나 우뚝 솟은 암벽을 오르는 야외 모험활동에 참여하면서 장애를 극복하는 내면의 힘을 발견할 수도 있고 이러한 힘을 느끼게 해준 대자연의 위대함에 감사를 표하도록 한다. 이러한 모험 중에 직면하는 도전은 물리적인 것뿐만 아니라 심리적, 정신적인 요인도 있기 때문에 이를 극복하면서 자신의 잠재력과 회복력을 가늠할 수 있게 된다.

5단계

일상에서 벗어나 자연 속에 잠시 머무르는 것만으로도 도움이 될 수 있다. 특히 모험 활동에 깊이 집중하면서 자아조차 망각해 버리고 시간 가는 줄 모르고 몰입하면서 경험하게 되는 흐름(flow)의 마음 상태는 치유에 도움이 될 수 있다.

자연에서 모험활동을 하면서 겪은 물리적인 도전과 우리 삶에서 마주치는 정신적, 감정적 장애물과 도전을 연결해 본다. 자연에서의 도전과 장애물을 극복하면서 모험 프로그램을 완주하는 용기와 자신감, 결단력은 자신의 좌절과 도전을 극복하는 데 필요한 자질과 유사한 것임을 이해하도록 한다. 모험 프로그램을 하면서 겪는 두려움, 감정, 좌절, 도전감 및 열망 등을 깊이 탐구한다.

6단계

공유된 목표를 부여하여 모험 활동 중에 참여자들이 자연스럽게 팀워크를 구축하고 다른 사람들과 더욱 효과적으로 협력하거나 사회적 기술을 습득할 수 있도록 한다. 이러한 경험은 중독이나 우울증 등의 행동 문제를 줄이고 변화를 유도하는 데 도움이 될 수 있다.

모험 프로그램을 하면서 직면한 신체적, 정신적 어려움을 음미해 보고 프로그램 시작 전에 상상했던 두려움이나 어려움을 극복하면서 훨씬 더 많은 것을 할 수 있다는 내면의 힘을 발견하게 한다. 자연과의 교감은 내면의 힘의 원천이 되었고 그간 직면하였던 근심과 걱정을 떨쳐버리고 대자연이 주는 위로와 안식을 음미하도록 한다. 프로그램 중에 자신에게 힘을 주고 마음을 편안하고 평화롭게 했던 순간들을 되새겨 보도록 한다.

프로그램을 함께 하면서 끝까지 마무리할 수 있도록 내면의 잠재력을 일깨워주고 어려운 과제를 극복할 수 있도록 지원해 준 치유사, 가이드, 보조자, 그리고 이러한 환경을 제공해 준 자연에 감사를 표한다.

7단계

긍정적 팀워크를 통해 다른 참가자들을 신뢰하게 되고 참가자들로부터 받는 가치 있는 지지는 문제 행동을 줄이거나 고립감이나 우울증에서 벗어나게 하여 사회적 관계 형성에 도움이 된다. 모험 프로그램에 참여하여 직면한 도전과제를 극복하기 위해 서로 격려하고 협력하면서 형성된 자신에 대해 긍정적인 인식과 이로 인한 자신감은 귀중한 자산이 될 것이다. 자연을 이해하고 자연과 더욱 친근해지고 참가자들과의 긍정적인 관계와 신뢰 형성이 사회에 대한 긍정적인 믿음이나 상호신뢰 관계에 도움이 되도록 유도한다.

8단계

모험치유 프로그램을 함께 하면서 형성된 팀워크와 개인이 발견한 내면의 힘과 잠재력, 개인의 변화는 각자의 삶에 커다란 힘이 될 것이다. 이러한 경험은 개인의 변화를 넘어 가족과 친구, 직장 동료, 이웃, 사회 구성원들과의 신뢰와 유대감을 형성하는데도 긍정적인 변화를 미쳐 우리 사회를 더욱 풍요롭게 할 것이다. 모험으로 습득한 기술과 새롭게 생성된 생활 습관과 통찰력은 앞으로도 자신의 삶을 지탱하는 힘이 되고 나침반이 될 것이라고 다짐하게 한다.

앞으로 더 어려운 도전에 직면하여도 극복할 수 있다는 자존감과 자기 확신의 회복탄력성 메커니즘이 자신과 함께 할 것이라는 확신을 갖도록 한다. 모험 프로그램을 종료하고 사회로 돌아가서 직면하게 될 새로운 도전의 여정에 자신감을 갖고 대처하게 하고 격려하고 신뢰하는 상호호혜 관계가 커뮤니티와 사회로 확산되도록 한다.

4 산림치유 프로그램: 스노슈잉(snowshoeing)

프로그램 배경

스노슈잉(snowshoeing)은 프레임이 넓은 스노슈즈(snowshoes)를 이용하여 발이 눈 속으로 묻히지 않게 눈 위를 걷는 트레킹이다. 스노슈즈는 타원형의 눈신발로 눈이 많이 내리는 우리나라 산간지역에서 눈에 빠지지 않고 눈 위를 걸을 수 있도록 만든 설피와 유사하다. 스노슈즈는 가볍고 견고한 플라스틱이나 경량 금속으로 신발 바닥의 프레임을 만들어 눈 위를 걸을 수 있도록 만든 것이다. 설피에 비해 바닥 프레임이 더 넓고 신발 앞부분은 바닥에 연결시킨 반면에 뒤꿈치는 발바닥과 떨어지게 해서 더 편안하고 안전하게 걸을 수 있도록 설계되었다. 우리나라 설피는 다래덤불이나 노간주나무 또는 물푸레나무로 볼이 넓고 그물처럼 촘촘한 망을 만들어서 신발에 겹쳐 신고 산간마을을 이동하거나 비탈길을 오를 때 활용하였다.

스노슈잉은 스키나 스노보드에 비해 훨씬 안전하고 특별한 기술이나 연습을 필요로 하지 않기 때문에 신체적 능력이 되면 모든 연령층의 사람들이 참여할 수 있다. 우리나라에는 아직까지 생소하지만 유럽, 미국, 일본 등 해외에서는 관광상품으로 개발되어 인기를 끌고 있고 빠르게 성장하고 있다. 우리나라에는 겨울철에 눈이 많은 내리는 대관령, 태백산, 함백산, 한라산과 같은 국립공원이나 산간지역, 그리고 근처의 둘레길을 활용할 수 있을 것으로 보인다. 이러한 자연환경이 제공하는 눈 쌓인 설원이나 산악의 아름다운 경치는 스노슈잉을 체험할 수 있는 더할 나위 없는 환경이 될 수 있다.

자연 기반의 치유는 정서적 웰빙에 지대한 영향을 미치는 것으로 인정을 받고 있다. 특히 스노슈잉은 겨울 풍경의 아름다움과 평화로움에 푹 빠질 수 있는 독특한 경험을 제공해 준다. 드넓은 산야의 설원은 다소 벅차게 느껴질 수 있지만 아름다운 설경을 탐험하는 것만으로도 기분이 좋아지고 에너지를 충전시키는 좋은 방법이 될 수 있다. 따라서 바쁜 일상으로 스트레스가 많은 직장인들이나 우울증, 불안을 앓고 있는 사람들에게 신체적, 정서적으로 안정을 찾는 데 도움이 될 수 있다. 바쁜 일상생활에서 벗어나 시간 가는 줄 모르고 몰입하는 경험을 통해 마음을 치유하고 위로 받으면서 온갖 스트레스를 해소하는 효과를 기대해 본다.

스노슈잉은 눈 위를 걸어야 하기 때문에 칼로리 소모량이 많은 유산소 운동이자 몸 전체를 움직여야 하는 전신운동이다. 이에 따라 심박수를 높이고 심혈관 건강을 촉진하고 근육과 지구력을 강화시킨다. 몸의 균형과 조정력을 향상시킬 뿐만 아니라 대자연이 주는 경관과 상쾌한 공기는 마음에 큰 위로가 된다. 스노슈잉은 또한 관절에 무리가 가지 않으며 점프를 하거나 달리는 동작을 포함하지 않는다. 따라서 무릎이 아프거나 큰 충격을 견딜 수 없는 사람에게도 적합한 옵션이 될 수 있으며 폴을 사용하는 것도 가능하다.

스키와 스노보드도 겨울을 즐길 수 있는 좋은 방법이지만 많은 연습과 시간, 돈이 필요한 반면에 스노슈잉은 훨씬 쉽게 접근할 수 있다. 크로스컨트리 스키코스나 대부분의 하이킹 코스와 산책코스가 겨울에는 스노슈잉 트레일이 될 수 있고 안전 규칙을 준수하는 한 누구나 할 수 있다.

스노슈잉 유형

- **레크리에이션**: 초보자나 취미를 위한 여가목적 위주로 위험한 지형이나 어려운 코스를 피하고 쉽게 접근할 수 있는 유형이다. 새로운 것을 시도하고 싶은 사람들에게 겨울 산책의 대안으로 시도해 볼 수 있다.
- **스포츠**: 스포츠 위주로 신체적으로 건강하고 활동량이 많은 사람들을 대상으로 하는 유형이다. 심혈관 혜택, 근긴장도 개선, 체중 관리에 사용할 수 있으며 달리기, 자전거 타기, 스키 등의 대체 운동으로 활용해 볼 수 있다.
- **원정**: 이러한 유형은 산을 가로지르거나 험한 지형을 걷는 것으로 많은 시간이 소요되어 위험할 수도 있다. 따라서 겨울 장비와 안전 키트 등을 잘 준비하고 시도해야 한다.

스노슈잉의 기본 기술

스노슈잉은 평평하거나 구불구불한 지형을 쉽게 걷을 수 있지만 처음 시작할 때 엉덩이와 사타구니 근육이 아플 수 있으므로 익숙해지는 데 약간의 시간이 걸릴 수 있다. 스노슈 프레임이 겹치는 것을 방지하려면 보폭을 평소보다 넓게 한다.

- **오르막 기술**

오르막길을 오를 때는 '킥 스텝(kick step)'이라는 기술을 구사하여 발가락으로 눈을 차서 계단을 만든다. 또한 올라갈 때 견인을 위해 발가락이나 아이젠을 사용한다. 적당한 경사면에서는 스노슈잉의 클라이밍 바를 사용하여 발을 중립 위치에 놓는다.

- **내리막 기술**

내려갈 때는 폴(poles)을 이용한다. 폴을 앞에 두고, 움직일 때마다 무릎을 구부리고 편안하게 유지한다. 걸을 때 발 뒤꿈치를 먼저 붙이고, 다리를 과도하게 흔들지 않도록 한다.

| CS·ASSURE 긍정심리교육 스노슈잉 프로그램 구성원리
(Positive Psychotherapy 이론 적용 프로그램)

회기	핵심요소	프로그램 회기	세부내용
1	긍정적인 정서의 경험	• 라포(rapport) 구축 • 강점 찾기 • 긍정 감정 활용	• 내담자와 긍정적 라포 구축 • 프로그램 소개와 만남
			• 산림 환경을 이해하고 긍정적인 면을 찾아 스노슈잉 경험으로 활용
2	삶의 참여와 몰입을 통한 즐거움	• 용서(수용)하는 마음 갖기	• 산림의 다양한 구성요소들과 서로 공생하면서 받아들이고 수용함
		• 감사하는 마음 갖기	• 스노슈잉을 할 수 있는 환경을 제공해 준 자연에 감사하는 마음으로 프로그램 체험
3	삶의 의미 발견을 통한 자기실현	• 내 안의 낙관성 증진	• 산림을 오감으로 느끼면서 낙관적인 면을 탐색함
		• 인생을 음미	• 스노슈잉을 하면서 산림과 나의 삶을 비교하면서 인생의 의미 찾음
		• 사회 기여 • 사회 봉사	• 스노슈잉으로 생성된 상호관계와 자기성찰을 통해 사회에 기여하고 봉사하는 마음을 가짐
		• 행복한 인생을 위한 서약서 작성, 자기다짐	• 스노슈잉의 체험을 평가하여 일상생활 습관에 치유적으로 활용

프로그램 준비

스노슈즈 제품 종류와 프레임의 크기는 다양하다. 용도에 따라 등반용, 하이킹용, 전문투어용 등 여러 종류의 제품들이 있다. 산행 스타일과 몸무게, 눈 상태에 따라 크기가 달라진다. 스노슈잉은 초보자 친화적이어서 사전 경험이나 교육이 크게 필요하지 않지만 간단히 설명을 하고 눈 상태와 자신의 몸무게에 따라 적합한 프레임을 선택하도록 안내한다. 단단하거나 다듬어진 눈에는 작은 프레임이 적합하고, 부드러운 눈 위를 걷기 위해서는 더 큰 프레임이 필요하다.

스노슈잉 프로그램 체크리스트

- 날씨에 맞는 복장을 하고 여러 겹으로 옷을 입는다. 갈아입을 옷과 마른 양말을 최소한 한 켤레는 가져간다. 땀이 배지 않고 젖지 않는 기능성 옷이 좋다.
- 자신의 몸에 맞는 편안한 신발을 착용한다.
- 에너지를 보충하고 수분을 유지한다. 칼로리 소모가 많으므로 출발하기 전에 에너지를 보충하고 간식과 음료를 여분으로 가져간다.
- 안전한 코스를 선택한다. 스노슈잉을 할 수 있는 코스는 잘 알려져 있지 않기 때문에 날씨가 급변할 경우 민가에 쉽게 접근할 수 있는 지형을 선택한다. 경사가 가파르면 눈에 빠지거나 묻힐 수 있기 때문에 유의한다.
- 날씨 변화에 유의한다. 날씨가 바뀌거나 지칠 경우에는 중단하고 돌아갈 준비를 한다.
- 송수신기, 응급처치가 포함된 안전 키트를 가져간다.
- 절대 혼자 가지 않도록 한다. 지형을 잘 아는 경험 있는 전문가와 함께 그룹으로 하는 것이 가장 안전하다.
- 다른 사람에게 알려준다. 어디로 갈지, 언제 돌아올 것인지 다른 사람에게 알리도록 한다. 예상치 못한 일이 발생하여 구조가 필요할 때 도움이 될 수 있다.
- 지도를 가져간다. 지도를 이용하여 산책로와 표지판을 따라간다.

프로그램 진행

1단계

스노슈잉을 할 수 있는 장소를 선정하고 참가자들에 스노슈잉 개요와 방법, 진행과정, 그리고 코스에 대해 안내한다. 그룹으로 운영하도록 하고 프로그램에 스트레칭, 자연과의 대화, 참가자간의 관계 개선을 할 수 있는 프로그램으로 구성한다.

스노슈잉을 할 수 있는 공식적인 장소가 거의 없기 때문에 국립공원, 자연휴양림,

치유의 숲이나 수목원, 둘레길 등의 관계자와 공동으로 치유 프로그램을 운영하는 방안을 찾아본다. 겨울철 날씨 환경이 급변하면 위험할 수 있기 때문에 가급적 지형을 확실하게 아는 전문가가 참여하거나 사전에 지형을 완벽히 파악하도록 한다.

스노슈잉을 하는 데 특별히 별다른 훈련이나 적응 시간을 많이 필요로 하지 않는다. 따라서 대규모 그룹이나 가족이 함께 할 수 있는 가장 포괄적인 활동이다. 하지만 스노슈즈를 신고 눈 위를 걸어야 하기 때문에 근육에 무리가 오거나 체력소모가 생기는 것에 유의하여 적절하게 휴식시간을 잘 안배하도록 한다. 겨울철에 일조 시간이 짧은 것에 유의하여 가급적 일찍 시작해서 일몰 전에 마무리할 수 있도록 여유 있게 진행하도록 한다.

2단계

스노슈잉의 매력은 무엇보다도 아무도 밟지 않은 눈 위를 걸으며 몸도 단련하고, 대자연의 아름다운 풍광과 산림이 제공하는 신선한 공기를 만끽할 수 있다는 것일 것이다. 하지만 눈 위를 걷는 데 어느 정도의 체력이 뒷받침이 되어야 하기 때문에 체력 여건이 비슷한 참가자들끼리 그룹을 만들어서 실행할 필요가 있다.

행동 장애가 있거나 정신 건강 문제가 있는 참가자들에게는 더 안전하고 접근성이 좋은 코스를 선정하도록 한다. 그룹으로 운영하는 만큼 팀워크와 사회적 기술을 촉진할 수 있는 과제를 프로그램에 포함하여 다른 사람들과 서로 돕고 협력하면서 프로그램을 마치도록 하여 긍정적인 관계가 형성되도록 한다.

3단계

참가자를 대상으로 간단히 스노슈잉 방법을 안내한다. 미끄러운 눈길이나 언덕은 발가락에 달린 아이젠을 지렛대로 하여 이용하도록 한다. 가파른 지형에서도 아이젠을 이용해서 내려오거나 옆으로 내려오도록 한다. 지형이 다양하므로 시간을 갖고 느긋하게 보폭의 완급을 조절하고 필요한 경우 휴식을 취하도록 한다. 눈에 쌓인 지면의 상태는 잘 알 수 없기 때문에 절대로 프로그램 중에 넘어지거나 뛰거나 점프하는 행위를 하지 않도록 한다. 날씨가 급변하거나 참가자들이 힘들어 하면 돌아가도록 한다.

아무도 밟지 않은 눈 위를 밟으면서 전달되는 촉감을 느껴보고 설원의 풍광을 즐기도록 한다. 차갑지만 신선한 공기를 마시면서 삶의 의미를 되새겨 본다. 눈꽃이 활짝 핀 나무와 숲, 개천을 따라 걸으면서 겨울 정취에 흠뻑 빠져본다.

4단계

겨울이 오기 전에 무성했던 꽃과 나무를 상상해 보고 꽃과 나무의 이름을 되새겨 본다. 숲의 동물들은 어디에 있는지 관찰해 보고 동물과 새들의 이름을 회상해 본다. 눈길을 가다가 마주치는 사람들에게 미소를 짓거나 인사하도록 한다. 웃음으로 쉽게 행복해질 수 있고 치유에도 도움이 된다. 설원 위를 한발 한발 걸어가면서 숨을 들이쉬고, 내쉬는 것을 반복한다. 몸과 마음이 단련되고 정신적인 에너지가 가득 재충전되는 것을 느껴보고 자연에 감사를 표한다.

5단계

멋진 경치와 눈에 쌓인 나무, 눈에 덮인 호수를 보고 산꼭대기에서 내려오는 물소리를 들으면서 기분이 맑아지는 것을 느껴 본다. 처음 눈을 밟는 즐거움을 만끽해 본다. 스노슈잉은 단순히 여유롭게 멋진 풍경을 감상할 수 있을 뿐만 아니라 안락한 영역을 넘어 모험적인 도전을 함으로써 자신의 내면의 힘을 발견하는 모험활동이다. 눈으로 덮인 한적한 숲에서 일상의 바쁜 일정에서 벗어나 생각의 속도를 늦추고 자연의 경이로운 변화가 주는 아름다움을 통해 자신이 변화해 온 삶의 과정을 성찰해 본다.

눈에 덮여 길도 보이지 않는 숲속을 걸어가야 하는 불안과 두려움, 그리고 자연의 경이로움이 교차하는 벅찬 감정을 극복하고 한 발자국씩 앞으로 헤쳐 나아가면서 새로운 길을 여는 의미를 음미해 본다. 복잡한 마음을 정리하고 근심과 걱정, 불안을 눈으로 덮고 앞으로 계속 걸어 나가는 것이 치유와 내면의 힘을 얻는 길임을 깨닫는다.

6단계

스노슈잉을 하면서 직면한 추위와 다양한 지형, 날씨와 기후 변화 등과 같이 일상으로 돌아가서도 마주치게 되는 상황을 헤쳐 나가기 위한 마음챙김을 하고 일정을 마무리한다. 스노슈잉 경험과 마찬가지로 앞으로 어떠한 어려움을 겪게 될지 모르지만 이러한 환경변화에 대비하는 정신적 준비를 하도록 한다.

7단계

스노슈잉 참가자들과 눈 덮인 산야를 함께 새로운 길을 걸으면서 서로에 대해 긍정적인 인식을 갖게 되고 공동체 의식과 유대감을 형성하게 된다. 참가자들 함께 한 즐거운 시간은 참가자들 간에 긍정적인 유대감을 갖게 해주고 기억에 남을 것이다. 참가자들과 서로의 경험을 공유하고, 서로 지지하면서 의미 있는 관계가 형성되도록 한다.

행동 장애가 있거나 정신 건강 문제가 있는 참가자들에게는 고립감이나 소외감을 줄여 줄 수 있도록 공동의 과제를 부여하고 이를 해결함으로써 얻은 성취감을 통해 자신감을 얻고 새로운 과제에 도전하게 하는 내면의 힘을 발견하도록 지도한다. 그리고 드넓은 자연을 걸으면서 우리 모두가 자연의 일원이고 서로를 보살펴야 한다는 것을 깨닫게 한다.

8단계

스노슈잉은 즐거움과 재미가 있을 뿐만 아니라 도전적이다. 신체적, 정신적으로 건강을 강화시키고 자신감과 사회성, 리더십 기술을 습득할 수 있다. 세상에는 아름답고 도전할 만한 의미 있는 일을 함께 할 수 있다는 것을 인식하도록 한다. 이러한 경험에 대한 참가자들의 반응을 잘 파악하여 새로운 관심사나 소재를 프로그램에 추가하고 프로그램을 새로운 차원을 끌어올리는 계기로 활용하도록 한다.

신체적 정신적으로 문제가 있는 참가자들이 사회에서 잘 적응해서 어울려 갈 수 있도록 배려하고 지지하는 분위기를 조성하여 사회적 기술 습득, 삶의 의미 체험, 자기 효능감 등을 더욱 효과적으로 운영할 수 있는 프로그램을 지속적으로 개발하도록 한다.

5 산림치유 프로그램: 비전 퀘스트(Vision Quest)

프로그램 배경

비전 퀘스트(Vision Quest)는 자연 속에서 아메리카 원주민들이 영적인 계시와 목적을 찾기 위해 음식이나 물도 없이 혼자서 시간을 보내는 신성한 의식이다. 이러한 성찰적 여정에서 자신의 길을 안내할 수 있는 영적인 비전이나 표징(sign)을 찾는다. 비전 퀘스트를 하기 위해서는 신체적, 정서적, 영적인 한계를 시험하는 엄격한 퀘스트를 견딜 수 있어야 한다. 전통적인 절차는 부족에 따라 다를 수 있지만 퀘스트 전(pre-quest) 의식, 커뮤니티와의 분리(separation), 솔로 퀘스트, 커뮤니티 복귀, 경험 공유, 퀘스트에서 얻은 통찰력을 일상생활에 통합하는 단계를 따른다.

비전 퀘스트는 인생의 중요한 단계를 통과하기 위해 자신의 비전을 명확히 하고자 하는 현대판 통과의식이다. 아메리카 원주민 전통과 연관되어 있지만 중요한 삶의 전환을 헤쳐 나가면서 자신이 원하는 변환을 위한 추진력을 얻기 위해 실행하고 있다. 현재 미국, 호주 등 여러 나라에서 영적으로 삶의 목적과 개인적인 변환을 추구할 수 있도록 관광상품으로 다양하게 출시되고 있다.

비전 퀘스트는 자신의 내면을 성찰하고 주변 세계에 대한 이해를 심화하면서 삶을 변환시킬 수 있는 독특한 기회를 제공해 준다. 비전 퀘스트는 깊은 영적인 의미가 있고 개인의 삶에 깊은 영향을 미칠 수 있다. 일상생활에서 떨어져서 자기 발견, 자기 성찰과 자신의 비전에 집중함으로써 삶에 대한 목적의식을 함양할 수 있다. 자연, 명상 및 단식을 위해 마련한 안전한 공간에서 도전에 대한 통찰력을 얻고 자신의 신념을 탐색하며 삶의 비전을 정의하는 영적 변화를 체험해 보는 것은 의미가 있을 것 같다.

비전 퀘스트는 우리의 성장과 영적 계시를 구하기 위해 황야로 혼자 여행을 떠나는 것이다. 자신을 얽메고 있는 족쇄에서 벗어나 진정으로 자신이 존재하는 의미를 찾아보는 시간이다. 비전 퀘스트를 하는 동안 더 이상 자신에게 도움이 되지 않는 것을 버리고 자신이 어떤 사람이 되어가고 있는지 구현한다.

본질적으로 비전 퀘스트는 자신의 것이라고 주장하는 삶으로 다시 태어나는 새로운 실천이다. 익숙해진 습관과 사고방식, 고정관념과 감정, 그리고 존재 방식을 해석하는 과정이다. 이러한 의식을 통과함으로써 우리가 누구인지, 왜 여기에 있는지에 대한 더 깊은 성찰을 할 수 있다. 이러한 자기 변환을 통해 궁극적으로 사회에 봉사하는 것이다. 비전 퀘스트는 진정한 본성을 향해 나아가도록 도움을 줄 수 있는 가장 순수한 방법 중 하나이다.

비전 퀘스트는 청소년기, 성인기, 중년기, 노년기 등과 같은 생애주기 변화에 따라 삶의 전환기를 맞이하거나, 삶의 경로를 바꾸고 새로운 일을 탐색하고자 하는 경우, 또는 새로운 사회적 역할이나 관계를 시작하거나 종료되는 것을 경험했을 때, 혹은 자신을 치유하고 위로하고자 하는 경우 적합한 프로그램이다.

● 비전 퀘스트의 유형

비전 퀘스트는 문화나 전통에 따라 다양한 의식과 수행 방식을 포함하고 있다. 하나의 보편적인 형태는 없지만 각 비전 퀘스트의 기본 목적은 미지의 세계로의 여정을 통해 계시와 통찰, 그리고 변환을 모색하는 것이다. 가장 일반적인 몇 가지 유형은 다음과 같다.

- **솔로(solo) 비전 퀘스트**: 고전적인 유형으로 계시(guidance), 통찰력 및 이해를 구하기 위해 혼자 여행을 떠나는 것이다.
- **커뮤니티 비전 퀘스트**: 자기 발견과 변환을 위해 일행과 무리를 지어 여정을 떠나는 유형으로 커뮤니티를 구축하고 관계를 강화하는 방법으로 수행된다.
- **메디슨 휠(Medicine wheel) 비전 퀘스트**: 메디슨 휠의 상징과 가르침에 따라 자신과 그들 삶에 대한 통찰력을 얻기 위해 네 개의 방향(동, 서, 남, 북)을 각각 방문하는 유형이다.
- **땀 오두막 비전 퀘스트**: 뜨거운 바위로 데워진 밀폐된 땀 오두막(sweat lodge)에서 수행하는 유형이다. 자신을 정화하고 영적인 영역과 연결하기 위한 방법으로 극심한 더위와 신체적인 불편을 경험한다.

- **비전 패스트**(vision fast): 영적으로 연결되고 삶의 경로와 목적에 대해 명확한 계시를 얻고자 일정기간 동안 단식하는 유형이다.

비전 퀘스트 준비사항

비전 퀘스트는 도전적이어서 제대로 준비하는 시간을 가져야 자기성장, 자기 발견 및 명확성으로 이어질 수 있는 혁신적인 경험을 할 수 있는 가능성을 높일 수 있다.

- 안전하고 경외감을 불러일으키는 장소를 선택한다.
  깊은 숲속이나 산림이 우거지고 안전한 방해받지 않는 자연스러운 위치를 선택한다. 자연에 완전히 몰입할 수 있게 하고 초월적인 경험을 달성하는 데 도움이 된다고 한다.
- 캠핑하는 데 허가나 예약이 필요한 경우 해당 절차를 따른다.
- 명확한 의도를 세운다.
  프로그램에서 얻고자 하는 것, 얻고자 하는 답, 또는 추구하는 변환 등을 설정하도록 한다.
- 명상과 마음챙김을 연습한다.
  이러한 연습은 마음을 진정시키고 내면의 인식을 기르는 데 도움을 줄 수 있다.
- 단식을 할 수 있어야 한다.
  2~3일 단식은 건강한 사람에게는 안전하다고 한다. 단, 당뇨병이 있거나 약을 복용 중인 경우에는 담당 의사와 상담해서 신체적 위험을 초래하지 않도록 한다. 만약 어지럽거나 힘들게 느껴지면 중단한다.
- 신체적 준비를 한다.
  이것은 솔로 퀘스트의 어려움을 견디는 것을 돕고 자연과 연결되도록 도울 수 있다.
- 클렌징 다이어트(cleansing diet)를 한다.
  프로그램에 참여하기 3주 동안 설탕, 빵, 밀 제품과 같은 가공된 탄수화물 식단은 피하고 건강한 식단으로 두뇌를 준비(prime)시킨다.
- 소모품을 준비한다.
  침낭, 텐트, 그리고 기후에 적합한 옷과 물, 비상용 음식 등을 준비한다.

- 노트와 펜을 가져온다. 퀘스트 중에 느끼는 성찰이나 감정을 기록한다.
- 경험이 많은 전문가, 가이드와 상담한다.
  정신적, 감정적, 영적으로 준비하기 위한 지침과 지원을 제공할 수 있다.
- 누군가에게 알려주도록 한다.
  어디에 얼마나 있을 것인지 가족이나 친구, 현장 관리인에게 알려준다.
- 수분을 보충한다.
  여름철에 더운 곳에 있다면 충분히 물을 마신다.

| CS·ASSURE 긍정심리교육 비전 퀘스트 프로그램 구성원리 (Positive Psychotherapy 이론 적용 프로그램)

회기	핵심요소	프로그램 회기	세부내용
1	긍정적인 정서의 경험	• 라포(rapport) 구축 • 강점 찾기 • 긍정 감정 활용	• 내담자와 긍정적 라포 구축 • 프로그램 소개와 만남
			• 산림 환경을 이해하고 긍정적인 면을 찾아 비전 퀘스트 경험으로 활용
2	삶의 참여와 몰입을 통한 즐거움	• 용서(수용)하는 마음 갖기	• 산림의 다양한 구성요소들과 서로 공생하면서 받아들이고 수용함
		• 감사하는 마음 갖기	• 비전 퀘스트를 할 수 있는 환경을 제공해 준 자연에 감사하는 마음으로 프로그램 체험
3	삶의 의미 발견을 통한 자기실현	• 내 안의 낙관성 증진	• 산림을 오감으로 느끼면서 낙관적인 면을 탐색함
		• 인생을 음미	• 비전 퀘스트를 하면서 산림과 나의 삶을 비교하면서 인생의 의미 찾음
		• 사회 기여 • 사회 봉사	• 비전 퀘스트로 생성된 상호관계와 자기성찰을 통해 사회에 기여하고 봉사하는 마음을 가짐
		• 행복한 인생을 위한 서약서 작성, 자기다짐	• 비전 퀘스트의 체험을 평가하여 일상생활 습관에 치유적으로 활용

프로그램 진행

1단계

비전 퀘스트는 사전준비가 아주 중요한다. 참가자들이 목적을 탐구하고 변환을 구현할 수 있는 프로그램을 마련하고, 지원하기 위한 행사를 설계한다. 프로그램 운영 기간은 다양하게 구성할 수 있지만 최소 2~3일은 필요하기 때문에 충분한 시간을 두고 참가자를 모집한다. 숲이나 산, 야외에서 비전 퀘스트를 할 수 있는 장소를 물색하고 이와 관련된 기관과 공동으로 치유 프로그램을 운영하는 방안을 찾아본다. 장소는 일상과 단절된 우거진 숲이나 산과 같이 자연에 깊이 빠져들 수 있고 영감을 줄 수 있는 안전한 곳이 바람직하다.

2단계

참가기간 중에는 전자기기 사용이나 음식이 금지되고 숲속에서 홀로 단식하면서 비전을 추구해야 한다는 것을 시작 전에 미리 알려준다. 충분한 시간을 두고 비전 퀘스트에 대한 목적이나 필요성, 준비사항 등을 미리 알려주어 정신적, 육체적으로 미리 대비하도록 한다. 자연 속에서 참가자들이 비전 퀘스트를 하면서 혼자의 시간을 보내는 동안 요구할 사항이 있으면 전달할 수 있는 퀘스트 보호자가 있음을 알려준다. 가이드는 커뮤니티 가까이에 머물면서 프로그램 참가자들의 안전과 필요한 사항을 지원하도록 한다.

참가자 규모에 맞추어 비전 퀘스트를 추구할 장소를 참가자들이 선정할 수 있도록 간격을 두고 일정 구역을 미리 지정하도록 한다. 아메리카 원주민들의 전통적인 방식은 자신이 특별하다고 느끼는 장소를 찾은 후에 물 이외에는 아무것도 가져오지 않고 10피트 원 안에 앉아 2~4일 동안 자신의 영혼을 성찰한다고 한다.

3단계

비전 퀘스트를 시작하기 전에, 참가자들은 영적인 여행을 시작하는 사전 퀘스트 의식을 준비한다. 이것은 앞으로의 여행을 위한 목표를 세우고 신성한 공간을 만드는 시간이다. 일반적으로 몸과 정신을 깨끗하게 하기 위해 약초를 태우는 스머징(smudging)이나 땀 장(sweat lodge)을 하여 몸과 마음을 정화시킨다. 참가자들은 보호, 계시, 그리고 축복을 요청하면서, 영혼과 조상들에게 공물을 바칠 수도 있다.

사전 의식은 전체 프로그램의 분위기를 결정하기 때문에 비전 퀘스트가 추구하는 의도에 참가자들이 집중하도록 유의한다. 이 의식에 참여함으로써 참가자들은 자신의 내면에 더 집중하고 마음을 정화시킬 수 있고, 그들의 의도에 집중하여 영적인 영역과 연결되는 계기로 삼는다.

4단계

커뮤니티와의 분리 단계에서는 외부 세계와의 연결을 뒤로하고 내면의 성찰, 자기반성을 위해 혼자 고독한 탐구를 하는 것으로 영적 연결에 필요하다. 참가자들에게 퀘스트를 위해 숲에서 지내는 동안 필요한 복장, 물건, 물 등을 제공한다. 그다음은 가이드를 통해 각자의 비전 퀘스트 현장으로 안내하도록 한다. 일반적으로 이러한 과정은 침묵 속에서 또는 최소한의 언어적 의사소통으로 이루어지도록 한다.

비전 퀘스트 현장에 도달하면, 참가자들은 각자 자신이 머무를 장소에 자리잡거나 기초적인 피난처를 짓도록 한다. 또한 퀘스트에 대한 각자의 의도를 나타내는 기도용 리본을 만들어 나무나 다른 자연적인 물체에 묶도록 한다. 그런 다음 분리가 시작되고 며칠간 고독하게 남게 한다. 이 기간 동안 외부 세계와 접촉하지 않으며 자신의 자원에 의존해서 생존하도록 한다. 참가자들은 단식하거나 최소한의 음식과 물을 섭취하면서 명상이나 기도로 하루를 보낸다.

5단계

외부 세계와 친숙한 모든 것에서 단식하고 혼자 비전을 탐구하는 솔로 퀘스트는 많은 노력과 인내가 요구된다. 참가자들은 일반적으로 외딴 지역으로 이동하여 음식, 물, 피난처 없이 자신과 주변 환경과의 연결에만 의존해서 혼자 며칠을 보낸다.

솔로 퀘스트 기간 동안 참가자는 자신의 삶, 목적 및 방향에 대한 명확성과 통찰력을 얻는 것을 목표로 한다. 참여자들은 심리적으로 두려움, 의심, 불안감, 지루함에 직면할 수 있고 신체적으로 배고픔, 갈증 등 다양한 감정을 경험할 수 있다. 그러나 이러한 과정은 비전 탐구를 방해하는 일상의 편리함, 편안함에서 벗어나 자연과 자신의 내면 및 영적 영역과의 연결을 증폭시켜 줄 수 있음을 알려준다. 자신의 삶에 심오한 의미와 방향을 부여하는 내면의 계시, 즉 비전을 추구하는 데 더욱 집중할 수 있도록 하고 자기 자신, 사회, 자연과 영혼에 대한 더욱 성숙한 이해로 이어지게 한다.

솔로 퀘스트는 정신적, 감정적, 육체적으로 인내하기 힘든 고통스럽고 변혁적인 시험이 될 수 있다. 이러한 상태에서 자신을 변화시키는 성찰의 시간을 갖고 자신의 목적과 가야할 방향에 대해 통찰력이나 영감 등을 얻을 수 있다. 참가자들은 마음을 정화하고 신성, 영적 인도자, 조상 또는 초자연으로부터 오는 메시지와 비전에 마음을 열도록 한다. 마음챙김, 명상, 시각화 또는 기도에 참여할 수 있고 자신의 정체성, 비전과 가치를 탐구할 수 있다. 솔로 퀘스트는 개인적 성장, 영적 각성, 자기 발견의 삶을 변화시킬 수 있는 경험을 제공할 수 있는 도전적이지만 보람 있는 단계가 되도록 한다.

6단계

솔로 퀘스트를 마친 참가자들은 커뮤니티로 돌아와 진행자와 커뮤니티 구성원에게 지원, 지도 및 보고를 하는 것으로 프로그램을 마무리한다. 참가자는 새로운 자아와 목적의식을 갖고 돌아오는 것이 중요하고, 커뮤니티는 그러한 변화를 인식하고 존중하는 것이 중요하다. 공동체로의 복귀를 통해 참여자들이 자신의 경험을 자신의 삶에 완전히 통합하고 새로 발견한 지혜와 통찰력을 공동체와 공유하도록 한다.

귀환식은 문화나 전통에 따라 달라질 수 있다. 이 의식에는 세이지(sage)나 허브를 바르는 등의 정화 의식을 포함할 수 있다. 일부 문화권에서는 탐구자에게 자신의 변환과 솔로 시간 동안 받은 비전을 반영하기 위해 새로운 이름을 부여하기도 한다.

7단계

커뮤니티로 돌아온 참가자들은 자신의 경험과 통찰력을 다른 사람들과 공유한다. 참가자들은 혼자 시간을 보내는 동안 겪은 자신의 경험, 감정과 생각을 다른 사람들에게 공개적으로 표현한다. 각자의 경험은 크게 다를 수 있으므로 커뮤니티가 열린 마음과 마음으로 듣는 것이 중요하다. 커뮤니티로부터 자신의 비전과 꿈에 대한 검증, 피드백 또는 해석을 받을 수 있다. 이를 통해 깊은 수용감, 소속감, 상호 유대감을 느낄 수 있으며 서로에 대한 이해를 심화시킬 수 있다. 공유 의식은 참가자와 커뮤니티가 모두 치유, 성찰, 변화하는 데 도움이 된다. 자신의 경험이 자신만의 것이 아니라 더 큰 커뮤니티와 연결되어 있다는 것을 깨닫게 해줄 수 있다.

공유의식은 모닥불 주변에서 진행되며 각 참가자들이 그 주위에 앉도록 한다. 원 주위를 지나가는 말하는 막대(talking stick)를 쥐고 있는 사람만이 말을 할 수 있고, 다른 사람들은 그들의 말을 주의 깊게 듣는다. 이 전통은 모든 사람이 자신을 표현할 기회를 갖고 모든 의견을 경청하고, 인정하고, 소중히 여길 수 있도록 보장한다. 행사가 끝나면 참가자들은 지도자나 연장자에게 막대를 돌려주고 지도자나 연장자는 마무리 말을 한다.

비전 퀘스트가 끝나면 원을 지우고 흔적을 남기지 않도록 한다. 비전 퀘스트를 통해 얻은 지혜와 통찰, 일시적인 박탈, 일상으로의 귀환 경험을 더욱 소중히 여기고 아름다운 자연과 자연의 포옹에 감사를 표한다. 자연과 현재의 삶에 대해 감사한다.

8단계

경험을 공유하는 것이 자신의 경험을 일상생활에 통합하고 치유, 반성 및 변화를 도모하는 데 도움이 되도록 한다. 이를 통해 참가자는 다른 사람, 환경 및 영적 자아와 연결되고 삶의 의미와 목적을 찾을 수 있다. 비전 퀘스트에서 돌아온 후 자신의 비전과 경험을 일상생활과 연관시키도록 한다. 참가자들은 자신의 경험을 이해하고 얻은 통찰력과 지혜를 자신의 삶에 통합하도록 한다.

커뮤니티는 참가자가 자신의 경험을 일상생활에 통합할 수 있도록 지원, 안내 또는 추가 자원을 제공할 수 있다. 여기에는 영적 성장과 여정을 계속하기 위한 지속적인 상담, 멘토링 또는 추가 비전 탐구가 포함될 수 있다. 참가자가 받은 비전에 관해 새로운 질문을 제기할 수 있으며 이러한 질문에 대한 명확하게 의미를 찾을 있도록 도움을 준다.

마지막으로 참가자들은 자신의 삶에 대해 새로 찾은 목표와 의도를 계속 유지하고 추구할 있다. 그러나 어떤 경우에는 자신의 경험을 일상생활에 통합하는 데 어려움을 겪을 수도 있으며 상당 시간이 소요될 수 있다. 일상의 현실과 단절되거나 동떨어져 있다고 느낄 수도 있고, 새로운 감정으로 어려움을 겪을 수도 있다. 이러한 변환 과정을 지원하고 지침을 제공하는 데 도움을 줄 수 있도록 의사소통을 유지하도록 한다.

참고 문헌

산림청(2021). 국민마음숲치유 매뉴얼.

국립산림과학원(2021). 노인 대상 치매 예방 산림치유 항노화 프로그램 운영 워크북.

산림청(2021). 산림치유지도사 2급 양성교재 개정본.

국립산림과학원(2020). 산림자원을 활용한 의료연계서비스 국외사례.

산림청(2023). 산림치유와 치매예방·관리 연계 프로그램.

하경희. (2019). 해양치유관광 활성화 방안 연구-해양치유관광객 요구 및 현황분석을 중심으로. 해양관광학연구, 12(2), 19-32.

Kaplan, R., & Kaplan, S. (1989). The experience of nature: A psychological perspective. Cambridge university press.

Li, Q. (2023). New concept of forest medicine. Forests, 14(5), 1024.

Mohan, A., & White, H. (2022). Adventure and Wilderness Therapy.

White, M. P., Alcock, I., Grellier, J., Wheeler, B. W., Hartig, T., Warber, S. L., ... & Fleming, L. E. (2019). Spending at least 120 minutes a week in nature is associated with good health and wellbeing. Scientific reports, 9(1), 1-11.

https://foresttherapyhub.com/what-is-forest-therapy/

https://healingforest.org/2020/01/27/forest-bathing-guide/

https://healingforest.org/walks/

https://lifemoves.ca/tips-and-tricks-to-make-your-first-snowshoeing-adventure-fun/

https://majkabaur.com/visionquest/

https://medicineofone.com/vision-quest/traditional-native-american-vision-quest/

https://natureconnectionguide.com/forest-therapy-programs/

https://naturephilosophy.com/vision-quest/vision-quest-ceremony

https://neurosciencenews.com/nature-health-wellbeing-14233/

https://undiscoveredmountains.com/what-is-snowshoeing

https://www.coloradorecovery.com/the-mental-health-benefits-of-snowshoeing/
https://www.ecotherapyheals.com/ecotherapy-activities/
https://www.ecotherapyheals.com/what-is-forest-bathing/
https://www.ecotherapyheals.com/what-is-wilderness-therapy/
https://www.forest.go.kr/kfsweb/kfi/kfs/cms/cmsView.do?cmsId=FC_001569&mn=AR02_05_01_0
https://www.foresttrip.go.kr/pot/rm/fa/selectPrgrmListView.do?hmpgId=ID02030090&menuId=002003#tab1
https://www.fowi.or.kr/user/contents/contentsView.do?cntntsId=346
https://www.fowi.or.kr/user/program/programView.do?progrmSeCd=PS01&progrmId=96#
https://www.lakewashingtonpt.com/ski-snowboad/2019/1/29/snow-shoeing
https://www.ncbi.nlm.nih.gov/pmc/articles/PMC9665958/
https://www.parkrx.org/parkrx-toolkit
https://www.psychologies.co.uk/the-healing-power-of-trees/
https://www.soulegria.com/g/Adventure-Therapy-for-Young-Adults/Forest-City-Iowa-IA/
https://www.spiritualityhealth.com/articles/2015/05/27/21-days-your-vision-quest
https://www.the-well.com/editorial/how-practice-forest-bathing-even-city
https://www.wildheart.life/vision-quest---4-day-solo-8-day-program.html
https://www.wikihow.com/Do-a-Forest-Bath

“인간이 해양환경과 교류할 때 평안함을 느끼고 자연스럽게 행복물질인 세라토닌의 분비가 활발해지면서 건강한 행복감을 느끼게 된다.” 사실은 수많은 임상 연구에서 증명된 과학적 사실이다. 또한 많은 사람들이 평생 물질 추구를 하면서 사는 현대사회는 물질로 인한 스트레스와 육체적 고통을 말할 수 없을 지경에 도달하여 결국 현대사회는 피로사회가 되었다. 없으면 구하고, 그리고 구하고 나면 더욱 크고 고급스러운 것으로 바꾸고 싶은 마음이 발동한다. 이처럼 집, 가구, 장비, 차량, 소비품 등 물질을 소유하면서 느끼는 행복이 물질적 행복이다. 물질을 구하지 못한 사람은 상대적으로 불행해지고 불행한 마음을 갖진 사람이 모여 사는 사회가 우울 사회이다.

반면에 개인의 소유가 아닌 국가, 지역 혹은 크고 작은 커뮤니티가 공동으로 소유하고 있는, 산, 숲, 강, 풍경과 같은 자연 풍경을 공유하면서 느끼는 즐거움이 공유행복감이다. 따라서 해양치유는 무궁한 해양 자연자원을 활용한 적극적인 예방건강 활동이다.

6장

해양치유

Ocean Wellness, Healing

6장

해양치유

1 해양치유(Ocean Wellness) 배경

해양치유의 사회적 가치

증거중심 치유 프로그램

우리 사회 일부에서는 해양자원의 치유기능에 대하여 회의적인 인식을 갖는 사람들도 적지 않은 것이 사실이지만, 대중들의 해양치유 자원과 프로그램의 건강증진 역할에 대한 보편적 관심에 부응하기 위하여 학계에서는 해양치유를 증거중심(evidence based)의 학문으로 승화하기 위한 연구자들의 노력이 끊임없이 이루어져 왔다.

이와 같은 해양치유에 대한 증거중심의 과학적 연구와 해양자원의 치유화 필요성이 시대를 걸쳐 예방건강 사회의 니즈로 대두되었다. 결과적으로 사회 · 산업 · 시대적 상황에서 자연치유와 해양업이 유기적으로 융합하여 해양 6차 산업으로 태동한 것이 해양치유(Ocen Wellness)업이다.

따라서 본 장에서는 신흥학문인 해양치유을 대중들과 이론적 근거, 프로그램, 사업모델을 연구자 관점에서 최신 지식과 정보를 공유하고자 한다. 현대사회의 구조적 특성은 산업화된 국가의 국민 70% 이상이 도시에 거주하는 도시사회 구조를 띠고 있다.

결과적으로 도시의 문명화 뒤편에는 경쟁사회, 빈부경제, 계층문화와 같은 부작용도 양산하게 되었다. 특히 장기간 도시의 오염된 환경과 도시 생활스타일에서 오는 운동 부족과 자연환경과의 교류 결핍으로 다양한 불건강 신드롬들이 나타났다.

그 결과 현대 의학만으로는 치료의 어려움을 겪고 있는 만성피로, 주의집중 장애, 행동장애, 지체장애, 우울증, 치매, 사회성 결여증, 노인성질환, 중독자, 비만, 그리고 청소년들의 학습장애 등의 선천적 그리고 후천적 증상들에 대한 통합적 치유가 필요하다.

따라서 해양의 자연을 근간으로 하는 해양치유는 현대의료의 사각지대에 놓인 도시사회 시민을 위한 지속가능한 건강증진을 위한 제4의 예방건강 물결이다. 유럽에서 태동한 해양치유 관광 물결은 이제 미주, 호주, 아시아 지역을 향하여 급속하게 확장되고 있다.

최적의 자연 치유자원: 해양자원

이 시점에서 우리는 왜? 의료선진 그리고 사회복지 선진 국가들이 마치 하나의 국가처럼 동시 다발적으로 해양치유를 사회복지 및 국민건강 증진의 콘텐츠로서 제도적으로 육성하는지를 주목할 필요가 있다.

지식적으로는 충분히 인지하고 있지만 일상 생활권에서 개인이 습관을 변화 · 혁신하는 것에 실패하는 이유는 동기가 부족하기보다는 결심한 새로운 행동을 습관하는 데 심리적 · 환경적 한계가 있다는 것이다.

따라서 환경을 생활권을 벗어나 호기심과 기대를 불러올 수 있는 자연 해양환경에서 습관의 변화를 경험하는 것이다. 일 단위 기온 변화가 심하지 않은 산림 혹은 내륙 지역에 비하여 상대적으로 일교차가 큰 해양환경은 해양치유 방문객에게 지속적인 호기심을 자극하기에 상대적으로 유리한 천혜의 자연 치유자원이다.

특히 일상 환경에 쉽게 지루함을 느끼는 현대인들과 젊은 세대들에게 지속적으로 자극과 관심을 유지하기에 최적은 치유자원은 바로 해양자원이다.

결국 해양치유 프로그램을 경험하고 일상으로 돌아와서 지속적으로 변화된 습관을 유지하는 것이 효과적이다.

라이프스타일 치유의 배경

미국스트레스 연구소(American Institute of Stress)에서는 스트레스 상태를 "신체적 · 정서적 · 정신적 압박과 긴장"으로 정의하였다.

결국 조직적 · 사회적 · 경제적인 면에서 지나친 경쟁으로 번아웃(burn out)된 현대사회를 독일대학 철학자 한병철 박사가 "피로사회"로 규정한 것은 스트레스가 한 개인의 문제가 아닌 지역 사회적 · 국가적 문제가 된 것이다.

대중들이 치유 · 힐링 · 웰니스와 같은 라이프스타일에 변화를 지속적으로 갈망하는 배경에는 분명 이와 같은 피로사회에 대한 범(凡)사회적 · 국민적 니즈가 유기적으로 반영된 결과일 것이다.

우리는 지금 건강 뉴노멀(new normal)시대에 살고 있다. 즉 국민소득이 늘어나고 노동시간이 단축되면서 생활이 안정을 찾게 되고 자연적으로 100세 시대(homo hundred)에 당면하고 있는 것이다.

또한 펜데믹과 국민소득 3만불 대에 진입을 기점으로 뉴노멀 사회가 현실이 되면서 대중들의 보편적인 건강관심이 치료건강에서 예방건강 돌봄 행위가 사회 전반에 웰니스라이프의 혁신으로 일반화되고 있는 사회현상이다.

따라서 시민들은 건강한 삶을 영위하기 위한 예방건강에 대한 관심이 사회문화적으로 공론되고있다. 그러므로 과거 치료건강 시대에는 병증이 있어야 병원을 찾았으나 현대는 평소에 건강을 관리하는 예방건강이 생활습관(lifestyle)과 치유형식으로 보편화되었다.

2 해양치유 이론

웰니스 라이프·해양치유

웰니스라이프는 자신의 운동 · 음식 · 수면 · 마음 · 사회적 습관을 혁신하여 신체 · 정서 · 사회 · 직업 · 지적 · 정신적 최적의 건강생활 (Wellness Life Style)을 유지하는 습관의학(lifestyle medicine)이다.

또한 웰니스 관광은 예방건강 생활방식을 습관화 하기 위하여 습관 혁신 모델과 프로그램을 일상에서 벗어나 관광활동과 연동하여 새로운 환경에서 실행하는 것이다. 따라서 해양치유활동은 "생활습관 혁신을 위한 치유활동을 해양자원을 근간으로 해양환경에서 실행되는 행위"로서 관광활동과 유기적으로 융합된 것이 치유관광활동이 될 수 있다.

증거중심 해양치유 이론

도시생활에 지친 현대 사회를 피로사회 혹은 우울사회로 규정하고 있다. 현대인의 생활 중심지가 지배적으로 도시가 되면서 도시의 피로환경에서 벗어나 자연녹지를 갈구하는 시민들이 증가하게 되었다. 따라서 서구 학계에서는 자연이 인간의 건강에 미치는 영향 관계에 대한 연구가 시작된 것이 오래전의 일이다. 그중 유럽을 중심으로 꾸준하게 진행되어온 대표적인 연구는 다음과 같다;

● 해양치유 프로그램의 사회적 상호관계(social interaction)

인간은 집, 옷, 빵, 그리고 생활필수품만으로 살 수 없는 사회적 동물이다. 사회적 동물은 같은 종과 다른 종의 구성원들과 끊임없는 상호작용을 수행하며 친지와 이해관계자들을 중심으로 사회 속에서 자신의 사회를 만드는 것이다. 따라서 정신적 혹은 신체적 문제로 인하여 사회적 상호관계 형성에 제약을 당하는 독거자, 사회소외자, 노숙자, 대인기피증, 신체 혹은 정신적 장애 등 으로 인하여 사회와의 관계가 소원한 사람들도 사회 속에 생존하고 있으나 자기사회의 존재는 미약하고 자존감, 사회성, 자주성 그리고 책임감과 자립성이 약하여 사회적 보호와 복지에 의지하여야 한다. 이들에게도 우리사회의 새로운 지원 플랫폼(platform)인 치유 손길이 필요하다.

인간과 사회 간의 문제는 성인들에게만 국한된 것은 아니다. 학습기에 있는 청소년이 학교로부터 외면 당하거나 학교를 스스로 등진 경우, 이들의 삶의 질 역시 자존의 가치를 인정하지 않는 수준이며, 의타적인 삶이나 반사회적인 행동장애 증상을 보인다. 성인으로 성장하기 전에 이들에게도 제2의 자기계발의 기회가 주어져야 한다.

사회적 상호관계에 문제를 안고 있는 사람을 약이나, 시설의 구조화된 프로그램으로 치료하는 데 한계가 있다. 그러나 해양치유의 체험과정에서 그룹 프로그램에 참여하는 사람과 그의 가족 등과의 접촉을 통하여 자연스럽게 사회적 상호관계를 형성하게 된다. 사회적 상호관계의 건강 증진 혜택은 정신적 측면(Sempik & Spurgeon, 2006), 특히 정신건강회복이론에 중요한 역할을 하는 것으로 연구되었다(Cloniger, 2006).

● 자연(해양)과 스트레스 회복(Nature and recovery from stress)

자연환경이 인간에게 주는 건강 혜택을 설명한 카플란의 주의력집중회복이론에 대안적 이론은 텍사스 대학, 환경심리학자 울리히의 스트레스 회복모델(Roger Ulrich's model of recovery from stress)이다. 울리히의 관점은 자연풍경과 자연 그 차제가 진화론의 원천으로서 카플란이 주장하는 인식과 사고적 이론에 거리를 두었지만 울리히 이론 역시 자연환경의 치유에너지의 역할에 대하여 주목하고 있다.

● 해양자연 보기(looking ocean nature)

어떻게 자연 바라보기와 자연체험이 본질적으로 흥미롭고 혹은 자극하고 특별한 의식적인 노력 없이 정신적 피로를 회복하는 데 중요한 역할을 하는지에 대하여서는 주의집중 회복이론(Kaplan and Kaplan, 1989)이 잘 설명하고 있다. 또한 윌슨에 의하여 제기된 생명사랑이론(biophilia hypothesis, Wilson, 1984)은 인간과 자연의 태생적 애호 관계를 강조하였다. 그리고 건강한 자신을 위하여 우리가 자연과 교류 · 상생해야 한다는 이론(Kellert & Wilson, 1993)이 자연보기를 통한 건강증진의 효과를 직접적으로 설명하고 있다.

● 해양에서 활동(being active in ocean nature)

신체활동이 정신과 육체 건강에 효과적이라는 증거는 이미 보고되었다(Stathoplou et al, 2006). 해양치유 체험은 자연 공간에서 육체적인 활동으로서 해양치유 운동 외에 부가적인 치유 효과를 제공해 준다. 또한 자연환경에서 하는 신체활동(운동)은 자존감과 기분의 고양시키고, 혈압을 낮추는 시너지 효과를 나타낸다(Pretty et al., 2005, 2007, Peacock et at., 2007, Hine et al., 2008b)

● 공유행복 소유행복(sharing happiness, owning happiness)

인간이 해양환경과 교류할 때 평안함을 느끼고 자연스럽게 행복물질인 세로토닌의 분비가 활발해지면서 건강한 행복감을 느끼게 된다. 사실, 많은 사람들이 평생 물질을 추구하면서 사는 현대사회는 물질로 인한 스트레스와 육체적 고통이 말할 수 없을 지경에 도달하여 결국 피로사회가 되었다. 없으면 구하고, 구하고 나면 더욱 크고 고급스러운 것으로 바꾸고 싶은 마음이 발동한다.

반면에 개인의 소유가 아닌 국가, 지역 혹은 크고 작은 커뮤니티가 공동으로 소유하고 있는 산, 숲, 강, 풍경과 같은 자연 풍경을 공유하면서 느끼는 즐거움이 공유행복감이다. 따라서 해양치유는 무궁한 해양 자연자원을 활용한 적극적인 예방건강 활동이다.

3 해양치유 프로그램(Thalasso 치유 프로그램)

K·해양치유 프로그램의 성장동력

» 해양치유 방문지(destination)

삼면 바다를 접하는 우리나라의 경우 해양치유 프로그램 자원이 풍부한 지역이다. 갯벌 자원(moor)과 온화한 태양광선자원, 한려수도 경관자원, 장보고, 충무공 등 역사자원(archetype)을 활용한 콘텐츠 개발을 하고 상호연계하여 치유관광 프로그램으로 성장할 잠재 동력이 무궁무진하다.

FDA(美 식품의약청)에서 2년마다 주기적으로 엄격하게 수질관리하고 있는 거제, 통영, 남해권의 남해안 1구역–7구역 청정해역은 아시아에서 대표적인 청정수역이다. 또한 온난화 심화로 남해안을 필두로 우리나라 전 해안은 향후 4계절 운용 가능한 해양치유 방문지로 성장 가능한 천혜의 지역이다.

해양치유가 산림치유, 치유농업과 근본적인 차이는 무궁무진한 바다의 자연치유 원재료(archetype)이다. 특히 청정해양 환경에서 제공되는 치유원재료인 해양음이온(–ION), 모어(moor 갯벌 해니), 해양 염지하수, 테레인쿠어(terraincure)는 다양한 치유 콘텐츠로 융합 · 개발할 수 있다.

실제로 치유현장에서 해양치유 프로그램 운영자가 실행 가능한 해양치유 프로그램을 엄선하여 소개하면 다음과 같다;

- 수중요법(Hydro Therapy): 수중 마사지(WATSU: water shiatsu)
- 미용(Beauty therapy) 프로그램: 해염 스크랩(ocean–salt scrape)
- 해양 심신치유 BMS(Body. Mind. Spirit) 프로그램
- 해양노르딕(Nordic) 프로그램
- 해양치유: 테레인쿠어(Terraincure) 프로그램
- 해양 서핑(Surfing) 프로그램
- 해양 치유관광 어싱(Ocean earthing) 프로그램

- 해양 치유 크나이프(Kneipp) 프로그램
- 해변 라비린스(Labyrinth) 치유 프로그램
- 해안 오지 · 모험 치유 프로그램

4 수중요법(Hydro Therapy): 수중 마사지WATSU(water shiatsu)

프로그램 배경

해양염수를 활용하여 예방건강과 재활을 원하는 대상자들의 정서적 · 사회적 · 신체적 · 정신적으로 치유를 목적으로 해수풀 혹은 해양수중 공간에서 치유 프로그램을 이용하는 것을 수중요법 혹은 왓추(WATSU)이다.

수중요법의 대상은 재활, 근력보강, 이완 등 중력이 작용하는 일상 공간에서 활동이 용이하지 않은 사람 혹은 생활 스트레스를 풀고자 하는 일반인을 대상으로 예방건강 차원에서 적용할 수 있다.

수중요법에 활용되는 프로그램은 연구를 통하여 과학적으로 근거중심(evidence based)으로 개발 검증된 프로그램을 대상자의 니즈에 접합한 프로그램을 선택하고 프로그램 참여자의 수중안정에 관한 사항도 프로그램 운용 시 각별히 유념하여야 한다.

수중환경을 매개로 이루어지는 프로그램 과정의 특성상 안전사고의 예방을 위한 응급조치나 예방 조치를 반듯이 갖추고 진행한다. 특히 어린 아동이나 노약자를 대상으로 프로그램을 진행할 경우 추가적인 안전사항을 필히 점검하여야 한다.

사전 검사

인성, 사회성, 생명존중, 자아존중감을 제고하여 주는 목적형 프로그램이므로 프로그램 진행 전에 관련 설문지를 활용하여 개인별, 항목별 스케일에 대한 데이터를 사전에 확보하고 프로그램을 진행한 후 결과를 평가할 때 설문 결과와 비교할 수 있도록 준비한다. 또한 프로그램의 진행은 최대한으로 해양환경에서 진행될 수 있도록 준비한다.

| CS·ASSURE 긍정심리교육 수중요법 프로그램 구성원리
(Positive Psychotherapy 이론 적용 프로그램)

회기	핵심요소	프로그램 회기	세부내용
1	긍정적인 정서의 경험	• 라포(rapport) 구축 • 강점 찾기 • 긍정 감정 활용	• 내담자와 긍정적 라포 구축 • 프로그램 소개와 만남
			• 수중요법에 대한 영상물을 시청하며 수중 치유를 원리를 이해하는 단계
2	삶의 참여와 몰입을 통한 즐거움	• 용서(수용)하는 마음 갖기	• 해양염수에 대한 친근감으로 물에 대한 부정적인 생각 탈피하여 수중환경을 받아들이는 수용성 함양
		• 감사하는 마음 갖기	• 해양수와 치유사의 존재와 인연에 대한 감사하는 마음 갖기
3	삶의 의미 발견을 통한 자기실현	• 내 안의 낙관성 증진	• 잔잔한 해양수의 질감과 음이온을 느끼며 나의 삶의 낙관성 증진
		• 인생을 음미	• 생명이 물에서 비롯됨을 알고 자신의 삶을 음미
		• 사회 기여 • 사회 봉사	• 해양환경 보존과 자연에 배려하며 좋은 관계를 유발하는 환경보호 봉사
		• 행복한 인생을 위한 서약서 작성, 자기다짐	• 바닷물의 존재에 감사하고 필요시 도움을 요청하는 것을 행복으로 승화하는 마음 갖기

프로그램 진행

1회기 프로그램

1단계

수중운동이나 수중 마사지(WATSU)는 에너지 소모에 효과적인 것은 물의 밀도가 공기 밀도의 800배 정도이므로 수중활동의 건강효과가 절대적이다. 더불어 해양수의 치유효과에 대한 사전 교육을 통하여 친밀감을 형성하게 하고 해양자연 생명존중의 의식과 사회성, 인성을 개선하는 효과를 볼 수 있도록 해양치유사와 참여자 모두에게 라포를 쌓는 과정을 프로그램 1단계에서 계획한다.

2단계

수중 운동은 주 3~4회씩 6주 정도 지속하여야 효과가 발생한다. 또한 친밀감 형성과 사교성을 증진하기 위하여 참여자 각자에게 서로 인사하고 소개하도록 하고 물에서 안전사고 예방을 위한 사전 안내교육을 철저히 실시하며 프로그램 참여자 모두가 자연스럽게 체험 교육 과정을 거쳐서 치유를 경험하고 사회성과 인성을 함양할 수 있도록 유도한다.

2회기 프로그램

3단계

치유사는 수중에서 준비체조 시범을 보여주고 참여자가 따라 할 수 있도록 하여 자신감 향상, 주도성 증진, 사회 참여도가 증진될 수 있도록 체험과정을 자연스럽게 유도한다.

4단계

중증이 아닌 경우, 2인 1조로 그룹을 만들게 하고 치유사의 안내를 따라서 상대방이

물의 부력을 활용하여 무중력 상태로 편안함을 느끼게 수면에서 팔다리를 벌리고 긴장을 완전히 이완하게 하는 동작을 안내하고 참여자가 치유 동작을 무리 없이 실천할 경우 베풂과 배려를 통한 인성 함양 교육과 치유될 수 있도록 프로그램을 운영 중에도 보상용으로 적절하게 칭찬하는 기법을 활용한다.

5단계

수중요법 혹은 수중 마사지는 수온, 물의 저항, 부력, 수압을 이용하며, 과학적으로 검증된 자연치유이다. 특히 신체에 통증 등 무리를 하지 않는 정도의 강도로 수중 운동 실시하여 칭찬하여 줌으로써 자기 존재감, 자아인식, 자존감 제고에 대한 체험 교육이 되도록 프로그램을 구성한다.

물속에서도 탈수 현상이 나타날 수 있으므로 프로그램 사전, 프로그램 중, 프로그램 후의 수분보충을 위한 음용수를 준비하고 적절한 시점에 마신다.

6단계

수중운동의 소요시간은 1회 40분 정도에서 시작하여 횟수가 반복될수록 점진적으로 시간을 늘려 무리 없이 적응할 수 있게 수중치유 프로그램을 운영한다. 특히 기온이 낮은 경우 수영장을 나올 때 신체 보온에 신경을 써야 한다.

수중치유 프로그램 운영자는 참여자의 몸 상태를 관찰하고 지금은 어떠한 상태인지 감정과 기분을 생각하며 사전에 준비한 관련 자료를 비교하게 하고 동참자들과 각자 느낀 점에 대하여 대화하게 하여 사회성과 배려에 대한 마음을 기르게 한다.

● 3회기 프로그램

7단계

동절기의 경우, 해양수를 활용한 실내 수영장을 이용하고 직접 해변에서 실행하는 것을 자제하며 신체 보온에 적극적으로 신경을 써야 한다. 수온이 상승할수록 심박수도 상승하면서 치유효과가 배가된다. 따라서 해양 온수 치유의 경우 39.4~42.2℃가

효과적이나 일반적으로는 28~29℃까지는 무리없이 활용할 수 있다.

다만, 그룹으로 수중치유를 할 경우 롤 플레이(role play) 게임을 할 수도 있다. 이 경우 보조자 역할을 상호 분담을 하여 치유코칭 역할를 연출하게 하여 이타심과 자아존중감이 동시에 심리적으로 치유될 수 있도록 과정을 유기적으로 진행한다.

8단계

정리운동을 반드시 하여 근육 이완 혹은 통증 등 후유증이 발생하지 않게 마무리한다.

마무리하는 단계에 그동안 프로그램을 참여하면서 느낀 점, 하고 싶은 말 등을 글로 써서 동료들 앞에서 발표, 대화, 공유하게 하여 자기 표현력, 타인의 관점을 존중하는 교육이 체험 프로그램을 통하여 증진되고 부족한 부분은 자연스럽게 치유되게 한다.

프로그램 평가

치유 프로그램 운영의 과학화를 위하여 사전, 사후 검증된 설문지를 사용하는 효과평가가 이루어진다. 따라서 사전검사에서 사용하였던 동일한 설문지를 이용하여 사후평가를 실시하고 상호 비교하여 부문별 차이점을 확인하고 차후 프로그램 구성의 기본자료로 활용한다.

5 해양치유: 미용(beauty therapy) 프로그램

해조류팩(sea weed pack) 치유 프로그램 개요

1단계

해조류 우뭇가사리, 스피룰리나에서 추출을 이용한 바이오 마스크팩은 다양한 치유 물질 특히 니아신아마이드 등이 포함되어 피부의 온도를 낮추고, 민감하고 예민한 피부 진정, 주름 미백개선, 피부재생과 노화방지 효과가 증명되었다.

2단계

적용하기 전에 반드시 알레르기 유발 성분을 확인하고 피부타입을 고려해야 한다. 건조한 피부의 경우, 젤 형태 팩으로 수분을 공급하고 지복합성의 경우 시트형 팩을 선택하여 프로그램을 운영한다.

3단계

성분과 형태, 피부의 조건과 팩의 조건을 고려하여 선택하고 사용시간의 경우, 지나치게 자주 사용하거나, 장시간 사용하는 것에 대한 고려가 필요하다.

| CS·ASSURE 긍정심리교육 해양미용 프로그램 구성원리
(Positive Psychotherapy 이론 적용 프로그램)

회기	핵심요소	프로그램 회기	세부내용
1	긍정적인 정서의 경험	• 라포(rapport) 구축 • 강점 찾기 • 긍정 감정 활용	• 내담자와 긍정적 라포 구축 • 프로그램 소개와 만남
			• 해양 환경을 이해하고 긍정적인 면을 찾아 해양자원을 활용한 미용 프로그램 경험의 긍정적으로 활용

2	삶의 참여와 몰입을 통한 즐거움	• 용서(수용)하는 마음 갖기	• 해양의 다양한 구성요소들과 서로 공생하면서 받아들이고 수용함
		• 감사하는 마음 갖기	• 해양자원을 미용으로 활용할 수 있는 환경을 제공해 준 자연에 감사하는 마음으로 프로그램 체험
3	삶의 의미 발견을 통한 자기실현	• 내 안의 낙관성 증진	• 해양공간을 오감으로 느끼면서 공간의 낙관적인 면을 탐색함
		• 인생을 음미	• 해양미용을 하면서 해양과 나의 삶을 비교하고 인생의 의미 찾음
		• 사회 기여 • 사회 봉사	• 해양미용으로 생성된 상호관계와 자기성찰을 통해 사회에 기여하고 봉사하는 마음을 가짐
		• 행복한 인생을 위한 서약서 작성, 자기다짐	• 스노슈잉의 체험을 평가하여 일상생활 습관에 치유적으로 활용

소금과 해염 스크랩(ocean-salt scrape) 개요

수백만 년의 장구한 시간 동안 육지의 화학물질들이 유실되어 해양에 유입되어 결국은 해양에는 점차적으로 염분이 증가하고 바닷속의 생성화합물과 혼합되어 마침내 소금물이 만들어진다. 소금이 형성되는 과정을 살펴보면, 바다에서 일어난 화산 연기에서 유발된 음이온은 바로 황산, 염소이다. 반면에 바다의 염분은 양 · 음이온의 만남으로 이루어지게 된다. 바닷물에 녹아 있는 칼슘, 칼륨, 나트륨 등은 육지에서부터 유입된 대표적인 양이온이다. 결과적으로 금속 원소인 나트륨이 독소인 염소와 결합하면 염화나트륨이 생겨나게 된다. 그러나 자연자원의 기능을 아직도 모두 밝혀내지 못한 부분이 대단히 많다.

일반적으로 소금 섭취에 대한 걱정과 부정적인 반응이 강하고 때로는 특히 미용과 건강을 우려하는 대중들은 과다 소금 섭취가 고지혈, 고혈압 등 생활습관 질병의 원인이 되는 경우도 적지 않다고 소금의 부정적인 역할이 드러나 있는 것도 사실이다. 다만, 사실 소금은 물과 함께 세포의 기능에 필수적인 요소이다. 물과 소금이 부족하면 세포의 탈수와 영양실조로 사망에 이르게 될 수 있다. 우리 체내에서 위액, 위염산을 생성하는 것이 소금의 역할 중 하나이다. 결국 소금이 부족하면 위액 생성이 어려워지게 되고 소화기능이 약화하여 끝내는 마비되는 중대한 문제가 나타난다.

1단계

소금을 음식이나 음료로 직접 먹는 경우가 대부분이지만 이 단계에서는 소금의 순기능을 이용하여 피부미용을 하는 해염 스크랩 프로그램을 운영한다. 우선, 세안 혹은 샤워를 하여 피부에 부착된 불필요한 이물질을 깨끗하게 제거하고 물기를 말린다.

2단계

당사자가 원하는 얼굴 혹은 미용치유 부위에 시술하기 편안한 자세를 취하게 한다. 즉, 미용의자에 누워서 얼굴이나 전신을 이완한다. 미용대상 피부 전면에 스크랩용으로 정제된 소금을 도포하고 수분을 유지할 수 있도록 천이나 가운으로 드레싱을 한 후 20분 정도 충분히 흡수될 수 있도록 몸과 마음을 이완한 상태에서 휴식을 취한다.

3단계

1, 2단계를 마쳤으면 전신을 온수에 씻고 몸을 가볍게 마시지한 다음, 로션을 바르지 않고 해염작용이 후속되도록 하고 해염 스크랩의 모든 과정을 마치도록 한다. 다만, 때로는 해염 스크랩을 한 후 해염욕을 후속 프로그램으로 하는 경우에는 39~41℃ 정도의 온수로 하는 것이 심장박동과 혈류를 자극하여 치유효과를 배가할 수 있다.

해양치유자원 Moor 토탄의 개요

모아의 형성

주로 식물질이 재료가 되며 과도한 수분 공급환경에서 지면의 열기와 압력의 영향으로 상당한 세월을 거치면서 습지에서 지하 하등동물 혹은 미생물의 활동에 비교적 영향을 적게 받으면서 자체의 식물체가 완전하게 분해되지 않고 짙은 갈색 혹은 적갈색의 퇴적물로 지하습지에 잔존하여 형성된 물질이 모아(Mud, Torf, Moor)이다.

결과적으로 이와 같은 모아의 불완전 분해과정에서 다양한 유익한 성분들이 녹아들면서 구성되어 사람의 피부로 스며들기 쉬운 농축분자로 남아있는 미량원소, 비타민, 지방산, 바이오미네랄 등이 유기질인 해니(모아)의 형태로 남아서 해변의 지표 저습지에서 채굴된다.

모아의 치유효과

유럽의 해양치유 선도국가에서는 오래전부터 천연 항생제로서 항염증, 피부 노화 방지, 퇴행성질환, 관절염, 피부미용 등 항노화 치유자원으로 활용해온 물질이 해양 진흙, 즉 모아이다. 실제로 해변 혹은 인근에서 출토되는 해니(海泥)는 이탄 혹은 모아는 진흙의 형태를 띤 가연성(연료 가능한) 탄이다.

특히 모아의 포졸란(Pozzolan)은 입자 사이의 틈을 채워주는 기능으로 모세관의 빈 공간을 축소시켜서 수밀성 향상, 인장강도와 신장능력 증가 등을 통하여 피부조직을 치밀하게 하여 결국 노화를 늦추고 젊게 만든다. 결과적으로 자연산 미네랄이 농축된 포졸란은 모공에 작용하여 모공수렴, 피부탈력 강화, 확대된 모공 축소작용으로 피부를 소생시키는 효과가 탁월한 것으로 자연자원에 대한 수 많은 연구 결과가 모아의 효능을 지속적으로 밝히고 있다.

1단계

특히 평소에 피부 반응이 민감한 사람의 경우 필히 전체 프로그램 진행 전에 피부의 일부분에 알레르기 테스트를 거쳐서 전체적으로 도포하는 것을 원칙으로 하여야 한다.

2단계

적용할 피부 부위를 얼굴이나 전신을 청결하게 세척하고 나서 정제된 모아를 골고루 도포하고 습기가 마르지 않게 가벼운 자연소재의 천으로 드레싱 후 30분 정도 스며들게 한다.

다만 지나치게 자주하거나 장시간 도포하는 것을 또 다른 부작용을 유발할 수 있으므로 자제하고 특이한 피부를 가진 사람은 반듯이 피부전문의의 도움을 받아서 실행한다.

3단계

마무리 단계에서는 우선 여러 차례 세척하여 깨끗하게 피부를 씻고 보습제를 발라서 피부의 수축을 줄여주는 것이 유용하다. 특히 최종단계에서 모든 것을 마무리하고 나서 차 한잔을 하면서 참여자들 간에 프로그램의 느낌과 자신의 생각을 공유하면서 소통의 시간을 통하여 교류하는 것도 치유에 큰 도움을 줄 수 있다.

종합적인 마무리 단계를 거치면서 타인의 경험과 생각을 반영하여 차기 프로그램에 대한 자신의 계획이나 빈도를 조율하는 데 유용하다.

6 해양 심신치유 BMS(Body. Mind. Spirit) 프로그램

1) 해양 필라테스(pilates)

프로그램 배경

필라테스는 코어 근육을 단련하여 신체균형감, 골밀도(BMD)를 향상하고 낙상의 위험을 줄여준다(김영훈 외, 한국운동생리학회, 2022).

프로그램 진행

1단계

해변에서 매트를 활용하여 필라테스를 주 3회 8주 정도 지속하였을 경우 가장 효과가 극대화하는 것으로 연구 발표되었다.

2단계

처음에는 무리 없이 할 수 있는 기본적인 자세로 시작하여 횟수가 거듭될수록 난도 높은 자세를 도전하는 것이 순리적이다.

3단계

해양의 파도에서 발생한 음이온이 풍부한 환경에서 필라테스 후 석양이나 일출을 관찰하면서 명상을 병행한다면 몸, 마음, 정신(BMS)의 건강을 동시 제고하는 최상의 웰니스 활동이 된다.

2) 싱잉볼(singing bowl)

프로그램 배경

● Singing Bowl 치유 물리적 원리

음파가 대기에서보다 물을 통하여 5배 정도 빨리 전달되는 파동현상으로, 70% 이상 물로 형성된 동물의 세포를 미치는 주파수의 파동은 전신을 효율적으로 단시간에 자극한다고 신경화학연구소장 제프리 톰슨(Jeffry Thomson, California)은 연구 발표하였다.

역사적으로 2000여 년 전부터 인도, 네팔, 티베트에서 높은 계급의 가문이나 카스트 내에서 대대로 싱잉볼을 만드는 비법이 전해진다. 싱잉볼에서 발생하는 음파는 몸의 세포에 전달되어 심신을 이완하게 하고 뇌파를 자극하여 안정적인 알파파를 형성하게 된다.

● Singing Bowl 임상 연구

소리치유의 도구로서 싱잉볼을 노스캐롤라이나 대학(University of North Carolina)과 듀크 대학의 의학 교육 시설에서 신체과 정신을 연결하는 암치료 프로그램이 싱잉볼을 임상적으로 활용하고 있다. 캘리포니아의 딕펙 초프라(Deepak Chopra, California) 연구소장 데이빗 사이먼(David Simon) 박사는 볼의 음파는 화학적으로 내인성 아편제(endogenous opiates)로 대사되어 체내에서 치유제 · 진통제 작용하는 효과를 확인했다. 따라서 싱잉볼의 진동은 잡념과 망상으로 명상에 들기 힘든 수행자의 뇌파를 안정 이완상태에 빠져들게 하는 효과가 있다.

● Singing Bowl의 음파와 명상의 연계성

싱잉볼 제작이 이용된 금속의 구성요소는 차크라의 7음(C,D,E,F,G,A,B) 그리고 화성, 금성, 달, 목성, 토성, 수성, 태양, 7개의 행성과 공명하는 금속 철, 구리, 은, 주석, 납, 수은, 금 7가지 물질로 수천 년간의 치유임상의 결과를 토대로 역사적으로 전수 제작된다. 또한 신비한 하모니와 상상을 뛰어 넘는 조화로운 옴(AUM)진동으로 단시간에 동기화시켜 수면상태 혹은 이완이 되게 하는 치유파동으로 인하여 명상의 효과를 배가시킨다.

| CS·ASSURE 긍정심리교육 해양 심신치유(BMS) 프로그램 구성원리
(Positive Psychotherapy 이론 적용 프로그램)

<table>
<tr><th>회기</th><th>핵심요소</th><th>프로그램 회기</th><th>세부내용</th></tr>
<tr><td rowspan="2">1</td><td rowspan="2">긍정적인 정서의 경험</td><td rowspan="2">• 라포(rapport) 구축
• 강점 찾기
• 긍정 감정 활용</td><td>• 내담자와 긍정적 라포 구축
• 프로그램 소개와 만남</td></tr>
<tr><td>• 해양 심신(BMS) 프로그램 환경을 이해하고 긍정적인 면을 찾아 해양자원을 활용한 치유 경험의 긍정적으로 활용</td></tr>
<tr><td rowspan="2">2</td><td rowspan="2">삶의 참여와 몰입을 통한 즐거움</td><td>• 용서(수용)하는 마음 갖기</td><td>• 해양의 다양한 구성요소들과 서로 공생하면서 받아들이고 수용함</td></tr>
<tr><td>• 감사하는 마음 갖기</td><td>• 해양자원을 심신치유 콘텐츠로 활용할 수 있는 환경을 제공해 준 자연에 감사하는 마음으로 프로그램 체험</td></tr>
<tr><td rowspan="4">3</td><td rowspan="4">삶의 의미 발견을 통한 자기실현</td><td>• 내 안의 낙관성 증진</td><td>• 해양공간을 오감으로 느끼면서 공간의 낙관적인 면을 탐색함</td></tr>
<tr><td>• 인생을 음미</td><td>• 심신치유 프로그램을 하면서 해양과 나의 삶을 비교하고 인생의 의미 찾음</td></tr>
<tr><td>• 사회 기여
• 사회 봉사</td><td>• 심신치유 프로그램으로 생성된 상호관계와 자기성찰을 통해 사회에 기여하고 봉사하는 마음을 가짐</td></tr>
<tr><td>• 행복한 인생을 위한 서약서 작성, 자기다짐</td><td>• 해양심신프로그램의 체험을 평가하여 일상생활 습관에 치유적으로 활용</td></tr>
</table>

프로그램 진행

1단계

싱잉볼 치유사는 스틱을 연필처럼 잡고 싱잉볼을 두드리거나(outer), 측면을 문질러서(inner) 소리나게 한다. 싱잉볼 종류 중에서 타도바티(Thadobati)가 오랜 역사로 다양한 치유목적으로 많이 활용되고 있다. 싱잉볼은 트라우마 치유, 긴장이완, 태교, 스트레스 해소, 불면증 완화, 통증경감, 차크라 균형, 파동정화 등에 대단히 효과적이다.

2단계

다양한 싱잉볼 종류 중에서 잠바티(Jambati)와 비슷한 울타바티(Ultabati) 싱잉볼은 큰 외관에 낮은 2옥타브의 소리를 내므로 옴 사운드(Aum) 명상 시 효과적인 볼이다

극도의 스트레스로 이완 혹은 숙면이 필요할 때 그리고 명상할 때 앞에 두고 소리를 들을 수 있고 굳어진 신체부위 허리, 등, 복부에 올려 두고 진동을 시켜 파동이 물리적으로 몸에 닿게 하여 치유 이완 효과를 보기 위한 치유 프로그램에 사용한다.

3단계

싱잉볼 세트는 스틱과 싱잉볼로 이루어진다. 스틱은 마치 연필을 쥐듯이 잡고 싱잉볼을 두드리거나(outer) 문질러서(inner) 소리를 낸다.

싱잉볼의 사용법은 다양하다. 명상할 때 혹은 스트레스로 몸이 굳었을 때 등, 어깨, 허리 위에 올려놓고 진동을 직접 느끼며 굳은 몸을 이완시키는 용도로 쓴다.

7 해양 노르딕 걷기(Ocean Nordic Walking) 프로그램

프로그램 배경

연구에서는 퇴행성 슬관절염을 가진 여성 환자들을 대상으로 노르딕 걷기 운동의 치료적 효과를 입증함과 동시에 산화적 스트레스 및 인체 내 총항산화력이 통증 반응

에 미치는 영향에 대해서 고찰하였다. 체구성 요인인 체중과 제지방 체중의 경우 노르딕 걷기 그룹에서 훨씬 더 긍정적인 효과를 유도했다(김정규, 노성규, 한국운동생리학회, 2009).

또한, 노르딕 걷기운동은 노인의 보행수준, 어깨관절 가동범위와 같은 신체기능을 향상시켰고, 건강관련 삶의 질 향상과 어깨 및 무릎관절의 통증 경감의 효과를 밝혔다(김수지, 강원대학 학위논문, 2016).

| CS·ASSURE 긍정심리교육 해양노르딕 걷기(Nordic Walking) 프로그램 구성원리 (Positive Psychotherapy 이론 적용 프로그램)

회기	핵심요소	프로그램 회기	세부내용
1	긍정적인 정서의 경험	• 라포(rapport) 구축 • 강점 찾기 • 긍정 감정 활용	• 내담자와 긍정적 라포 구축 • 프로그램 소개와 만남
			• 해양 노르딕 걷기 프로그램 환경을 이해하고 긍정적인 면을 찾아 해양자원을 활용한 치유 경험의 긍정적으로 활용
2	삶의 참여와 몰입을 통한 즐거움	• 용서(수용)하는 마음 갖기	• 해양의 다양한 구성요소들과 서로 공생하면서 받아들이고 수용함
		• 감사하는 마음 갖기	• 해양공간을 노르딕 걷기 콘텐츠로 활용할 수 있는 환경을 제공해 준 자연에 감사하는 마음으로 프로그램 체험
3	삶의 의미 발견을 통한 자기실현	• 내 안의 낙관성 증진	• 해양공간을 오감으로 느끼면서 공간의 낙관적인 면을 탐색함
		• 인생을 음미	• 노르딕 걷기 프로그램을 하면서 해양과 나의 삶을 비교하고 인생의 의미 찾음
		• 사회 기여 • 사회 봉사	• 노르딕 걷기 프로그램으로 생성된 상호관계와 자기성찰을 통해 사회에 기여하고 봉사하는 마음을 가짐
		• 행복한 인생을 위한 서약서 작성, 자기다짐	• 해양 노르딕 걷기 체험을 평가하여 일상생활 습관에 치유적으로 활용

프로그램 진행

1단계

지난 1930년대 초, 핀란드 스키 선수들이 눈이 없는 여름철 스키 훈련 대용으로 개발된 운동이 노르딕 워킹이다.

우선적으로 안전을 위한 준비운동 장비점검을 하고 사전에 스트레스 검사를 실시한다. 프로그램 운영자는 참여자와 라포를 형성하고 실시하는 것이 단체걷기의 기본이다.

워킹의 기본 동작은 등산스틱을 양손에 들고 좌우로 율동하며 걷게 되므로 팔, 삼두근, 가슴, 목, 어깨 상체 운동을 걷기 하체 운동과 연동하여 전신 운동의 효과가 있다. 시간당 180~200칼로리를 소비하는 일반 워킹에 비교하면 노르딕워킹은 400~450칼로리를 소비하므로 에너지 대사율이 높은 것이 큰 차이점이다. 특히 복부비만 해소, 다이어트 목적으로 애용된다. 또한 노르딕워킹 시 분비되는 베타 엔도르핀(beta-endrophin) 분비 작용이 탁월하여 우울증 치료에 노르딕워킹이 많이 처방된다는 사실을 참여자에게 안내한다.

2단계

일반 등산용 지팡이와 다른 노르딕 전용 트리거(trigger)가 부착된 스틱을 사용하여야 노르딕 걷기의 효과를 최대한으로 느낄 수 있다.

해양 노르딕 실습 장소는 해양의 파도에서 발생하는 음이온의 효과를 극대화하기 위하여 해변에서 12~15m 이내의 백사장에서 왼발을 앞으로 움직일 때 오른손은 일치하게 하고 반대로 오른발이 앞으로 나갈 경우 왼손과 일치하게 한다.

3단계

노르딕 워킹은 일반 걷기보다 평균 65%이상의 에너지와 근육활동이 동반되므로 유산소 운동과 근력운동이 동시에 이루지는 것을 참여자들에게 안내한다. 걷기 보행 중에 폴대(pole)를 뒤로 미는 동작을 완전히 실행하고 동시에 팔을 뒤쪽으로 완전히 뻗는다.

적절한 스틱의 길이와 각도는 쉽고 빠르게 걸을 수 있도록 도와주도록 안내한다. 스틱의 각도는 적절하게 유지하고 뒤쪽 다리와는 수평을 유지하고 워킹 중에는 특히 뒤쪽 다리와 스틱의 각도에 유념하여 걷기를 하는 것을 주지시켜야 한다.

4단계

노르딕 걷기를 주 20시간 이상 4~5주 동안 실천할 경우, 뇌졸중 발생 확률이 40~45% 감소하고, 심정지 사고 발생 확률은 45% 정도 감소하며 만성 당뇨 환자도 주 3, 4일 원칙을 준수하면 사망 위험이 35% 감소하는 사실을 참여자들에게 안내하여 꾸준히 운동할 수 있도록 동기부여한다.

또한 초보자의 경우, 폴링 동작을 손쉽게 하기 위해서 양손의 힘을 완전히 빼고 손을 뒤쪽으로 쭉 펴는 기술을 알려주고 반복하여 익숙해지도록 시범을 보이면서 프로그램을 운영한다.

5단계

초보의 경우 부자연스럽게 걷게 되는데 꾸준히 반복 연습하여 자연스럽게 걷는 것이 노르딕 워킹의 핵심 착안 사항이라는 것을 참석자들에게 충분히 안내한다.

노르딕 걷기는 스틱의 길이를 고려한 안전사고에 대비하여 좌우 1.5미터 이상 앞뒤 2.5미터 이상 이격을 두고 걷게 하여 상호충돌 혹은 스틱에 찔리는 사고를 늘 유념하여야 한다. 이 경우 프로그램 운영자가 면밀히 관찰하면서 사고 예방을 위해 1단계에서 8단계 종료시점까지 집중하여야 할 것이다.

6단계

어깨에 긴장이 들어가는 경우가 있으므로 늘 편한 자세를 유지하며 손과 폴은 몸에 가까이 밀착시키며 걷는다. 일반 걷기에서는 40% 미만의 근육을 사용하는 반면, 노르딕 걷기는 85%의 근육을 사용하여 에너지 소모 측면에서 절대적인 운동효과가 임상 증명된 운동이다. 다만, 노르딕 워킹 중에 불편을 느끼고 중도에 포기하는 참여자들이 적지 않다.

참고로 시작 단계에는 하루에 30~40분, 주 3~4회 정도를 안내하고 무리하지 않도록 유념하고, 2~3인으로 구성된 소그룹보다는 단체로 실행하면 인맥과 친분이 형성되어 동기부여가 되고 중간에 참여자가 낙오하는 것을 예방할 수 있다.

7단계

척추 중립상태를 유지하면서 복부와 등근육을 모두 사용하여 코어와 등근육의 강화에 직접적인 효과를 생각하며 마무리 단계를 염두에 두고 걷기 7단계를 수행한다.

노르딕 워킹에서 핵심은 뒤쪽 다리와 폴(pole)의 각도가 운동에 미치는 영향이 절대적이므로 적절한 스틱의 길이는 자신의 신장×0.65-0.7로 준비한다. 각도는 편하고 자연스럽게 팔은 95도 정도이며 손의 위치는 배꼽 정도의 위치에 두는 것이 정상이다.

그리고 빠르게 걸을 수 있도록 유지하도록 치유사는 지속적으로 습관이 될 때까지 안내한다. 특히 스틱의 각도는 지면과 60도 전후 구간을 유지하고 뒤쪽 다리와는 수평을 유지하며 워킹 중에는 뒤쪽 다리와 스틱이 유사한 각도를 유지하도록 한다는 사실을 초보 참여자들에게 반복적으로 주지하여 한다.

8단계

마무리 단계에서 필히 정리운동을 하여 근육을 이완시키고 장비와 용품을 안전에게 정리하고 필요시 오늘 보행에서 느낀 점이나 시사점, 경험을 상호 공유하는 토론을 하는 것도 사회성 및 이타심을 기르는 데 유용하다. 특히 사전 검사와 마찬가지로 사후 검사를 하여 전후관계의 결과를 비교하고 차후 프로그램 구성에 참작한다.

8 해양치유: 테레인쿠어(Terraincure) 프로그램

프로그램 배경

도로 포장이나 목재테크가 아닌 자연상태의 굴곡이 많은 해안길을 즉 원시의 길을 워킹함으로써 발을 옮겨 놓을 때마다 안전한 착지를 생각하도록 선진건기길(독일)에서 선도적으로 실행하고 있는 자연 상태의 걷기 전용 해안길을 해양 테레인쿠어라고 한다.

운동 효과

우리나라 전국 지자체 및 민간에서 설치한 기존의 잘 다듬어진 평평한 데크나 포장도로를 걸을 때와 절대적으로 다른 효과를 가져다 주는 길이 원시길 테레인쿠어다.

이 길을 걸을 때에는 걷는 행동에 집중하여 마인풀 단계인 지금 여기(here & now)에 있을 수 있어 걷기 당사자도 모르는 사이에 명상걷기에 몰입하게 된다. 즉 한 발짝씩 움직일 때마다 발의 위치와 바닥의 지형 상태를 관찰하고 전진하기 때문에 다리, 척추의 잔근육과 큰 근육을 유기적으로 상용하여야 원시길을 걸을 수 있게 된다.

특히 해안에 연결된 테레인쿠어를 택할 경우, 해양의 파도와 갯바위에서 자연발생된 지역의 풍부한 음이온 공기를 흡입하므로 호흡기 건강, 폐기능 재활에 효과적이다. 익숙해지면 점진적으로 속도와 보폭을 넓혀 운동량과 폐활량을 늘릴 수 있다. 또한 해안 테레인쿠어 개척 시 바다에서 10~12m 이내의 길을 조성하는 것이 해양의 음이온, 해양염수, 해풍의 치유효과를 극대화할 수 있다.

| CS·ASSURE 긍정심리교육 해양 테레인쿠어(Terraincure) 프로그램 구성원리 (Positive Psychotherapy 이론 적용 프로그램)

회기	핵심요소	프로그램 회기	세부내용
1	긍정적인 정서의 경험	• 라포(rapport) 구축 • 강점 찾기 • 긍정 감정 활용	• 내담자와 긍정적 라포 구축 • 프로그램 소개와 만남
			• 해양 테레인쿠어 프로그램 환경을 이해하고 긍정적인 면을 찾아 해양자원을 활용한 치유 경험의 긍정적으로 활용
2	삶의 참여와 몰입을 통한 즐거움	• 용서(수용)하는 마음 갖기	• 해양의 다양한 구성요소들과 서로 공생하면서 받아들이고 수용함
		• 감사하는 마음 갖기	• 해양공간을 테레인쿠어를 치유 콘텐츠로 활용할 수 있는 환경을 제공해 준 자연에 감사하는 마음으로 프로그램 체험
3	삶의 의미 발견을 통한 자기실현	• 내 안의 낙관성 증진	• 해양공간을 오감으로 느끼면서 공간의 낙관적인 면을 탐색함
		• 인생을 음미	• 테레인쿠어 프로그램을 하면서 해양과 나의 삶을 비교하고 인생의 의미 찾음
		• 사회 기여 • 사회 봉사	• 테레인쿠어 프로그램으로 생성된 상호관계와 자기성찰을 통해 사회에 기여하고 봉사하는 마음을 가짐
		• 행복한 인생을 위한 서약서 작성, 자기다짐	• 해양 테레인쿠어 체험을 평가하여 일상생활 습관에 치유적으로 활용

프로그램 진행

1단계: 준비단계

앞장에서 서술한 노르딕 걷기의 단계별 유의 사항과 운영과정을 적극 참고하여 프로그램을 운영할 수 있으므로 테레인쿠어 프로그램에서는 걷기 안전사고 예방에 집중하여 3단계로 약술한다.

자연상태의 노지에 평탄 작업 없이 조성된 굴곡이 많은 테레인쿠어 걷기의 핵심은 걷기 안전관리이다. 준비운동을 통하여 신체를 유연하게 하고 나서 장비, 소지품, 신발 용품 등 걷기에 필요한 신변도구들을 챙기고 안전점검을 철저히 실시하고 2인 1조 조를 조성하여 상호 점검하여 주도록 하면 효과적이다. 안전 점검은 2단계 시작 전에 필수적으로 해야 하는 과정으로 프로그램 운영자는 참여자에게 인식시킨다.

또한 1단계 시작점에서 반드시 개인별 사전 스트레스 조사를 하여 기록을 유지하고 3단계 마무리 단계의 사후 검사와 비교할 수 있도록 준비한다.

2단계: 실행단계

세계걷기연합(WTN: World Trail Network)에서 전국에 똑같은 방식으로 조성된 한국의 걷기 길을 체험하고 총평하는 자리에서 "한국의 걷기 올레길은 과도한 비용을 투자하여 포장 혹은 데크화된 도시의 길"이라고 평하면서 자연스러운 테레인쿠어 걷기를 추천한 바 있다. 1단계에서도 언급하였듯이 원시의 길 테레인쿠어 걷기는 참여자 상호 간 그리고 참여자와 프로그램 운영자 사이에 신뢰적인 라포(rapport)를 형성하여 친밀감과 친숙한 환경에서 실시하는 것이 중요하다.

특히 해안 낭떠러지가 많을 수 있으니 개인 간에 안전거리를 두되 조별활동으로 사고를 예방할 수 있도록 2인 1조로 프로그램을 운영하도록 적극 권한다. 프로그램을 운영하다 보면, 경쟁적으로 빨리 걷는 경우가 종종 발생하는데 이러한 행동이 사고의 원인이 되는 경우가 허다하므로 특히 유념하게 한다.

3단계: 정리단계

모든 과정의 마무리 단계는 평평하고 특히 하절기의 경우, 그늘이 있고 동절기의 경우, 바람이 적은 남향 공간을 선택하여 3단계를 마무리한다.

모든 장비 용품, 사람 확인을 우선적으로 하고 편안한 자리에서 테레인쿠어 체험과 느낀 점을 상호 토론하여 또래 학습을 할 수 있도록 배려한다.

끝으로 1단계에서 실시한 스트레스 평가 설문을 하여 사전검사와 사후검사 결과에 대한 개인 차이점과 변화를 해설, 안내하여 차기에도 걷기를 지속할 수 있도록 동기부여를 한다.

9 해양 서핑(surfing) 프로그램

프로그램 배경

국제 서핑 치료 기구(International Surf Therapy Organization)와 호주 보건복지연구소(Australian Institute of Health and Welfare)는 2020년 자료에서 서핑의 치유효과에 대하여 보고하였다.

또한 호주의 비영리단체인 웨이브스 오브 웰니스(Waves of Wellness, WOW)의 이사이며 임상신경과학자인 워드 교수와 2016년 'WOW'를 설립한 정신 건강 작업 치유사이자 열정적인 서퍼인 조엘 필그림(Joel Pilgrim)이 서핑의 과학적인 치유효과에 대하여 증명하였다.

이들은 "서핑이라는 해양활동이 수반하는 육체적 · 정신적 도전을 통하여 참여자의 긍정적 성취감을 제고하며 중립적이고 방해물이 없는 환경에서 신체 건강과 정신적 웰빙을 통합적으로 향상시키는 치유방법으로 서핑을 숨은 치료(therapy by stealth)"임상 증명하였다.

| CS·ASSURE 긍정심리교육 해양서핑(Surfing) 프로그램 구성원리
(Positive Psychotherapy 이론 적용 프로그램)

회기	핵심요소	프로그램 회기	세부내용
1	긍정적인 정서의 경험	• 라포(rapport) 구축 • 강점 찾기 • 긍정 감정 활용	• 내담자와 긍정적 라포 구축 • 프로그램 소개와 만남
			• 해양 서핑 프로그램 환경을 이해하고 긍정적인 면을 찾아 해양자원을 활용한 치유 경험의 긍정적으로 활용
2	삶의 참여와 몰입을 통한 즐거움	• 용서(수용)하는 마음 갖기	• 해양의 다양한 구성요소들과 서로 공생하면서 받아들이고 수용함
		• 감사하는 마음 갖기	• 해양공간을 서핑을 치유 콘텐츠로 활용할 수 있는 환경을 제공해 준 자연에 감사하는 마음으로 프로그램 체험

<table>
<tr><td rowspan="4">3</td><td rowspan="4">삶의 의미 발견을 통한 자기실현</td><td>• 내 안의 낙관성 증진</td><td>• 해양공간을 오감으로 느끼면서 공간의 낙관적인 면을 탐색함</td></tr>
<tr><td>• 인생을 음미</td><td>• 서핑치유 프로그램을 하면서 해양과 나의 삶을 비교하고 인생의 의미 찾음</td></tr>
<tr><td>• 사회 기여
• 사회 봉사</td><td>• 서핑 프로그램으로 생성된 상호관계와 자기성찰을 통해 사회에 기여하고 봉사하는 마음을 가짐</td></tr>
<tr><td>• 행복한 인생을 위한 서약서 작성, 자기다짐</td><td>• 해양 서핑 체험을 평가하여 일상생활 습관에 치유적으로 활용</td></tr>
</table>

프로그램 진행

1단계: 안전한 파도타기 진입방법

예비 준비단계에서 사전 심리검사를 하고 필히, 처음 보는 단체 참여자들 간에 충분한 라포를 만들고 나서 준비 운동 후 바다로 나가게 안내하면 상호 간에 친숙감(Rapport)이 형성되어 안전사고를 줄이고 협동적인 운동을 할 수 있다. 또한 바다에서 파도를 기다리는 중 타 서퍼와 대면할 경우 이미 파도를 타고 있는 서퍼에게 공간을 양보하는 것이 안전 수칙이며 매너이다.

서핑에서 위험한 안전사고는 대부분 출발지점에서 발생하는 경우가 적지 않다. 그러므로 출발점에서 진출을 시도할 경우 파도의 면(파도의 전면)을 향하여 출발하는 것이 편하고 당연할 수 있으나 이렇게 할 경우 우선권자에게 진로방해를 하게 되고 종종 안전사고로 이어지게 된다.

따라서 먼저 출발한 사람의 우선권을 방해하지 않고 그 사람의 역방향으로 즉 파도가 부서지는 안쪽 파도 방향으로 진출하는 것이 안전하다.

가끔 이렇게 진출하는 경우 타 서퍼와 대기하는 동안에 이미 파도를 타고있는 서퍼와 마주치게 되는 경우가 적지 않다.

2단계: 서핑보드 항상 잡고 있기

서핑 시 의도적으로 보드를 놓치지 않도록 특별히 초보 참여자에게 강조한다. 서핑 중 파도가 부서지는 곳에서 순간적으로 보드를 놓치게 될 경우 서핑보드 길이와 안전줄이 신축되는 매우 넓은 범위에 있는 서퍼들에게 안전사고를 일으킬 수 있다.

서핑보도 항상 잡기 수칙을 지키기 위한 적극적인 방편은 자신이 감당할 수 없는 파도에 무리하게 갑자기 도전하는 행위이다. 점진적으로 새로운 기술에 도전하는 것은 당연하지만, 무턱대고 도전할 경우 필경 자신과 근처 서퍼들이 안전사고를 당하게 하는 원인이 된다. 만약 실수로 보드를 놓친 경우, 파도가 약해진 틈에 재빨리 서핑보드 끈을 이용하여 보드를 자신의 몸쪽으로 가까이 확보하도록 평소에 숙달시키는 것이 중요한 대비책이다.

3단계: 서핑 출발의 우선권은 파도의 최고점 가장 근접해 있는 서퍼

실제로 모든 서핑현장에서 서핑 우선권은 현재 파도를 타고 있는 사람에게 있다는 것을 특히 강조하면서 참여자에게 바다로 나가기 전에 사전 학습을 유도하는 것이 프로그램 운영자의 최우선 책무이다.

서핑현장에서 피크(파도의 최고점)를 점유하려는 보이지 않는 경쟁이 빈번하다. 이 경우에 원칙은 최고점에 가장 근접해 있는 서퍼가 당해 파도를 우선적으로 점유하게 된다. 문제는 파도타기 실제 상황에서 피크의 위치가 시시각각으로 바뀌므로 선점을 위해 파도를 감지하는 빠른 선별력과 결정적인 위치 선정이 필수이다.

사실, 불필요한 마찰을 줄이기 위하여 무언의 순서를 정하여 운용하고 있는 실정이다. 다만, 서핑현장에서 암묵적으로 순차적으로 출발하지만 간혹 현장에서 원칙과 질서를 파괴하여 물의를 빚는 경우가 비일비재하므로 안전사고가 우려되는 상황을 참여자들에게 늘 강조하는 것이 중요하다.

4단계: 우선 출발자의 파도를 뺏어 타는 행위

사실 국내외를 막론하고 서핑 현장에서 가장 예민하면서 원칙과 규칙이 지켜지지 않는 것이 누군가 이미 타고 있는 파도의 진행 공간을 자신이 상급 서퍼라고 생각하고 욕심을 내어 강제로 진입하는 것이다. 이를 드롭(drop)이라고 한다.

특히 서핑 성수기에 지역 서퍼와 방문관광 서퍼 할 것 없이 사람이 밀집했을 때 자주 발생한다. 늘 분쟁이 뒤따르고 서핑장 질서가 파괴되며 스포츠 정신은 간곳없고 이기심만 난무하는 아수라장이 된다.

이러한 무매너에 대하여 프로그램 운영자는 참여자에게 늘 유념하여 특별한 관심을 갖고 현장 분위기를 유지하도록 노력하여야 할 것이다.

5단계: 서핑매너 유지

서핑현장에서 지속되는 안전사고는 자연(파도, 강풍, 유해어류)에 의한 사고보다는 사람들의 이기적 행동으로 인한 충돌로 일어난다. 조금만 상호 배려하는 스포츠 질서를 준수하면 얼마든지 예방할 수 있다. 따라서 프로그램 운영자는 당사자들에게 서핑 이전에 스포츠 공중 질서를 유지하는 인성 교육을 우선 실시하는 것을 염두에 두어야 할 것이다.

안전사고 예방과 관련하여 몇 가지 대원칙 중에서 "하나의 파도에 한 사람의 서퍼"라는 원칙을 철저히 준수하는 것이 최우선 국제 서핑스포츠 매너이다. 따라서 안전사고 예방을 위한 조치는 규칙 차원이 아닌 도덕 인성 차원에서 다루어야 근절되지 않는 해양치유 프로그램 운영의 현안을 해결할 수 있다.

특히 서핑 도중에 발생하는 사고의 대부분 사례의 경과를 관찰하여 보면, 초보자가 몰라서 저지르는 실수는 드물며 대부분이 상급 서퍼들이 자신의 서핑기술을 과신하고 뽐내는 이기심이 작동할 때 큰 사고로 이어 지는 경우라는 결론에 이르게 된다.

6단계: 서핑매너(출발선에서 우선 출발자의 안쪽으로 가로질러 출발하는 행위 삼가)

파도의 최고점에 가정 근접한 서퍼가 우선 출발하는 것이 기본이다. 프로그램 운영자는 동료의 우선 출발권을 탈취하는 행위는 자제하도록 지속적으로 알려준다.

진행 중인 서퍼의 앞 쪽을 교묘하게 가로질러 서핑을 출발하는 행위는 이미 출발한 서퍼의 우선권을 무시하는 행동이다. 이러한 행동을 서핑 용어로는 스네이킹(snaking) 혹은 드롭핑(droping)이라고 칭한다. 다만, 스네이킹의 경우 최고의 파도 피크에 가장 근접한 서퍼가 진행하는 와중에 외부에서 파도 안쪽을 파고드는 행위이다.

반면에 드롭핑은 경쟁적으로 서핑하는 과정에서 자연스럽게 파고드는 경우로서 엄밀히 따지면 스네이킹은 경험 많은 상급 서퍼들이 의도적으로 상대의 우선을 무시하고 월권하는 행위로 강한 비판의 대상이다.

7단계: 파도타기 마무리 기술

프로그램 운영자는 참여자들이 상당한 연습 후에 서핑에 능숙해지면 부드럽게 파도가 허물어지기 직전의 찰나에 자신이 타고 온 파도 위를 부드럽게 넘어서 유연하게 마감하는 테크닉을 몸에 익혀야 한다는 것을 주지시켜야 할 것이다.

그러나 일반적으로 파도타기 끝 지점에서 보드를 자신도 모르는 반사작용으로 발길질하면서 물 속으로 풍덩하는 경우 전면에 있던 서퍼에게 상당히 위협적인 행동이 될 수 있고 언쟁과 안전사고의 소지가 된다.

실제로 서핑현장에서는 초급 서퍼들 대다수가 파도타기 끝 부분에 물에 풍덩하면서 파도타기를 마감하는 경우를 종종 보게 된다. 사실, 서핑을 마무리하는 상황에서 초보자들에게 추천하는 서핑마감 기술은 자신의 보드에 서서히 엎드리거나 차분하게 앉아서 순간적으로 리드미컬하게 마무리하는 습관을 평소에 학습하는 것이 대단히 중요하다.

8단계: 정리 단계(서핑매너: 파도 가로채기 자제)

끝으로 정리운동 후 공동참여자들과 경험과 체험을 공유하는 시간을 통하여 간접경험의 기회를 갖고 사전검사에 이용한 평가 설문을 활용하여 사후 효과를 검사하는 프로그램 평가 시간을 갖도록 해양 치유사는 사전에 안내하여 둔다.

프로그램 운영자는 참여자에게 "서핑은 질서와 양보의 운동"이라고 가장 먼저 교육한다. 실제로 바다로 나가면 최대한으로 자주 파도를 타고 싶어 하는 것이 서퍼들의 일반적인 심리이다. 현재의 대기라인을 보면서 장시간 대기 중인 사람에게 기회를 자주 배려하는 것이 스포츠 정신의 미덕이며 결국 나를 치유하는 쾌감을 유발하는 동기가 된다.

그리고 지역주민을 우선적으로 예우하면서 운동하는 것이 야외 스포츠 활동의 기본이다. 물론 지역에서 장기간 활동해온 지역 서퍼들도 외부인과 관광객을 우선적으로 배려해야 한다. 프로그램 운영자는 해당 지역을 장기간 지켜온 지역 서퍼들을 배려하는 스포츠의 미덕을 참여자에게 프로그램 시작부터 지속적으로 안내한다.

10 해양치유: 어싱(Earthing, Grouding) 프로그램

프로그램 배경

해양치유관광 프로그램 중 가장 핵심적인 어싱(접지; earthing, grounding)은 전도체(전기가 통하는 모든 물체)가 땅과의 접촉을 통하여 전도체에 전도된 불필요한 전하(정전기)를 땅으로 흐르게 하여 땅의 전위와 같은 0이 되게 한다. 그 결과 방해 전자기로부터의 충격을 방지하여 전자기기와 생명체를 보호하고 동시에 생명체에 에너지(전자:음전하)를 충전하여 생체작용을 원활하게 하는 작용을 한다.

| CS·ASSURE 긍정심리교육 해양 어싱(Earthing) 프로그램 구성원리 (Positive Psychotherapy 이론 적용 프로그램)

회기	핵심요소	프로그램 회기	세부내용
1	긍정적인 정서의 경험	• 라포(rapport) 구축 • 강점 찾기 • 긍정 감정 활용	• 내담자와 긍정적 라포 구축 • 프로그램 소개와 만남
			• 해양 어싱 프로그램 환경을 이해하고 긍정적인 면을 찾아 해양자원을 활용한 치유 경험의 긍정적으로 활용
2	삶의 참여와 몰입을 통한 즐거움	• 용서(수용)하는 마음 갖기	• 해양의 다양한 구성요소들과 서로 공생하면서 받아들이고 수용함
		• 감사하는 마음 갖기	• 해양공간에서 어싱을 치유 콘텐츠로 활용할 수 있는 환경을 제공해 준 자연에 감사하는 마음으로 프로그램 체험
3	삶의 의미 발견을 통한 자기실현	• 내 안의 낙관성 증진	• 해양공간을 오감으로 느끼면서 공간의 낙관적인 면을 탐색함
		• 인생을 음미	• 어싱치유 프로그램을 하면서 해양과 나의 삶을 비교하고 인생의 의미 찾음
		• 사회 기여 • 사회 봉사	• 어싱프로그램으로 생성된 상호관계와 자기성찰을 통해 사회에 기여하고 봉사하는 마음을 가짐
		• 행복한 인생을 위한 서약서 작성, 자기다짐	• 해양 어싱 체험을 평가하여 일상생활 습관에 치유적으로 활용

프로그램 진행

1단계: 어싱 에너지 이용

인간 역시 대지의 자연 에너지가 지속적으로 필요한 생명체이다. 인간은 수백만 년(생성 이후 600만 년)을 자연 에너지 충전지인 대지에서 걷고, 자고, 쉬면서 다른 동물들과 같이 지구에너지가 자연스럽게 신체에 전도되는 접지 생활방식을 수백만 년을 이어왔다. 그러나 근대에 와서 모든 신발의 바닥이 절연체로 제작되고, 실내장식이 절연체가 되고 포장된 도시에서 살면서(한국인 92% 도시 거주) 지구에너지(전자–음전하)를 충분히 받지 못하고 있다. 대지와 단절된 생활방식 때문에 고통스러운 만성염증, 통증, 그리고 수면장애 등 수많은 만성질환을 겪고 있다. 마치 배터리가 약한 자동자를 가진 운전자와 같이 하루의 주행이 불안하고 역동성이 떨어지고 작동이 원활하지 않다.

2단계: 어싱의 전자과학 활용 1

오쉬만 박사(James. L. Oschman, Ph.D.)는 인체를 "초고속 통신망이 내재된 살아있는 매트릭스(living matrics)"라고 논하였다. 노벨 생리의학상 수상자이자 헝가리의 생화학자이며 비타민 C에 대한 연구를 네이처지에 발표하고, 암 치료에 양자물리학을 활용한 알베르트 센트죄르지(Albert Szent–Gyorgyi)는 "생명체의 신진대사에는 화학작용이나, 신경계의 작용으로 이해할 수 없는 광속통신시스템이 존재한다"고 언급하였다(1941).

인체는 전기 자극 전도체로서 사람의 인체 각 부위는 신진대사를 원활하게 관장하기 위하여 전기적으로 상호 연결된 전기회로판과 같다. 그리고 인체전위를 이용한 의료기술은 이미 전기 의학으로 상당부분 학계에서 과학적 검증을 거쳐 인정된 개념이다.

3단계: 어싱의 전자과학 활용 2

동물과 식물은 발과 뿌리를 대지와 접촉하여 지구 전기지장으로부터 에너지를 충전한다. 대지와 인간의 발은 전자파나 정전기 등 유해 전기를 방출하고 생명에너지를 공급받는 쌍방향 전기통로이다.

가전제품으로 가득한 주택, 전자 사무기기가 있는 사무실에 존재하는 전자기장과 정전기의 영향으로 사람의 몸에 유도된 전위량(볼트)은 전압기로 측정할 수 있으며 개인마다 다른 수준의 인체전위가 있고 동일한 사람도 환경에 따라서 전압은 변화한다. 어싱(접지)된 상태에서는 모두 방출되고 0이 된다. 접지되지 않는 케이블기기의 화면이 방해받듯이 사람의 신체도 기능에 부작용을 일으키는 것이 정전기다.

4단계: 해양치유 어싱 프로그램 연구 1

땅(지표면)은 음전하가 강하다. 그리고 인체에 염증을 유발하고 조직손상과 같은 신체 질병에 관여하는 양전하성 분자를 가진 자유라디칼(free redical)이 존재한다. 또한 인체의 염증은 필연적으로 통증을 동반한다. 이때 양전하를 가진 자유라디칼은 어싱을 통하여 인체에 전도된 자유전자의 영향으로 중성화되거나 약화되어 염증을 완화시키므로 통증이 과학적 원리에 의하여 줄어드는 원리이다.

만성염증은 자유전자가 부족한 자유라디칼이 주변의 건강한 조직을 지속적으로 파괴하면서 발생하는 병증이다. 이때 어싱을 통하여 자유전자를 몸에 전도되게 하여 전자부족을 충전하면 자유라디칼을 중성화하여 무기력하게 만들 수 있다.

5단계: 해양치유 어싱 프로그램 연구 2

어싱 연구에서 여자 38명과 남자 22명을 A&B 2개 그룹으로 나누어 A그룹은 접지패드, B그룹은 접지를 연결하지 않은 가짜 접지 패드를 침대에 깔고 수면을 취하게 하는 실험을 30일간 실시하였다. 실험에서 A그룹의 경우, 표본의 85%가 잠드는 시간 단축, 93%가 수면의 질 향상, 100%가 기상 시 기분이 상쾌함, 82%가 근육 결림 감소, 74%가 요통, 관절통의 만성증상이 경감 혹은 사라짐, 78%는 건강이 증진되었다는 놀라운 결과를 정전기 관련 온라인 저널(ESD: electrostatic discharge)에 발표하였다(Clinton Ober, 2000).

또한 수면장애가 있는 사람들을 표본으로 한 어싱 실험에서는 어싱이 잠드는 시간이 줄고, 피로 호르몬인 코르티솔의 분비가 감소하고 스트레스가 줄고, PMS 증후군이 감소하며 통증이 줄어든 것으로 대체 통합의학전문지(Journal of Alternative and Complementary Cedicine, 2004)에 발표되었다.

6단계: 해변어싱의 효과

지구의 모든 생명체에 송전되는 자유전기는 어싱(접지: earthing) 생체의 전기적 불안정 상태를 복구하여 순환 · 호흡 · 소화 · 면역계의 시스템을 안정된 상태로 환원하여 주고 신체의 전자결핍을 보충하고 질병과 건강의 핵심 연결고리 역할을 하는 염증의 원인을 감소시킨다. 또한 어싱을 통한 전기적 안정은 다음과 같은 효과가 있다(Zucker, Martin ; Ober, Clinton; Sinatra, Stephen T, 2011).

가) 염증발생의 원인을 약화시켜 염증질환을 경감 · 치유

나) 원인 불명의 만성통증 경감 혹은 해소

다) 훈련 · 운동 · 수술 후 회복기간 단축

라) 호르몬 관련 문제, 월경증후군(PMS: Premenstrual syndrome) 감소

마) 생체리듬이 신속하게 정상화, 단기에 시차 적응

바) 혈액을 정화하고, 혈행 · 혈압의 개선

사) 활력을 되찾고 신경계통이 안정되며, 스트레스 해소 작용

아) 전자파의 위험에서 안전하여 수면의 질 향상

어싱에 관한 연구에서 물, 음식, 공기는 최상으로 제공하되 지구의 전기장을 기술적으로 완전히 차단한 지하실험실에서 인체의 반응을 장기간에 걸쳐 실시한 바 있다. 그 결과 실험군 전원에게서 수면과 각성 리듬이 소멸되어 신진대사 전반에 신체 자율신경의 조화가 무너지며 부정맥 증상이 현저하게 나타났다. 뒤이은 대조 실험에서 지표면과 유사한 전기환경을 실험실에 제공하니 실험군의 신체증상이 정상적으로 회복되었다는 보고이다.

7단계: 어싱작용과 효과 검증

오버와 코힐(Clinton Ober and Roger W. Coghill, 2003)은 헝가리 부다페스트에서 열린 유럽 생체전자기학학회(the European Bioelectromagnetics Association) 연차 학회에서 "접지(grounding)가 인체의 만성염증과 관련 통증을 감소시킬 것인가?"라는 연구에서 접지가 염증과 통증에 미치는 유의한 영향관계에 대하여 증명하였다.

적외선 체열검사기(비침습성 기기)를 이용하여 관절염, 만성축농증 환자, 말초신경 질환자, 근육통증 환자들에게 접지 실험을 하였다. 실험에서 접지로 인하여 인체의 생리작용의 변화단계를 측정한 검사를 통하여 접지 후 분단위로 급속하게 치유되는 과정이

검증되고 학계에 발표되어 인정을 받았다(Willian Amaru, 2004. 2005).

대지가 인체의 건강에 미치는 영향관계, 인체의 전기흐름에 대한 수많은 이견을 잠재우면서 접지가 인체에 미치는 영향에 대한 가장 과학적인 기념비적인 실험이었다.

8단계: 어싱 마무리 단계

맨발 어싱의 경우, 물로 깨끗하게 세족을 하고 여유롭게 둘러 앉아서 프로그램에서 체험과 의견을 교환하며 상호학습하는 기회를 갖게 한다. 또한 어싱의 효과에 대하여 재확인하여 차기 프로그램에 지속적으로 참여할 수 있도록 동기부여한다.

어싱의 효과는 시작과 동시에 효과가 나타나지만 주로 30분 정도 지속되었을 때 안정적인 효과가 있다. 어싱을 중단하면 효과도 일단 중지된다. 지속적인 효과를 위하여 어싱시간을 늘리는 것이 중요하다. 지나치게 어싱시간을 늘리면 몸에 음전하 과부하가 걸리는 것은 아닌가? 하는 의문이 있을 수 있다. 그러나 야생에서 대지 위의 모든 생물들이 24시간 쉼 없이 뿌리와 다리를 땅에 접지하고 있는 것을 유념하기 바란다. 원래 모든 생물과 인간은 평생을 어싱 상태에서 생존하도록 진화되어 왔다.

마지막으로 사후평가를 실시하고 1단계에서 실행한 사전검사 결과와 대조하여 부족한 부분과 보완할 점을 상기시킨다.

11 해양 크나이프(Kneipp) 프로그램

프로그램 배경

독일 신부 세바스천 크나이프(S. Kneipp)에 의하여 개발되어 유럽 전역에서 활용하고 있는 녹색치유운동의 대표적인 사례이다. 현지에서 크나이프 요법을 전문으로 하는 요양마을 밧드 베리스호펜(Bad Werrishoffen: 뮌헨 근동)이 있다. Kneipp운동은 국내의 정부와 지자체에서 선진 사례로 인정되어 유사시설들이 설치되어 있다.

| CS·ASSURE 긍정심리교육 해양 크나이프(Kneipp) 프로그램 구성원리 (Positive Psychotherapy 이론 적용 프로그램)

회기	핵심요소	프로그램 회기	세부내용
1	긍정적인 정서의 경험	• 라포(rapport) 구축 • 강점 찾기 • 긍정 감정 활용	• 내담자와 긍정적 라포 구축 • 프로그램 소개와 만남
			• 해양 크나이프 프로그램 환경을 이해하고 긍정적인 면을 찾아 해양자원을 활용한 치유 경험의 긍정적으로 활용
2	삶의 참여와 몰입을 통한 즐거움	• 용서(수용)하는 마음 갖기	• 해양의 다양한 구성요소들과 서로 공생하면서 받아들이고 수용함
		• 감사하는 마음 갖기	• 해양공간에서 크나이프를 치유 콘텐츠로 활용할 수 있는 환경을 제공해 준 자연에 감사하는 마음으로 프로그램 체험
3	삶의 의미 발견을 통한 자기실현	• 내 안의 낙관성 증진	• 해양공간을 오감으로 느끼면서 공간의 낙관적인 면을 탐색함
		• 인생을 음미	• 크나이프 치유를 하면서 해양과 나의 삶을 비교하고 인생의 의미 찾음
		• 사회 기여 • 사회 봉사	• 크나이프 프로그램으로 생성된 상호관계와 자기성찰을 통해 사회에 기여하고 봉사하는 마음을 가짐
		• 행복한 인생을 위한 서약서 작성, 자기다짐	• 해양크나이프 체험을 평가하여 일상생활 습관에 치유적으로 활용

프로그램 진행

1단계: 공간 준비

우선 프로그램 시작 전에 사전평가를 실시하여 데이터를 확보한다. 그리고 해변가에

폭 2~3m 길이 10m, 깊이 4~50cm 정도의 바닥이 평평한 공간을 사전에 조성하여 둔다. 여의치 않을 경우, 해변 백사장이나 해안의 수위 낮은 지역을 선정하고 미리 바닥에 위험물질(병, 못, 철사) 유무를 확인하고 예비 안전조치를 취한다.

2단계: Kneipp 운동효과적 실행

운동요령은 무릎 정도의 깊이가 되는 냉수에 들어가서 무릎을 들어 올리면서 물속을 걷는 운동이다. 진행 시간은 겨울과 여름의 기후 사정을 감안하여 15분 정도를 기준으로 2~3회 실시하며 시간을 조절한다. 크나이프 운동은 혈행을 원활하게 하고 신진대사를 활발하게 해준다.

족부의 신경을 자극하여 긴장을 이완하여 주고 스트레스를 감소하여 상쾌한 기분을 느낄 수 있다. 냉수 운동 효과와 어싱(접지: earthing) 효과가 동시에 나타나는 효과적인 운동이다. 다만, 신발을 벗고 바지를 무릎까지 걷어 올려야 하므로 시작할 때는 다소 성가시나 끝날 때 체험 소감은 모두가 대찬성이다. 마른 수건을 사전에 준비한다.

3단계: 진행 1

하루 치유관광 프로그램을 마치는 오후 혹은 하이킹 과정 말미에 하루 일정을 마무리하는 프로그램으로 편성하면 효과적이다. 우선, 이용객들에게 크나이프 운동에 대한 배경 설명을 충분히 하여 마음의 준비를 갖게 유도한다.

4단계: 진행 2

입수 시 차례를 정하여 실시하지만, 손을 잡고 하는 경우도 있으나 한 사람이 넘어지면 여러 사람이 피해를 볼 수 있으므로 유의한다. 원을 그리면서 걷거나 건전한 노래하거나 혹은 건기명상를 접목하여 실시하면 아주 효과적이다. 진행자는 경과 시간을 알려주고 휴식과 마침을 질서 있게 안내한다.

5단계: 해양 음이온 활용 프로그램 1

해양치유 관광 프로그램 이론의 가장 중요한 부분을 차지하고 있는 분야가 해양환경에서 무수히 방출되는 음이온의 건강증진 이론이다. 음이온이 건강에 좋다는 주장은 다양한 연구자들의 반복 실험에서 동일한 결과가 도출된 과학적 연구결과가 뒷받침하는 정설이다. 본 장에서는 치유농학 관점에서 양 · 음이온의 성질, 생성, 그리고 건강에 미치는 영향 작용의 원리에 대하여 기본적인 것을 고찰하여 본다.

이온(ion)은 대기 중 원자 또는 전기적 성질을 띠며 부유하는 대기 중의 미립자로서 운동량에 따라서 대 · 중 · 소립자로 구분한다. 이들 입자 중에서 양전하를 띄는 입자는 양이온(+ion)이며, 음전하를 띄는 입자는 음이온(−ion)이다. 새벽 공기, 해변의 공기, 그리고 숲속 공기는 상쾌함을 느끼게 한다.

6단계: 해양 음이온 활용 프로그램 2

음이온의 효과를 최고로 끌어올리려면 음이온이 많은 최적의 대기 조건에서 실행해야 한다. 즉 도시, 공장, 밀집지역과 멀어진 갯바위 많은 바닷가 혹은 물(폭포, 계곡물)이 있는 숲에서 바람이 부는 맑은 날 일출 후부터 오전 10시 전후가 음이온 황금시간 대이다.

공기 중에 양이온과 음이온이 적절한 수준으로 공존하면서 생물과 동물의 건강한 생존에 적합한 환경을 이루고 있다. 그리고 양이온을 피로이온이라고 하며, 음이온은 우리 생존에 절대적으로 필요한 영향을 미치므로 공기의 비타민이라고 한다. 그러나 산업화를 거치면서 삶의 중심이 도시에 집중되어 도시의 인구는 급격하게 증가하고 그 결과 도시의 공기환경은 날로 악화되고 있다.

7단계: 해양 음이온 활용 프로그램 3

도시의 대기가 건강에 치명적인 이유는 음이온이 부족하기 때문이다. 우리나라 국민의 10명 중 9명이 도시에 살고 있는 현실에서 도시의 대기 환경을 살펴보아야 한다. 도시 대부분의 공기는 자동차 매연, 공장에서 발생하는 공해, 담배 연기, 건축물에서 내뿜는 유해성 물질(VOC: 휘발성 유기화합물질) 그리고 각종 전자제품으로부터 나오는 전자파 등으로 인체에 적절한 음이온 수준(평방센티미터당 700개)에서 현저하게 줄어들어 있다.

음이온은 생명의 성장을 도우며 환원작용을 통하여 부패, 산화, 및 노화를 방지하는 역할을 한다. 그러나 20세기 초, 대기의 평균 양이온과 음이온의 비율은 1:1.2였으나 불과 1세기 만에 비율은 역전되어 1.2:1로 악화되었다. 따라서 프로그램 진행 시 부득이한 경우를 제외하고는 자연환경, 즉 바닷가 혹은 바닷가 숲에서 해양크나이프 공간을 마련하여 실행하기를 권하고 있다.

8단계: 마무리-음이온의 가치 활용한 해양크나이프

결국 실내의 음이온 소비만 되고 생산되지 않아 실내의 음이온량은 절대적으로 줄어들게 된다. 음이온의 생성 원인은 햇빛 중 자외선의 공기분자 파괴 원인, 땅속의 방사능 물질의 붕괴, 대기와 지표 간의 전위차로 인한 발생, 기온과 기압 차, 레나르드 효과(Lenard's effect: 물파쇄 작용), 그리고 식물의 광합성 활동 등 다양한 원인으로 인하여 쉬지 않고 발생한다(진수웅, 2005; 이진희, 윤평섭, 2003).

그러므로 치유농업이 이루어지는 농촌의 마을 숲도 임상에 따라서 음이온 농도의 차이가 있다. 그러나 도시의 대기 환경과 비교하여 월등히 나은 공기환경인 것은 분명하다. 특히 산촌에 입지한 치유농장과 바닷가에 위치한 치유농장은 더욱 음이온의 밀도가 높으므로 이를 활용한 해양음이온 프로그램 구성이 가능하지만 해변이나 해안가에서 크나이프를 실시하는 것이 최상이다.

끝으로 사후평가를 실시하고 사전평가과 비교하여 변화 개선된 부분에 유념하여 차기 프로그램을 조정한다.

12 해변 라비린스(미로정원 명상걷기 Labyrinth)와 해안 오지 모험 프로그램

라비린스(labyrinth) 치유 프로그램

라비린스는 고대 종교사회에서 마음수련을 위하여 이용한 지름 약 30m 전후의 원형 미로 정원이다. 바닥은 흙, 벽돌, 모래, 잔디로 조성한다. 미로의 경계는 벽돌 혹은 돌을 세우거나 흙바닥인 경우, 잔디를 심어 경계를 표식으로 한다. 현재 프랑스 대성당 입구 바닥, 유럽의 수 많은 성당, 교회 내부 공간, 미주지역 성당 등 5천 개 이상의 라비린스가 종교시설, 치유시설, 병원 등에 설치되어 애용되고 있다. 국내의 경우, 제주도 이시돌 목장 치유공간, 경기도의 기독교 시설, 광주의 병원 등에서 선도적으로 설치되어 있다.

1단계: 진행 1

대지의 에너지를 느끼기 위하여 라비린스 해변이나 백사장에 설치된 명상정원을 걷기 전에 신발을 벗고 전자기기(휴대폰, 노트북, MP3 등)를 끄고 마음을 평안하게 가다듬는다. 외곽에서 시작하고 중심점에 도달하면, 미리 설치된 종, 상징수를 기점으로 마음을 가다듬고 잠시 심신을 완전히 이완한 상태에서 자신을 마음 챙김(mindfulness)으로 관조한 후 물러난다. 특히 라비린스 걷기명상 중에 타인과 부딪히거나 신체 접촉이 되지 않도록 각별히 유념하여 거리두는 것이 프로그램 운영의 절대 매너이다.

2단계: 진행 2

대중이 동시 진행할 경우, 1단계 중앙점에서 개인 간 거리를 두고 라비린스 걷기 명상과정에서 느낀 점을 서로 토론하여 참여자들과 관계를 만들게 하고 타인의 체험담을 듣고 자신의 것을 발표하면서 상호 간에 생각을 교류하는 지혜를 배우게 한다. 여타 과정과 동일하게 사후평가 설문을 마치고 결과를 사전 평가치와 대비하여 보고 차후 프로그램을 기획할 때 참고하도록 한다. 또한 라비린스 걷기 명상프로그램의 경우 다음 장에 소개될 유관 해안 오지 · 모험 치유 프로그램을 연동하여 운영하면 참석자들의 반응이 아주 좋은 편이다.

| CS·ASSURE 긍정심리교육 해변 라비린스·해안 오지체험 프로그램 구성원리 (Positive Psychotherapy 이론 적용 프로그램)

회기	핵심요소	프로그램 회기	세부내용
1	긍정적인 정서의 경험	• 라포(rapport) 구축 • 강점 찾기 • 긍정 감정 활용	• 내담자와 긍정적 라포 구축 • 프로그램 소개와 만남
			• 해변 라비린스·해안 오지체험 프로그램 환경을 이해하고 긍정적인 면을 찾아 해양자원을 활용한 치유 경험의 긍정적으로 활용
2	삶의 참여와 몰입을 통한 즐거움	• 용서(수용)하는 마음 갖기	• 해양의 다양한 구성요소들과 서로 공생하면서 받아들이고 수용함
		• 감사하는 마음 갖기	• 해양공간에서 라비린스·오지체험를 치유 콘텐츠로 활용할 수 있는 환경을 제공해 준 자연에 감사하는 마음으로 프로그램 체험
3	삶의 의미 발견을 통한 자기실현	• 내 안의 낙관성 증진	• 해양공간을 오감으로 느끼면서 공간의 낙관적인 면을 탐색함
		• 인생을 음미	• 라비린스·오지체험 프로그램에 참여하면서 해양과 나의 삶을 비교하고 인생의 의미 찾음
		• 사회 기여 • 사회 봉사	• 라비린스·오지체험 프로그램으로 생성된 상호관계와 자기성찰을 통해 사회에 기여하고 봉사하는 마음을 가짐
		• 행복한 인생을 위한 서약서 작성, 자기다짐	• 라비린스·오지체험을 평가하여 일상생활 습관에 치유적으로 활용

해안 오지·모험치유 프로그램

녹색치유운동 프로그램은 위의 사례 외에도 다양한 프로그램이 많다. 예를 들면, 노르딕 걷기, 하이킹(Nordic walking & Hiking) 프로그램, MTB(산악자전거, 마을 자전거), 당나귀 타기 (donkey back riding), 마을 해변이나 개울에서 천렵(고기잡이)활동 등을 프로그램으로 개발하여 치유농장 이용객의 해양치유운동 과정으로 활용할 수 있다.

1단계: 프로그램 개요

무인도 등 해안 오지 치유 프로그램의 예를 들면, 자연치유를 비전 퀘스트(vision quest), 만다라(mandara), 나무명상(tree meditation), 오지트래킹(wilderness tracking) 체력훈련, 개인 단체치유 코칭세션, 학습과정, 서바이벌 기술, 또래 집단생활, 개인자아탐색, 리더십 훈련, 기본으로 돌아가기 훈련 등의 프로그램으로 치유과정을 구성하여 운영할 수 있다.

자연치유 프로그램의 핵심은 참석자들을 일상의 지친 환경에서 분리하여 정서적으로 보다 안전한 자연환경에서의 생활을 체험하게 한다. 이러한 환경의 변화는 결국 개인의 내면을 돌아보고 자기 치유할 수 있는 기회가 오지 · 모험치유 프로그램을 통하여 여유시간과 자연공간의 새로운 환경에서 이루어지게 한다.

2단계: 해안 오지·모험치유 프로그램은 사회성 제고

해양치유관광의 개념의 일환으로 자연치유 참석자에 대한 다수의 연구에서 공통적으로 도출된 오지 · 모험치유 과정의 핵심 치유요인은 사회나 집단으로부터 소극적인 사람들이 적극적으로 행동변화, 대인관계 개선, 체험자들의 회사생활 개선, 상습적 재범률 저하, 학습장애 개선 등이 된다(Connor, 2007).

3단계: 해안 오지·모험치유 프로그램 효과 1

러셀(Russell)은 오지 · 모험치유의 효과에 대한 연구에서 오지 · 모험치유 프로그램은 자기인식, 소통, 협력, 그룹의 안녕에 헌신봉사 할 수 있게 하며 나아가서 자유스러운 환경에서 자연과의 접촉을 통하여 자신을 돌아보게 만들고 과거에 당연하게 인식하던 주변의 도움에 적극적으로 감사하는 마음의 변화를 촉진하는 역할을 한다. 또한 해양치유는 주위 사람들을 배려하고 사회적 책무에 관심을 갖게 하거나 정서적 성장을 촉진하여 행동장애를 치유할 수 있다.

따라서 자연치유는 약물, 병원환경에서 한계가 있는 행동, 사고, 정서, 정신적인 문제를 안고 사는 도시민들에게 여유로운 자연의 조건을 치유의 공간으로 제공하여 삶의 전반적인 질을 높이는 효과가 있다고 볼 수 있다.

4단계: 해안 오지·모험치유 프로그램 효과 2

해안 오지 · 모험치유는 건강증진을 위한 치유기법이며 특별히 제작된 자연과의 교감을 갖는 프로그램이다. 벌만(Berman and Davis–Berman)은 자연치유와 모험치유를 청소년과 성인을 대상으로 한 심리치료와 결합하고 자연치유를 기존의 중독치유에 적용했다. 참가자들의 정서문제와 행동장애를 극복하기 위하여 오지 · 모험치유을 이용하고 있다는 연구들이 많다. 특히 번스테인(Bernstein)은 해양치유가 행동장애에 효과적인 원인에 대하여 "참가자들이 자연환경에서는 평소의 방어적 행위보다 긍정적인 대처행위를 진작시키기 때문이다"라고 본다.

5단계: 해안 오지·모험치유 프로그램 운영 1

오지 · 모험치유는 자연자원을 활용하고 모험활동을 통하여 심리치료를 목적으로 미주 지역에서 많이 이용되고 있는 치유기법이다. 하인(Hine)은 오지 · 모험치유는 자연환경과 오지에서 행하여지는 체험프로그램으로 정의하였다. 오지 · 모험치유의 목적은 사회 불만을 가진 참가자들을 일상의 부정적인 스트레스 환경에서 격리하여 자연의 신선한 환경을 접하게 하여 정상적인 사회 · 직장 · 학교생활로 귀속할 수 있도록 참석자들을 지원하는 과정으로 운영하여야 한다.

6단계: 해안 오지·모험치유 프로그램 운영 2

여기에서 논하는 해양치유에 대한 긍정적인 효과는 창조적인 자연상태의 공간환경에서 오는 안정감, 이미 지각된 위험에 대한 생각, 일상환경에서 일탈, 행동의 결과에 즉각적인 대응으로 부터의 자유로움, 야외에서의 협동과 리더십의 중요함, 소그룹 치유환경이 주는 평안함으로부터의 영향 등이 중요한 자연치유의 효과들이다.

아이틴(Itin, 1995)은 자연치유를 구성하는 하위 개념을 5가지로 세분하고 각각의 하위개념들이 참가자들이 갖고 있는 야생에 대한 일반적인 위험 인식과 결합되게 하여야 효과적이며, 자연치유 참가자의 개별적 활동과 체험을 통하여 한편 도전할 기회를 제공하고 다른 참가자 개인이 늘 팀의 일원임을 인식시키는 것을 강조하는 방식으로 운영할 것을 강조하고 있다.

7단계: 프로그램 정리

결국, 참가자 그룹의 성향에 상관없이 체력보강, 사회성을 제고하는 사회적 건강, 그리고 중요한 것은 자기평가, 자기탐색, 자기인정, 자기인식 등의 체험과정을 통하여 정신건강 증진이 오지 · 모험치유의 목적이다. 따라서 모든 과정 마무리 단계는 필히 참석자들 전원 참석하여 차 한잔하면서 서로의 프로그램 체험 의견을 교환하고 사후설문 평가을 실시하여 전후 관계와 차이를 자기 관찰하고 향후 추가 프로그램에 참고토록 한다.

13 해양 비전 퀘스트(Vision Quest)

프로그램 배경

이 과정은 오지 · 모험치유의 대표적인 프로그램이다. 따라서 프로그램 진행은 인공이 철저하게 배제된 자연환경에 이루어져야 효과적이다.

극도의 경쟁사회인 도시에서 자기 공간과 시간이 없이 늘 타인을 의식하고 생활하는 도시민들을 위한 프로그램이다. 이들이 자신만의 시간과 공간을 가지고 자기 자신의 내면을 충실하게 바라보면서 진정한 자기(眞我)를 찾아가는 과정이다.

자기 만나기 과정을 통하여 자신을 닦고, 밝은 마음으로 자신의 진로나 현안을 면밀히 관찰 직시하고 현명하게 해결하기 위한 나를 찾아 떠나는 여행이다.

이 여행을 충실하게 수행할 경우, 자존감 결핍, 우울증, 사회와 격리된 통합의 문제를 해결하고 일상의 스트레스에서 벗어나는 해방감을 느낄 수 있다.

| CS·ASSURE 긍정심리교육 해양 비전 퀘스트 프로그램 구성원리 (Positive Psychotherapy 이론 적용 프로그램)

회기	핵심요소	프로그램 회기	세부내용
1	긍정적인 정서의 경험	• 라포(rapport) 구축 • 강점 찾기 • 긍정 감정 활용	• 내담자와 긍정적 라포 구축 • 프로그램 소개와 만남
			• 해양 비전 퀘스트 체험 프로그램 환경을 이해하고 긍정적인 면을 찾아 해양자원을 활용한 치유 경험의 긍정적으로 활용
2	삶의 참여와 몰입을 통한 즐거움	• 용서(수용)하는 마음 갖기	• 해양의 다양한 구성요소들과 서로 공생하면서 받아들이고 수용함
		• 감사하는 마음 갖기	• 해양 공간에서 해양 비전 퀘스트를 치유 콘텐츠로 활용할 수 있는 환경을 제공해 준 자연에 감사하는 마음으로 프로그램 체험

3	삶의 의미 발견을 통한 자기실현	• 내 안의 낙관성 증진	• 해양공간을 오감으로 느끼면서 공간의 낙관적인 면을 탐색함
		• 인생을 음미	• 해양 비전 퀘스트 프로그램에 참여하면서 해양과 나의 삶을 비교하고 인생의 의미 찾음
		• 사회 기여 • 사회 봉사	• 해양 비전 퀘스트 프로그램으로 생성된 상호관계와 자기성찰을 통해 사회에 기여하고 봉사하는 마음을 가짐
		• 행복한 인생을 위한 서약서 작성, 자기다짐	• 해양 비전 퀘스트를 평가하여 일상생활 습관에 치유적으로 활용

프로그램 진행

1단계: 프로그램 사전평가

비전 퀘스트는 과정 실행공간의 여건에 따라서 다양한 운영방식을 적용할 수 있다. 자연 공간이 광활한 경우, 며칠간의 시간을 충분히 가지고 인적이 드문 깊은 산이나 바닷가 혹은 오지에 실행할 수 있으나 여건상 한적한 교육공간을 마련하기 용이하지 않은 경우, 짧은 시간에 효과를 극대화하기 위하여 산간지역을 택하여 야간에 진행하는 것이 효과적일 때도 있다.

또한 사전 설문평가를 하고 필히 준수하고 실행한다. 프로그램 실행 현장에 도착하면, 개인 간의 거리를 30~40미터로 두고 한 사람씩 개별 배치하여 자리 잡게 한다.

2단계: 프로그램 준비

주간의 경우, 주변의 사물에 많은 시선이 분산되어 정신 집중과 자기관찰의 효과가 떨어질 수도 있으므로 인적이 드문 지역을 교육공간으로 조성하여 둔다. 때로는 시각적 방해물이 적은 야간을 이용하면 짧은 시간에 좋은 결과를 얻을 수 있는 프로그램이다.

이미 친숙한 루트라도 낮 시간에 프로그램 운영 코스를 미리 탐사하여 위험물, 험한 코스 등을 사전에 확인하여 두고 프로그램 시행 전 설명 시간에 참여자에게 코스의 특징과 유념해야 할 사항에 대하여 충분히 고지한다.

3단계: 프로그램 운영 1

야간의 경우, 저녁 식사 후 먼저 밤의 어둠에 익숙하도록 예비 모집을 하여 개인 안전을 유념하면서, 참여자의 준비 상태를 면밀하게 살핀다. 겨울에는 동상에 대비하고 여름은 모기 등 각종 해충(모기, 벌)을 방지하는 채비를 갖추어야 안전하다. 안전에 대비하고 야생동물을 보호하기 위하여 개인별 안전등을 지급할 경우에는 동물이 야간에 볼 수 없는 붉은색 전등을 사용하도록 한다.

4단계: 프로그램 운영 2

대화 및 휴대폰 지참을 금하고 밤하늘의 별을 보거나, 자연의 소리에 몰두하여 일상의 모든 현실 문제에서 벗어나서 자기를 찾아가는 시간을 90분(인간의 심리적 몰입 기본 시간) 정도 몰두하게 한다. 미국, 캐나다의 경우 며칠씩 오지에 혼자서 생활하도록 하는 과정도 인기가 있다.

진행자는 대열의 마지막 끝에 위치하면서 프로그램 참여자가 충실하게 몰두할 수 있게 진행과정을 유심히 관찰한다. 계획된 시간이 경과하면 시작 순서의 역순으로 한 사람씩 확인하여 인솔하고 본부광장에 모이게 한다.

5단계: 프로그램 마무리 1

참여 인원과 개인 안전에 이상 유무를 우선적으로 확인한다.

사실, 개인 문제의 해결이 힘은 각자가 자기 내면에 가지고 있다. 따라서 개인별로 본 프로그램에 대한 기대와 오늘의 체험에 대하여 토론하는 시간을 충분히 갖게 하여 경청과 자기표현의 시간을 즐기게 한다. 그리고 프로그램의 느낀 점을 일기로 남기게 코칭한다.

6단계: 프로그램 마무리 2

총평으로 프로그램 운영자가 프로그램에서 얻은 영감과 개인들의 정신증진 효과를 안내하여 준다.

그리고 전 장에서 "해양치유 관광 프로그램의 주체는 자기자신이며 자가치유이다" 라고 한 바 있다. 특히 비전 퀘스트 프로그램의 핵심은 자신이 체험 활동의 철저한 주체가 되는 자기 주도형 체험과정이다. 사랑, 배려, 감사하는 마음의 자세(mind set)를 가지고 참여하는 것이 효과적이다. 이 과정은 비전 퀘스트 단독 전문과정일 경우, 1일, 1박 2일 혹은 1주일 과정으로 제작할 수 있으나 해양 치유관광 프로그램의 일환으로 진행할 경우, 치유관광의 기본 체험과정에 편입하여 1일 혹은 1박 2일 과정으로 꾸미는 것이 무리가 없다.

해양치유 프로그램

심리교육 해양치유 계획안

강사	센터장

회기	1, 2, 3	대상	퇴직자
활동주제	해양의 자연환경, 생활문화, 자연공간에서 휴양치유	**소주제**	해양휴양치유
목표	심리치유 이론 CS·ASSURE 적용, 해양환경에서 운영	**활동형태**	해양마을 문화 프로그램체험
활동명	나의 라이프스타일 개선 휴양치유 프로그램 체험		

시간	활 동 내 용	준비물·유의점	실행·평가
▷ **도입단계** 15분 학습 목표	• 해양마을 휴양치유 배경 설명 • 당일 자유로운 일과 대화 마을 안내 • 휴양치유 선행 프로그램 공유(PPT, 영상자료) • 사전평가	• PPT, 영상자료 • A4 용지 • 화이트보드	사전평가
▷ **전개** 25분 체험활동	• 휴양치유 프로그램 실행 - 편한 복장, 채비 준비 - 휴양을 위한 마음챙김 - 프로그램 진행	• 실천계획 근거하여 해양산림치유 활동을 하며 휴식 시간을 활용하여 활동사진, 일지 작성	미션완성 여부 확인
▷ **과정정리** 15분 습관개선	• 심리 치유모델 원칙을 적용하여 휴양을 통한 치유체험 • 전체 프로그램 운영 과정에서 도시민들의 심신을 치유할 "지금 여기(here & now)" 마음으로 프로그램 진행	신체적, 정신적 웰빙으로 정리	사후평가

참고 문헌

김의식 외. (2015). 해양 광물 요법은 관절염 등 각종 염증 및 통증완화 효과(Fioravanti 등).

대한통합의학회지. (2021).

제임스 클리어, 러셀 폴드랙 저, 신솔잎 역. (2019). 비즈니스북스.

장희정. (2022). 크나이프 치유. 호미출판.

정구점. (2013). 웰니스 관광론. 한올출판.

정구점. (2023). 치유농업사시험총론. 형설출판.

정구점. (2006). 치유음식: 약선조리학. 효일출판.

정구점. (2023). 해양치유론. 계축문화사.

안희영, 조효남. (2020). 통합심신치유. 학지사.

베스 프레이츠 외 저, 이승현 외 역. (2022). 웰니스로 가는 길. 청아출판사.

Amazing Healing Properties of the Ocean Water

https://medium.com/change-your-mind/amazing-healing-properties-of-the-ocean-water-db1065af5220

Benson H. (1993). the Wellness book. New York: Simon and Shuster, 1993.

Cho, M.H., and Jang, H.J., (2005). A Study on Residents'Attitudes to the Utilization of Traditional Culture as Tourism Resources - Based on Jirisan Cheonghak-dong and Hahoi Village. Journal of Tourism and Leisure Research 17(1), 133-154.

Herzog, T. R., Black, A. M., Fountaine, K. A. and Knotts, D. J. (1997) 'Reflection and attentional recovery as distinctive benefits of restorative environments'. Journal of Environmental Psychology, 17,165-170.

Institute of Life style Medicine-www.instituteoflifestylemedicine.org

Kaplan, S. (1995) 'The restorative benefits of nature: toward an integrative framework'. Journal of Environmental Psychology, 15, 169-182.

Kaplan, R. and Kaplan, S. (1989) The Experience of Nature: A Psychological Perspective. New York:Cambridge University Press.

Kwon, Y. A Case Study on Local Cultural Sensibility and Healing Tourism in Korea.DOI: 10.5220/0010398500003051

In Proceedings of the International Conference on Culture Heritage, Education, Sustainable Tourism, and Innovation Technologies (CESIT 2020), pages 651-655

Mathews J. the Professonal Guide to Health and Wellness Coaching. San Diego,CA ACE;2019

PANAMUNA TEAM. December 04, 2021

https://www.panamunaproject.com.au/blogs/news/5-healing-powers-of-the-ocean

Simoné Laubscher 28th July 2021.

Report World., (2014). Italian Tourism Policy. Retrieved from https://www.reportworld.co.kr/social/s1143432

Roger H. Charlier; Marie-Claire P. Chaineux The Healing Sea: A Sustainable Coastal Ocean Resource: Thalassotherapy Journal of Coastal Research (2009) 25 (4 (254)): 838-856.

https://doi.org/10.2112/08A-0008.1

SONIA ZADRO. February 11, 2020

https://www.wellbeing.com.au/mind-spirit/mind/45592.html

TOP(7) HEALING BENEFITS OF SEA WATER

https://susannadathur.com/healing-power-of-the-ocean/

The Healing Benefits Of The Ocean

https://www.blisssanctuaryforwomen.com/the-healing-benefits-of-the-ocean/

Unruh, A. M., Smith, N. and Scammell, C. (2000) 'he occupation of gardening in life-threat ening illness: a qualitative pilot project' Canadian Journal of Occupational Therapy, 67(1), 70-77.

Yang, C.H., (2019). Busan City should hurry to set up a port policy. Retrieved from https://daedaero.tistory.com/207.

| 저자 소개 |

정구점 鄭求點(Ph.D. CHA. CMA. WM. NT Coach, India)

kjchung@ysu.ac.kr

2장 생활습관 치유, 6장 해양치유 (공동)저술

- 美) University of Nevada Las Vegas. Hotel Administration 전공
- 영국QS 대학평가: Hospitality & Leisure 부문 세계 1위
- Brawn University(美)MBSR (Stress 치유) 과정 이수
- Y'sU 호텔관광대학 학장(역), 교수(현)
- Y'sU Wellness(치유)관광연구원 원장
- 심신통합치유전문가 자격 한국직업능력진흥원 인증
- K·Mind&Body Healing(치유) Association 국제학술위원장
- 한국 휴양·치유학회 수석부회장
- 독일 Kneipp(Bad Worishofen) 수(水)치유 과정 이수
- 인도 Ayurveda(Rishikesh) 자연치유 과정 이수
- 해수부 해양치유사 양성교육과정(고려대) 심사위원
- 국회 심신치유학술 대회(2022) Global Session 학술위원장
- Alliance for Healthy Cities 건강도시연맹 국제세션좌장
- 치유정원(Wellness Garden: 기장), 해양치유농장(거제) 대표
- 국회표창·행안(후)·교육부·문화관광·보건복지부 장관 표창 수상
- 경기대학총장, 영산대학총장, Y'sU 재단 이사장 표창 수상
- 울산광역시장(감사), 부산광역시장, 경남도지사 표창 수상
- **웰니스 치유 부문 저술**:
  웰니스관광론(한올출판)
  치유농업사총론(형설출판)
  해양치유론(계축문화)
  치유음식: 약선조리학(효일출판)

김갑수 교수 (Ph. D. Health Tourism)

3장 치유관광, 5장 산림치유 저술

- 부산대학교 대학원 관광학 박사
- KDI국제정책대학원 글로벌경영전략/재무금융 전공 MBA
- 동국대학교 경상대학 경영학과 졸업
- 한국관광공사(1989~2020)
- KTO London 지사장
- KTO Chicago 차장
- KTO MICE 실장
- 부산관광공사 마케팅 본부장
- Y'sU 대학 산학협력단 단장
- 한국벤처혁신학회 학술이사
- Y'sU Wellness(치유)관광연구원 치유관광 연구위원
- 대통령 표창(2017), 문화관광부장관 표창 수상
- 기억에 남는 관광경험(MTE)이 사회적 자본, 관광객 웰빙과 관광목적지 애착에 미치는 영향(2023)

송홍준 교수 (Doctor of Educational Psychology)

1장 심리교육 치유 저술

- Educational Psychology 교육심리학 박사
- University of City of Manila in Philippine
- 영산대학교 교수
- Education Psychology of Gifted and Talented Learners
- University of Woollonggong in Austrailia 영재심리교육 이수
- Y'sU Wellness (치유)관광연구원 심리치유 교육위원
- 한국교육과정 학회 이사
- 한국교육심리학회 정회원
- 한국 영재교육학회 정회원
- 영재교육심리 저술
- 한국지식정보기술학회 논문심사위원 전) 한국교육연구원 부소장
- 저서: 영재교육심리, 데이터로 교육의 질관리 하기, 창의사고와 표현 외 다수

박미정 교수 (Ph.D. CMA. CCFC. India Ayruveda Coach)

wellnesscoach@naver.com

4장 치유농업, 6장 해양치유 (공동)저술

교육·치유활동

- 美) Oklahoma State University: Post Doc.
- 부산과학기술대학교 스마트팜치유산업과 책임교수(조기취업형 계약학과)
- 치유농업사 양성과정 교육: 강의 교수
  부산경상대학 양성과정
  영산대학교 양성과정
  신라대학교 양성과정
  부산과학기술대학교 양성과정 전문위원
- 한국 치유산업협동조합 이사장
- 사)한국치유농업사 협회 학술위원장
- 사)부산도시농업연합회 사무국장
- 치유농업사
- 휴양·치유학회 교육이사
- Y's U 웰니스관광연구원 선임연구원
- Wellness Life Research 재단 사업단장

정부·치유정책 과업

- 2023년 부산광역시 도시농업 사업(어울마당) 운영
- 정부 민원담당 공무원 웰니스(치유관광)모델 개발
- 2023년 부산시 치유농업 육성(강서구청 치유식물 보급)사업 교육담당
- 문체관광부 웰니스관광클러스터 경남과업 총괄(역) 책임연구원

치유·복지·녹지사업장

- 임업후계자(산지 소유), 전문임업인
- 2020 한국관광의 날 표창 수상
- 거창군 웰니스센터 프로그램 개발
- 합천군 신활력플러스사업 힐링고고합천 전문위원
- 경남 고성군 해양치유 자문위원

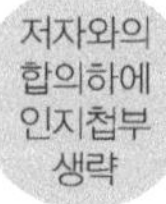

웰니스 치유산업 실무론

2024년 10월 25일 초판 1쇄 인쇄
2024년 10월 31일 초판 1쇄 발행

지은이 정구점·김갑수·송홍준·박미정
펴낸이 진욱상
펴낸곳 (주)백산출판사
교 정 박시내
본문디자인 신화정
표지디자인 오정은

등 록 2017년 5월 29일 제406-2017-000058호
주 소 경기도 파주시 회동길 370(백산빌딩 3층)
전 화 02-914-1621(代)
팩 스 031-955-9911
이메일 edit@ibaeksan.kr
홈페이지 www.ibaeksan.kr

ISBN 979-11-6567-941-5 93980
값 20,000원